有机功能材料及其应用研究

原小涛　张晓萍 / 著

吉林科学技术出版社

图书在版编目（CIP）数据

有机功能材料及其应用研究 / 原小涛，张晓萍著
. -- 长春：吉林科学技术出版社，2021.5
ISBN 978-7-5578-8050-7

Ⅰ.①有… Ⅱ.①原… ②张… Ⅲ.①有机材料—功
能材料—研究 Ⅳ.① TB322

中国版本图书馆 CIP 数据核字（2021）第 099139 号

YOUJI GONGNENG CAILIAO JIQI YINGYONG YANJIU
有机功能材料及其应用研究

著　　原小涛　张晓萍
出 版 人　宛　霞
责任编辑　郑宏宇
封面设计　马静静
制　　版　北京亚吉飞数码科技有限公司
幅面尺寸　170 mm×240 mm
开　　本　710 mm×1000 mm　1/16
字　　数　291 千字
印　　张　16.25
印　　数　1—5 000 册
版　　次　2022 年 3 月第 1 版
印　　次　2022 年 3 月第 1 次印刷

出　　版　吉林科学技术出版社
发　　行　吉林科学技术出版社
地　　址　长春市南关区福祉大路 5788 号龙腾国际大厦
邮　　编　130118
发行部传真 / 电话　0431-85635176　85651759　85635177
　　　　　　　　　　85651628　85652585
储运部电话　0431-86059116
编辑部电话　0431-81629516
网　　址　www.jlsycbs.net
印　　刷　三河市德贤弘印务有限公司

书　　号　ISBN 978-7-5578-8050-7
定　　价　86.00 元

前　言

　　材料是人类赖以生存和发展的物质基础,与国民经济建设、国防建设和人民生活密切相关。作为科技进步的核心,材料还反映着一个国家的科学技术和工业水平。可以说,没有先进的材料,就没有先进的工业、农业和科学技术。材料的制造与使用经历了由简单到复杂、由以经验为主到以科学认识为基础的发展过程。材料的发展导致时代的变迁,推动着人类的物质文明和社会进步。

　　近年来,人们在研究结构材料取得重大进展的同时,特别注重对有机功能材料的研究。有机化合物被传统地认为是优良的绝缘体并在技术上广泛地应用作绝缘材料。20世纪60年代初期发现一些有机晶体具有半导体特性,从此开辟了一个新的研究领域,即有机材料作为物理功能(光、电、磁)材料的研究。广义上讲,有机功能材料是具有光、电、磁物理性能的有机和聚合物以及由有机材料所组成的信息和能量转换器件的有机固体材料的统称。尽管目前对有机功能材料电子行为的认识还很有限,但是,有机功能材料领域的科学意义和应用前景是十分清楚的。首先,具有光、电、磁物理功能的有机材料的出现打破了有机化合物与"导电""铁磁"等无缘的传统概念。因而,它的出现必将促进新思想、新概念、新材料的发展;其次,有机功能材料的电子状态、导电机理以及杂质的影响完全有别于无机金属和半导体。有机功能材料不仅具有上述科学意义,而且在能源,信息存储,传递,光通讯,隐身以及仿生等方面呈现诱人的应用前景。所以,目前国际上有机功能材料的研究十分活跃,进展很快。美、日、欧等西方国家纷纷将其列入高技术领域的新型材料发展规划中,各国也都在这一领域内投入大批人力、财力展开激烈的竞争。

　　本书从有机功能材料的基本理论出发,全面系统地介绍了不同种类有机功能材料的性质、制备及应用,从而为认识和改进有机功能材料的性能以及设计、生产、研究、开发新型有机功能材料提供必备的科学基础。

本书内容分为 7 章，第 1 章绪论，具体阐述了功能材料的发展与分类、有机功能材料的分类和有机功能材料的研究方法。第 2 章至第 7 章分别研究了有机敏感功能材料、有机光功能材料、有机电功能材料、有机磁功能材料、有机化学功能材料、有机生物功能材料的性质、制备及应用。本书在内容上，较全面地涵盖了有机功能材料的科学理论和性能，由浅入深、通俗易懂，突出了基础性和可操作性。尽可能反映当代科学技术的新概念、新知识、新理论、新技术和新工艺，突出先进性。

全书由原小涛、张晓萍撰写完成，具体分工如下：

第 1 章、第 2 章、第 5 章、第 6 章，共 15.68 万字：原小涛（北京科技大学）；

第 3 章、第 4 章、第 7 章，共 13.1 万字：张晓萍（海南师范大学）。

由于有机功能材料属于迅速发展的学科，新知识、新方法、新技术不断涌现，许多理论方法和技术问题仍需进一步研究与完善。本书在撰写过程中参考了大量的资料，同时也得到了各位同行的鼎力相助，在此向你们表示诚挚的谢意。虽然本书经过多次的检查与修改，但难免存在一些问题，还希望广大的学者积极地提出有关的问题，通过后期的修正使本书更加完善。

作　者
2021 年 4 月

目　录

第1章

绪论

　　能源、信息和材料是现代文明的三大支柱,而材料又是一切技术发展的物质基础。材料是人类进步的里程碑,是现代社会文明的支柱。美、欧、日等工业发达国家和地区的经济起步是从传统材料——钢铁开始的。现在这些国家传统材料的技术已完善,产量已饱和。它们的注意力已转向新型材料,包括新型功能材料和结构材料。本章主要对功能材料的发展与现状、有机功能材料的分类与研究方法作简要介绍。

1.1　功能材料的发展与分类

1.1.1　功能材料的发展

　　功能材料是新材料领域的核心,是国民经济、社会发展及国防建设的基础和先导。在全球新材料研究领域中,功能材料约占85%。它涉及信息技术、生物工程技术、能源技术、纳米技术、环保技术、空间技术、计算机技术、海洋工程技术等现代高新技术及其产业。功能材料不仅对高新技术的发展起着重要的推动和支撑作用,还对相关传统产业的改造和升级、实现跨越式发展起着重要的促进作用。

日本政府把传感器技术、计算技术、通信技术、激光技术、半导体技术等列为当代六大关键技术，而这六项技术的物质基础都是功能材料。日本制订了世纪产业基础技术开发计划，共涉及 46 个领域，其中 13 个领域是功能材料，即常温超导材料、非线性光学材料、强磁性材料、高分子功能材料、新型功能碳素材料、功能非晶态材料、精密陶瓷材料、硅化学材料及新型微电子材料等。[①]

目前已开发的以物理功能材料最多，主要有：

（1）单功能材料，如导电材料、介电材料、铁电材料、磁性材料、磁信息材料、发热材料、热控材料、光学材料、激光材料、红外材料等。

（2）功能转换材料，如压电材料、光电材料、热电材料、磁光材料、声光材料、磁敏材料、磁致伸缩材料、电色材料等。

（3）多功能材料，如防振降噪材料、三防材料（防热、防激光和防核）、电磁材料等。

（4）复合和综合功能材料，如形状记忆材料、隐身材料、传感材料、智能材料、显示材料、分离功能材料、环境材料、电磁屏蔽材料等。

（5）新形态和新概念功能材料，如液晶材料、梯度材料、纳米及其他非随机缺陷材料、非平衡材料等。

主要功能材料的发展方向如下：

（1）开发高技术所需的新型功能材料，特别是尖端领域（航空航天、分子电子学、新能源、海洋技术和生命科学等）所需和在极端条件下（超高温、超高压、超低温、强腐蚀、高真空、强辐射等）工作的高性能功能材料。

（2）推动功能材料的功能从单功能向多功能以及复合或综合功能发展，从低级功能向高级功能发展。

（3）加强功能材料和器件的一体化、高集成化、超微型化、高密积化和超分子化。

（4）强化功能材料和结构材料兼容，即功能材料结构化、结构材料功能化。

（5）进一步研究和发展功能材料的新概念、新设计和新工艺。

（6）完善和发展功能材料检测和评价的方法。

（7）加强功能材料的应用研究，扩展功能材料的应用领域，加强推广成熟的研究成果，以形成生产力。

---

① 李垚，赵九蓬.新型功能材料制备原理与工艺 [M].哈尔滨：哈尔滨工业大学出版社，2017.

1.1.2　功能材料的分类

根据材料的性质特征和用途,可以将功能材料定义为:具有优良的电学、磁学、光学、热学、声学、力学、化学和生物学功能及其相互转化的功能,被用于非结构目的高技术材料。

功能材料种类繁多,涉及面广,迄今还没有一个公认的分类方法。目前主要是根据材料的物质性,或功能性、应用性进行分类。

1.1.2.1　根据材料的物质性进行分类

根据材料的物质性可分为:

(1)金属功能材料。

(2)无机非金属功能材料。

(3)有机功能材料。

(4)复合功能材料。

有时按照化学成分、晶体结构、显微组织的不同还可以进一步细分小类和品种。例如,无机非金属材料可以分为玻璃、陶瓷和其他品种。

1.1.2.2　根据材料的功能性进行分类

按照材料的物理化学功能进行分类,例如,按材料的主要使用性能大致可分为 9 大类型。

(1)电学功能材料。

(2)磁学功能材料。

(3)光学功能材料。

(4)声学功能材料。

(5)力学功能材料。

(6)热学功能材料。

(7)化学功能材料。

(8)生物医学功能材料。

(9)核功能材料。

这些功能材料还可按在具体应用中所发挥的效能和作用进一步分

类。例如，光学功能材料又可进一步细分如下。①

（1）非线性光学材料。具体可分为无机非线性光学材料和有机非线性光学材料。典型的无机非线性光学晶体材料主要有磷酸二氢钾（KDP）、磷酸二氢铵（ADP）、砷酸二氢铷（RDA）、砷酸二氢铯（CDA）、砷酸二氢铵（ADA）等压电性晶体，铌酸锂（LiNbO₃）、铌酸钡钠（Ba₂NaNb₅O₁₅）等铁电性晶体，砷化镓（GaAs）、砷化铟（InAs）、硫化锌（ZnS）、硫、硒等半导体晶体，碘酸钾（KIO₃）、碘酸锂（LiIO₃）、磷酸氧钛钾（KTP）以及 β－偏硼酸钡。

（2）发光材料。主要有阴极射线发光材料、光致发光材料、X 射线发光材料，其中高效稀土发光材料更具有现实意义。

（3）红外光学材料。主要有尖晶石、蓝宝石、氧化钇、镧增强氧化钇、AlON、红外熔石英、氧化镁。

（4）感光材料。依光敏物质不同，可分为银盐感光材料（如卤化银）和非银盐感光材料（如 α－Se、PbSe、InSb、MoS₂、Cds 等）。

（5）激光材料。继红宝石之后，又开发出加入稀土元素的钕玻璃、钨酸钙、钒铝石榴石、磷酸钕玻璃以及氟化物晶体等固体激光物质材料。

（6）光电功能材料。主要有半导体、磁性体和电介质材料，用于光学信息的探测变换和运算等方面。

（7）声光功能材料。主要有 α－HIO₃、PbMoO₄、TeO₂、α－HgS、Pb₅（GeO₄）（VO₄）₂ 等，声光材料主要用于制造调制器，滤波器和相关器件。

（8）磁光材料。主要有亚铁石榴石 M₃Fe₅O₁₂（M=Gd、Dy、Ho、Tm），尖晶石铁氧体、Eu（Ⅱ）化合物，铬的三卤化物。

（9）光记录材料。主要有两类：非磁性材料如碲、碲合金、氧化碲；磁性材料如 Mn-Bi 合金、稀土类合金、石榴石系材料

1.1.2.3 根据材料的应用性进行分类

按照功能材料应用的技术领域进行分类，主要可分为信息材料、电子材料、电工材料、电讯材料、计算机材料、传感材料、仪器仪表材料、能源材料、航空航天材料、生物医用材料等。视应用领域的层次和效能还可以进一步细分。例如，信息材料可分为信息检测和传感（获取）材料、信息的传输材料、信息的存储材料、信息的运算和处理材料。

---

① 贡长生，张克立 . 新型功能材料 [M]. 北京：化学工业出版社，2001.

1.2 有机功能材料的分类

  有机功能材料一般是指具有电子体系,具备特殊光、电、磁性质的有机光电材料,通常可分为有机聚合物和有机小分子两大类,目前有机功能材料在显示、发光等工业领域已有广泛应用。

  与无机材料相比,有机分子之间通过范德瓦耳斯力、静电作用、氢键以及 n- 相互作用等弱相互作用力结合,这些弱相互作用力赋予了它们在固态甚至溶液状态下特殊的性质。从材料结构的角度来看,有机功能材料分子一般具有 π 电子体系,往往是稠环或者联环的芳香体系,这使得它们常常在紫外、可见和近红外区具有明显的吸收或者发射。更重要的是,有机分子可以方便地通过化学修饰来调控甚至改变有机功能材料分子本身的性质,这使得有机功能材料具有结构上的丰富性和功能上的多样性。从生产加工的角度来看,有机功能材料具有轻便、低成本、可实现柔性以及大规模加工等特点。

  有机共轭小分子和聚合物目前被广泛应用于有机场效应晶体管(OFET)、有机光伏(organic photovoltaics, OPV)电池和有机发光二极管(OLED)等领域,近些年基于有机共轭小分子和聚合物的光电功能器件的研究逐渐深入。相对于无机功能化合物而言,有机功能材料的主要优势有:①有机功能材料可以利用溶液加工法加工成大面积薄膜器件,或者使用微纳加工技术如“金丝掩模法”等来制备基于微纳晶的器件,加工工艺相对简单,加工温度相对较低;②有机分子的结构多样,通过调整分子结构可以很方便地调控分子的各种性质,从而满足不同光电子器件的需要;③成本低廉且可以大量制备;④在有机聚合物柔性基板上加工可以制备柔性器件。

  根据有机电子器件工作过程中材料内载流子种类的不同,可以将有机功能材料分为两种:以空穴作为载流子的材料被称为 p 型材料,以电子作为载流子的材料被称为 n 型材料。早期的研究大多是基于 p 型有机功能材料进行的,因为这类材料的稳定性普遍较好,测试环境中的水氧等因素对材料空穴传输性能的影响比较小。长期的研究积累使得 p 型有机功能材料的种类与制备方法都比较丰富,p 型有机功能材料的载流子迁移率也早已超过 $1.0cm^2/(V \cdot s)$。相比之下,对于 n 型有机功能材料的研究则相对迟缓,主要原因是 n 型材料大多对水氧的稳定性不好,在电子器件如场效应晶体管的加工与测试过程中对环境的要求比较苛刻,一般需要在真空或者惰性气体氛围中进行。

1.2.1 p型有机小分子功能材料

1.2.1.1 稠环芳烃及其衍生物

自20世纪90年代以来,人们对蒽及其衍生物等稠环芳烃半导体材料进行了广泛的研究,稠环芳烃是由两个或多个苯环以共用两个相邻碳原子的方式稠合而成的碳氢化合物,最简单的稠环芳烃是萘、蒽(1)、菲(2)。这类化合物一般都具有平面或近平面的共轭多环结构,因此,π电子可以在整个骨架上离域。随着苯环数目的增加,分子间相互作用增强,容易形成良好的堆积模式,更有利于进行电荷传输。

线型稠环芳烃是最早被研究的一类有机半导体材料。蒽(1)单晶(图1-1)在低温下的载流子迁移率仅有 0.02cm²/(V·s),而并四苯(3)单晶的载流子迁移率可达 1.3cm²/(V·s)。但是并四苯分子对空气的稳定性不佳,需要对其进行结构修饰来增强分子的稳定性。并五苯分子(4)的最高占据分子轨道(HOMO)能级为 –5.14eV,能级带隙(E_g)为 1.77eV,具有半导体特性。

并六苯分子(5)由于合成方法复杂且不稳定,直到2012年才被应用到有机功能器件中,研究者通过物理气相沉积法生长了并六苯的单晶,并获得了 4.28cm²/(V·s)的载流子迁移率。

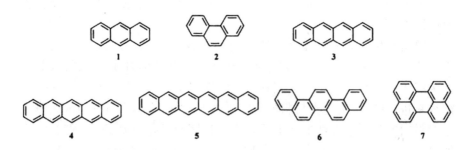

图1-1 p型稠环芳烃

在对这一系列无修饰基团的并苯体系进行研究后,人们发现这类体系随着苯环数目的增加,分子的溶解度降低,稳定性变差。于是,人们开始对线型稠环芳烃进行结构修饰以克服这些困难。苉(6)和苝(7)为非线型稠环芳烃,均为并五苯的同分异构体,但性质大有区别,苉的薄膜场效应晶体管进行过测试,最高空穴迁移率可达 1cm²/(V·s),而基于苝的单晶场效应晶体管器件的空穴迁移率为 0.12cm²/(V·s)。

此外,可以在线型稠环芳烃的某些位点引入适当的取代基来调节分子的堆积模式、前线轨道能级和溶解性。2008 年,基于蒽骨架的化合物8(图 1-2)被用来研究非共价相互作用对有机半导体结晶度的影响。化合物 8 的氰基基团和蒽环之间存在氢键相互作用,因此容易形成平面共轭二聚体,相邻二聚体间通过 π-π 相互作用沿 b 轴方向形成了共面堆积结构,最终形成纳米带结构。研究发现,如果将可以形成氢键的氰基替换成甲基,单晶纳米带结构则无法形成,验证了非共价相互作用对有机半导体材料堆积结构的调控作用。基于蒽环的十字形分子 9、10、11 也被用来研究半导体材料的构效关系。这类分子 10 外围的芳香环与中心环之间是相互垂直的,研究表明,这类分子容易形成微晶或纳晶结构。由于化合物 9、10、11 具有不同的分子间 π-π 相互作用,它们会分别形成一维、二维和三维晶体,在有机场效应晶体管中的载流子迁移率分别为 0.73cm²/(V·s)、0.52cm²/(V·s)和 10⁻⁵cm²/(V·s)。蒽的衍生物 DPVAnt(12)可以以较高的产率获得,在空气中表现出较高的稳定性,并且在薄膜场效应晶体管器件中表现出良好的性质,基于其单晶结构的场效应晶体管表现出 1.28cm²/(V·s)的载流子迁移率。

2009 年,Lee 等[①] 对一系列三异丙基硅基乙炔基(TIPS)取代的蒽衍生物 13、14、15、16、17 进行了研究,探究了不同结构对分子堆积方式的影响。大位阻的 TIPS 保护基使化合物的溶解度变大,可溶于常见的氯仿、甲苯及氯苯等溶剂中,方便后续加工,同时也导致分子采取二维面对面的堆积方式。作者在氩气环境下制备了具有底栅顶接触(BG TC)结构的场效应晶体管,化合物 14 展示了最好的器件性能,载流子平均迁移率为 1.82cm²/(V·s),而其他几种 TIPSAnt 衍生物的载流子迁移率都较其小几个数量级。

---

① Chung D S, Park J W, Park J H, et al. High mobility organic single crystal transistors based on soluble trisopropylsilylethynyl anthracene derivatives.J Mater Chem, 2010, 20: 524–530.

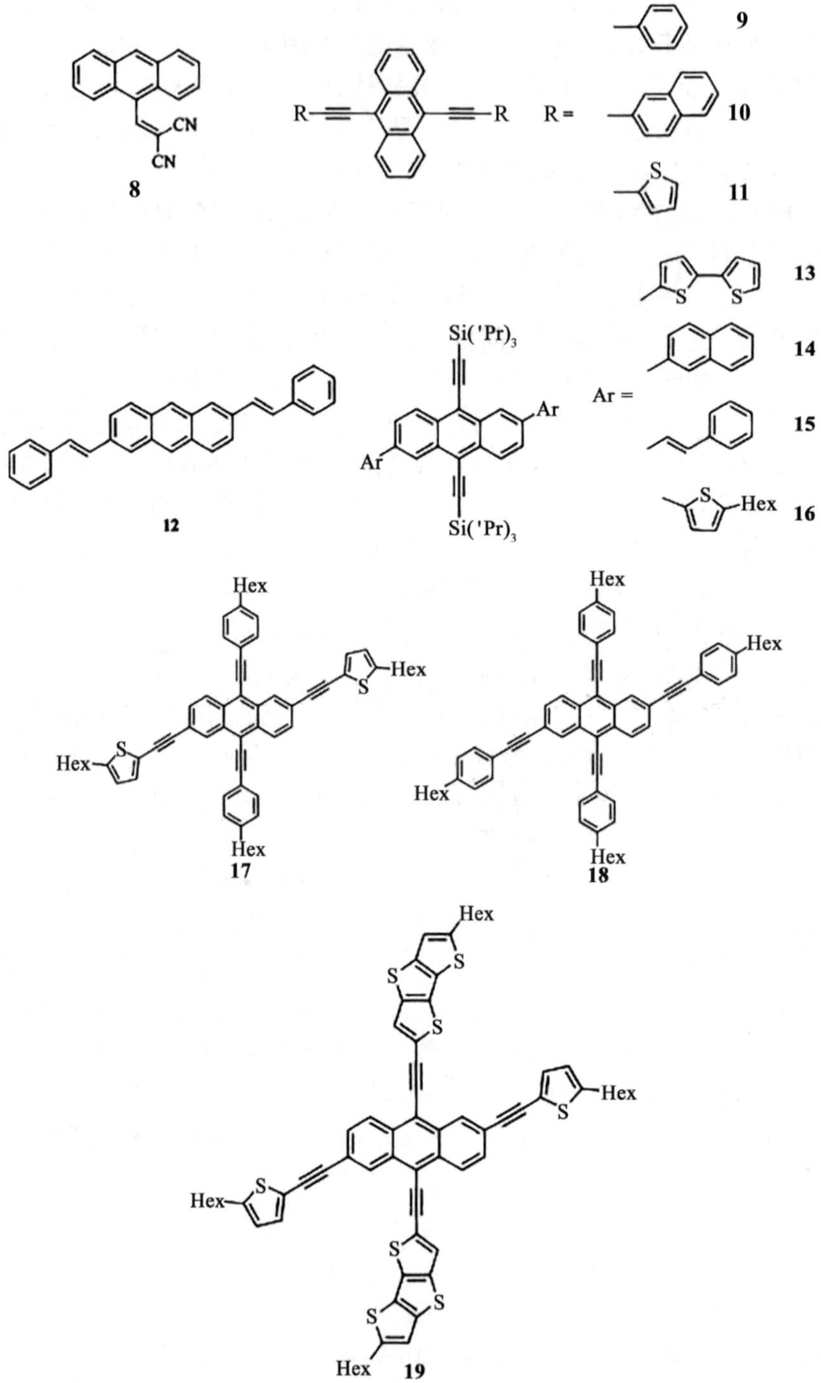
CN
CN
8
R
R
R =
9
10
S
11
S
S
13
14
15
S
Hex
16
Si('Pr)3
Ar
Ar
Si('Pr)3
Ar =
12
Hex
S
Hex
Hex
S
Hex
17
Hex
Hex
Hex
Hex
18
Hex
S
S
S
S
Hex
Hex
S
S
S
S
S
S
Hex
19

图 1-2　p 型蒽衍生物

　　除此之外，Lee 和 Choi 课题组也对化合物 17、19 单晶的电荷传输性能进行了研究[①]。二者在顶栅底接触结构的有机单晶场效应晶体管（SC-FET）中表现出的空穴迁移率最高分别为 $0.40cm^2/$（$V \cdot s$）和 $1.60cm^2/$（$V \cdot s$）。化合物 18 在有机薄膜场效应晶体管（OTFT）中表现出大约 $0.13cm^2/$（$V \cdot s$）的空穴迁移率，而在有机单晶场效应晶体管中表现出的迁移率则要高 1 个数量级，达到 $1.00 \sim 1.35cm^2/$（$V \cdot s$）。

　　除了蒽类衍生物，人们也对并四苯分子进行了结构拓展。虽然并四苯分子的稳定性不高，但它的荧光量子效率很高（$\sim 20\%$），因此可以作为发光材料被应用在发光器件（OLED）中。红荧烯（rubrene，20）（图 1-3）是有机单晶场效应晶体管器件中研究得较为深入的半导体材料之一。以聚二甲基硅氧烷（PDMS）作为基底，制备底接触的红荧烯单晶场效应晶体管，获得的空穴迁移率高达 $15cm^2/$（$V \cdot s$），这一迁移率是在沿分子单晶的 b 轴方向测量得到的。在分子的单晶结构中，作为取代基的四个苯环与相邻分子中的并四苯结构具有紧密的相互作用（沿 a 轴方向晶格常数为 14.4Å，沿 b 轴方向晶格常数为 7.2Å），使得相邻分子间 π 轨道的重叠程度增加，而 b 轴方向是红荧烯分子固态堆积下的 π-π 作用方向，因此沿 b 轴方向载流子的迁移率较大。单晶 XRD 解析表明，化合物 21 采取面对面滑移 π 堆积结构，相邻两个分子之间的距离为 3.485Å，空间重叠比较好，而化合物 23、24 呈现鱼骨状堆积模式。利用化合物 21 通过物理气相沉积法制备的场效应晶体管器件的载流子迁移率为 $1.6cm^2/$（$V \cdot s$），是并四苯衍生物中比较高的迁移率值，而化合物 23 和 24 的载流子迁移率仅为 $1.4 \times 10^{-4}cm^2/$（$V \cdot s$）和 $2.4 \times 10^{-3}cm^2/$（$V \cdot s$）。同时在 5、6、11、12 号位点引入氯原子的化合物 22，其单晶表现出 $1.7cm^2/$（$V \cdot s$）的场效应晶体管迁移率。

　　作为并四苯分子同分异构体的衍生物，25 和 26 的单晶可以通过物理气相转移法获得。化合物 25 的苯基取代基与中心并苯母核的偏角大约为 26.4，分子以鱼骨状堆积模式排列，其单晶场效应晶体管的空穴迁移率为 $1.6cm^2/$（$V \cdot s$）。由于化合物 26 未能生长出合适厚度的单晶，故未能测出其分子堆积方式，基于化合物 26 的有机单晶场效应晶体管的空穴迁移率为 $2.2cm^2/$（$V \cdot s$）。衍生化的并五苯及其同分异构体是 p 型半导体材料中研究最为深入的一类体系之一。对并五苯类化合物进行的最简单的修饰就是在其活性位点 6、13 位引入具有一定体积的保护基团，如三异

---

① Kim K H, Bae S Y, Kim Y S, et al.Highly photosensitive J-aggregated single-crystalline organic transistors [J].Adv Mater, 2011, 23：3095-3099.

丙基硅基或三乙基硅基。实验证明,并五苯分子的堆积方式与取代基和共轭骨架的长度有关,一般采取一维堆积或者鱼骨状堆积,当取代基的长度是并苯骨架长度的一半时,分子间的堆积方式呈现为二维层状堆积(如化合物28)(图1-4)。2012年,Bao(鲍哲南)课题组对三异丙基硅基乙炔基并五苯 TIPS-PEN(27)的单晶[①]进行了有机场效应晶体管器件的加工与测试,采用顶栅底接触(TGBC)结构的器件获得的平均空穴迁移率为(1.5 ± 0.5)cm²/(V·s)。他们采用其课题组发明的液滴固定结晶法(droplet-pinned crytallization,DPC)生长 p 型和 n 型晶体,将其做成互补反相器,反相器可获得的 gain 值最大为155。化合物29较化合物21和22的共轭骨架进一步拓展,其纳米带晶体以底栅顶接触(BGTC)方式构建场效应晶体管,获得的载流子迁移率高达9.0cm²/(V·s)。

20

R₁ = R₂ = Cl, R₃ = R₄ = H   21
R₁ = R₂ = R₃ = R₄ = Cl   22

23

24

25

26

图1-3   p 型并四苯衍生物

27

28

29

图1-4   p 型并五苯衍生物

① Li H, Giri G, Chung J W.et al.High-performance transistors and complementary inverters based on solution-grown aligned organic single crystals.Adv Mater [J], 2012, 24: 2588-2591.

基于 BNVBP 分子（30）（图 1-5）的单晶可通过物理气相转移法获得，单晶 XRD 结构解析表明，BNVBP 分子以鱼骨状堆积模式排列。单晶中沿 a 轴方向的载流子迁移率为 $2.37cm^2/（V \cdot s）$，沿 b 轴方向的载流子迁移率约为 $1.17cm^2/（V \cdot s）$，而沿（110）方向的载流子迁移率仅有 $0.65cm^2/（V \cdot s）$，沿 c 轴方向分子间没有相互作用，表现出绝缘体的性质，不利于电荷注入。这是第一例通过生长合适维度的单晶的方法来测试有机场效应晶体管中三维迁移率各向异性的分子。

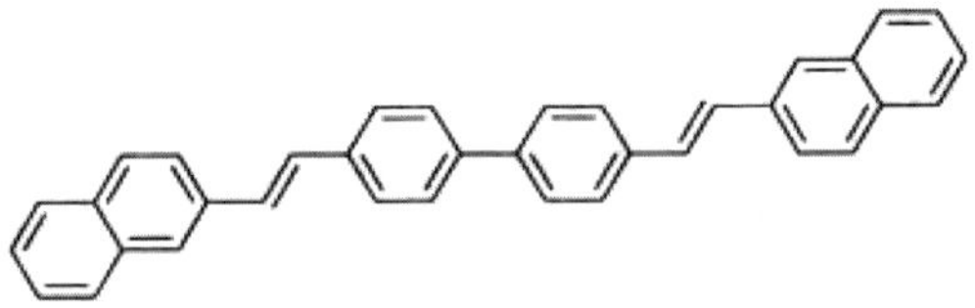

30

图 1-5 BNVBP 分子的结构式

1.2.1.2 硫族杂环小分子及其衍生物

杂环并苯是用杂环体系，如噻吩和含氮杂环等，取代一个或多个苯分子。杂环并苯是另一类重要的稠环共轭体系，与稠环芳烃类分子相比，其 π 电子更加定域化，使得分子的芳香性变低，在室温条件下更加稳定，人们设计了将杂环置于共轭骨架中间，以苯环作为末端基团的共轭结构，这类分子被认为可能会具有较高的载流子迁移率。基于此，具有不同共 π 长度的 BTBT、DNTT/DNSS 和 DATT 分子（31～34）被成功合成出来（图 1-6）。与以噻吩封端的类似结构相比，这一系列化合物（31～34）的载流子迁移率明显提高，能级带隙也显著增大（通常大于 3.0eV），通过真空沉积法获得的分子 DNTT（32a）、DNSS（33）和 DATT（34）的薄膜载流子迁移率分别为 $2.9cm/（V \cdot s）$、$1.9cm^2/（V \cdot s）$ 和 $3.1cm^2/（V \cdot s）$。分子 DNTT（32a）的单晶有机场效应晶体管器件经过测试表现出高达 $8.3cm^2/（V \cdot s）$ 的迁移率。

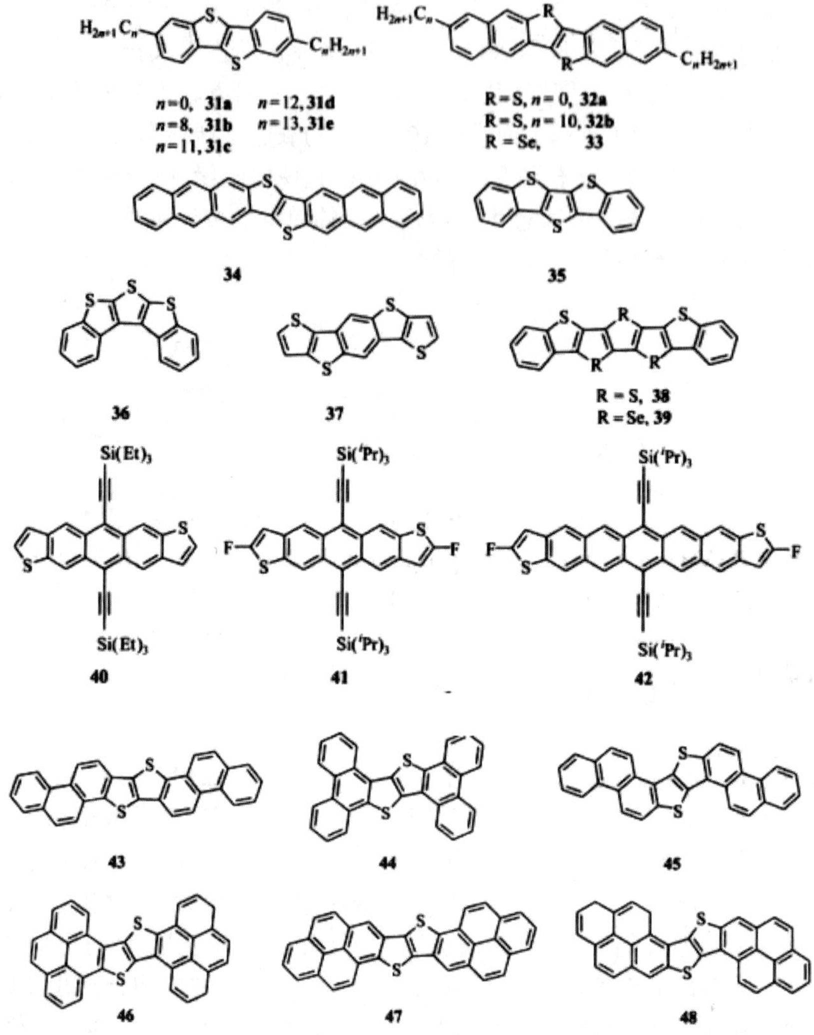

图 1-6 一些硫族杂芳香稠环分子

化合物 35 是含三个噻吩环的并五苯衍生物,其单晶的空穴迁移率为 1.8cm²/（V·s）。化合物 36 是化合物 35 的同分异构体,但是二者的物理性质有所不同。化合物 36 的单晶的空穴迁移率较化合物 35 低很多,仅为 0.6cm²/（V·s）。进一步延长 π 共轭体系可以获得化合物 38 和 39,二者分别表现出 0.5cm²/（V·s）和 1.1cm²/（V·s）的空穴迁移率,以噻吩封端的稠环化合物,与并苯类化合物相比,表现出良好的抗氧化性以及电荷传输性质。但目前这类化合物的载流子迁移率仍远低于非晶硅（α-

Si），除了 DTBDT（37）的衍生物 DTBDT-C6[载流子迁移率为 $1.7cm^2/$（V·s）] 以外，这类化合物的迁移率都低于 $1.0cm^2/$（V·s），远没有杂环位于共轭骨架中心、以苯基封端的杂环芳烃的迁移率高。此外，实验表明，硫杂稠环芳烃由于分子间存在 S···S、S···C 或者 S···π 相互作用，呈现面对面的 π 堆积模式，如化合物 36～39 均表现为共面的鱼骨状堆积结构，分子结构的细微改变会导致分子堆积模式的明显变化，具有非常类似结构的同分异构体化合物 35 和 36 在单晶中就表现出了不同的堆积结构。化合物 DBTDT（35）由于存在 C—H···π 和 S···π 相互作用，在 a-c 平面内形成鱼骨状的堆积模式，而镰刀状分子 BBTT（36）则是沿 a 轴方向展现出分子间距离为 3.54Å 的鱼骨状堆积。

与并苯类化合物相比，杂环并的能级带通常大于 3.3eV，HOMO 能级低于 -5.3eV，因而具有较高的载流子迁移率和较好的稳定性。向这样的体系引入大位阻增溶基团，可以使分子由原本的鱼骨状堆积转变为二维滑移 π 堆积(砖块型)。

化合物 TES-ADT（40）的空穴迁移率为 $1.0cm^2/$（V·s），引入氟原子后可进一步调节分子堆积模式，因为引入的氟原子可以形成 F···F 或 F···S 相互作用，从而改变分子间的堆积方式。化合物 F-TIPS-ADT（41）和 F-TSBS-PDT（42）采取了二维薄层状（lamellar）堆积方式，使得分子间相互作用的强度增加，电子耦合作用也增强，因此化合物 41 和 42 分别表现出 $1.5cm^2/$（V·s）和 $1.8cm^2/$（V·s）的空穴迁移率。

烷基侧链常被用于提高材料的溶解度，从而使得材料可加工性变好，而且烷基侧链有时也会使堆积更加紧密，但从电子传递的角度来看，长烷基链的密度较高，会在半导体 π-π 堆积之间产生绝缘层，从而限制了分子垂直方向的电子传递，并且减小了靠近沟道表面的 π 电子数目，对于一系列 C_n-BTBT 分子（31a～31e），载流子迁移率随着烷基侧链碳原子数目的奇偶性不同表现出很明显的波动，偶数烷基链的 BTBT 分子往往表现出比相应奇数烷基链分子更高的空穴迁移率，但当 n=10～14 时，现象恰恰相反，这说明引入合适长度的侧链取代基对调节载流子迁移率有一定意义。化合物 31b、31c、31d、31e 的电子传递能力都较强，其薄膜空穴迁移率分别为 $1.80cm^2/$（V·s）、$1.76cm^2/$（V·s）、$3.9cm^2/$（V·s）和 $2.75cm^2/$（V·s），而二辛基苯并噻吩并苯并噻吩（C_8-BTBT）的单晶通过喷墨打印的方法，可以表现出 $31.3cm^2/$（V·s）的空穴迁移率。

2011 年，Bao（鲍哲南）、Aspuru-Guzik 课题组通过理论计算得到了一系列以不同并苯封端的并噻吩化合物（32a、34、43～48）的 HOMO、LUMO 能级以及重组能，通过对比发现化合物 34 和 47 可能具有较好的电学性质,通过计算出的单晶结构模拟其载流子迁移率,二者的空穴迁移率分别为 $3.34cm^2/(V \cdot s)$ 和 $1.45cm^2/(V \cdot s)$。

四硫富瓦烯(tetrathiafulvalene,TTF)及其衍生物是另一类硫杂稠环分子,同样可以将上面提到的分子设计原则应用到四硫富瓦烯体系中。以化合物 TTF(49)(图 1-7)为例,由于 α-TTF 沿短轴方向形成较强的堆积,并且分子间存在 S···S 相互作用,所以 α-TTF 的空穴迁移率高达 $1.2cm^2/(V \cdot s)$,而 B-TTF 仅表现出 $0.23cm^2/(V \cdot s)$ 的迁移率。为了进一步研究延长 π 共轭体系对载流子迁移率的影响,在 TTF 末端分别引入噻吩环和苯环的化合物 50 和 51 被合成出来,由于分子 π 轨道重叠程度增加,S···S 相互作用增强,因此电荷传递可以在多维度发生,从而表现出共面鱼骨状堆积模式,化合物 50 通过溶液加工获得的单晶,空穴迁移率为 $3.65cm^2/(V \cdot s)$。对化合物 50 进行细微的结构修饰,发现分子堆积方式发生显著变化,如将化合物 50 中的噻吩环换为环戊烷(52),分子变为滑移 π 堆积。除此之外,分子间"肩并肩"的排列以及较近的 S···S 相互作用距离 $[d(S···S)=3.545 \sim 3.647Å]$ 使得 π-π 相互作用增强,从而增大了该分子(52)的转移积分["肩并肩":$t_1=0.1151eV$;滑移堆积:$t_2=-0.0113eV$,$t_3=0.0176eV$),因此以 TTF(四硫富瓦烯)-TCNQ(7,7,8,8-tetracyanoquinodimethane,7,7,8,8-四氰基喹啉二甲烷)作为电极,HMTTF(52)的空穴迁移率超过 $10cm^2/(V \cdot s)$,再次证明提高电荷载流子传输性能与分子间相互作用直接相关。

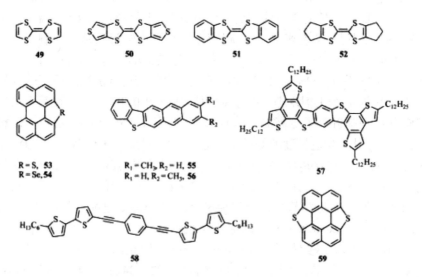

图 1-7　四硫富瓦烯及其衍生物以及一些其他的噻吩杂环衍生物

化合物 53 和 54 更趋向形成薄层状（lamellar）结构，由于向多环芳烃中引入了硫原子和硒原子，分子倾向形成双沟道结构，通过有机单晶场效应晶体管的测试，发现化合物 53 和 54 的空穴迁移率分别为 0.8cm²/（V·s）和 2.66cm²/（V·s），通过循环伏安法测试化合物 55、56 的 HOMO 能级约为 −5.34eV，与金电极的功函（−5.2eV）相匹配，同时化合物 55、56 容易发生自组装，形成宽度为 1～8μm。

长度为几百毫米的带状结构，通过顶接触型场效应晶体管的构建，发现化合物 55、56 的平均空穴迁移率为 0.88cm²/（V·s），化合物 57 通过从二氯甲烷溶液中沉淀的方法得到的 OFET 的空穴迁移率为 0.01cm²/（V·s）。后来将溶剂换为四氢呋喃/正己烷（1:3）提高了分子的结晶度，大幅度地提高了化合物 57 的空穴迁移率，通过该方法得到的有机单晶场效应晶体管的空穴迁移率为 2.1cm²/（V·s），化合物 58 具有 0.4cm²/（V·s）的空穴迁移率，随着二维晶体的厚度不同，空穴迁移率也会有轻微变化，将单边噻吩取代的化合物 53 的另一边也用噻吩环封端，得到化合物 59，由于 S⋯S 相互作用，从而形成一维单晶纳米带结构，空穴迁移率可达到 2.13cm²/（V·s）。

1.2.1.3 含氮杂稠环及含氟共轭大环分子

除了向体系中引入噻吩环外，还可以引入其他杂环体系，含氮原子的取代基是最常用的吸电子基团之一，引入氮原子可以提高有机半导体对空气的稳定性，同时由于 N—H⋯π 相互作用，分子间相互作用也会增强。化合物 60a（图 1-8）是最具代表性的一个例子，它与并五苯结构相似，呈现典型的鱼骨状堆积模式，但是由于强烈的 N-H 相互作用，出现双向的电子耦合，更加有利于载流子传输，化合物 60a 的单晶空穴迁移率为 1.0cm²/（V·s），由于 N—H⋯π 相互作用，当在氮原子上引入侧链取代基后，分子堆积方式和电荷传输性质会发生改变，如化合物 60b 为一维滑移堆积排列，因此它的空穴迁移率较低。同样在化合物 61 中也会观察到类似现象，化合物 61a 由于形成二维网络状 S⋯S 相互作用和氢键相互作用，其空穴迁移率可达到 3.6cm²/（V·s），而在化合物 61b 和 61e 中，由于堆积方式的改变，空穴迁移率仅有 0.4cm²/（V·s）。

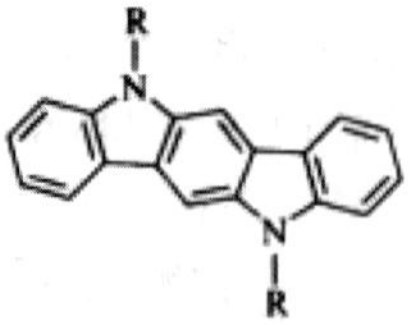

R = H, **60a**
R = Ph-C_8H_{17}, **60b**

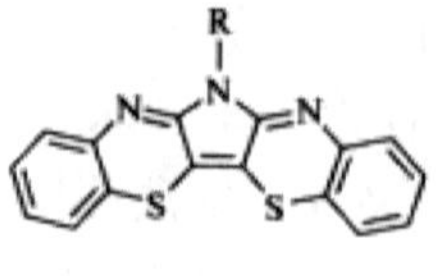

R = H, **61a**
R = Ph, **61b**
R = C_6H_{13}, **61c**

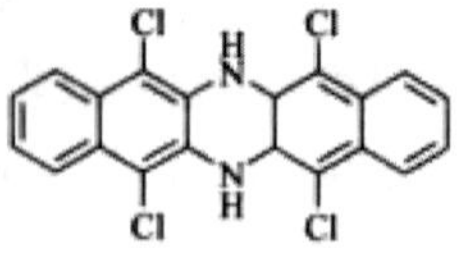

62

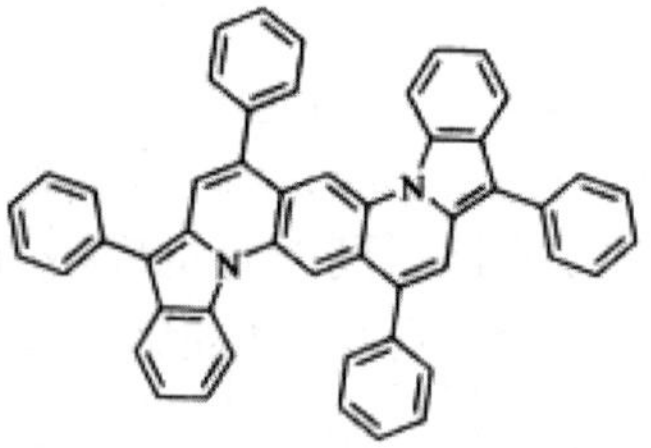

63

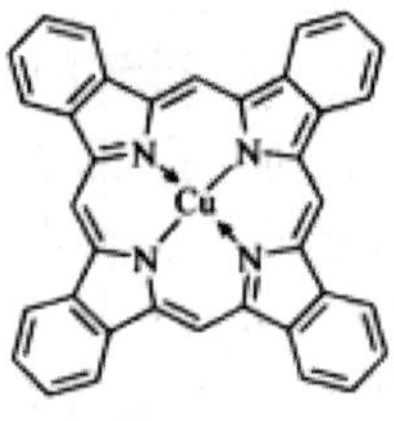

64

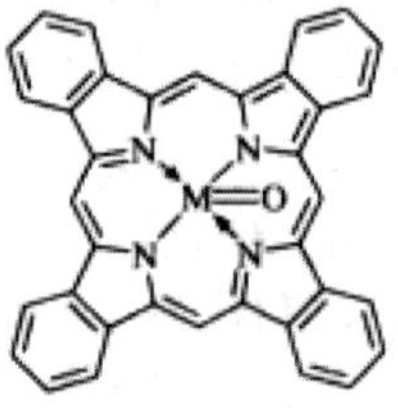

M = Ti, **65**
M= V, **66**

图 1-8　一些 p 型含氮杂稠环及衍生物

向氮杂并五苯体系中引入卤素原子也是一个研究策略。化合物 62 就是一个具有代表性的例子，由于 C1…C1 相互作用距离（3.68Å）和 π–π 堆积距离（3.45Å）相近，因此该分子为鱼骨状堆积模式，化合物 62 的空穴迁移率为 1.4cm²/（V·s），理论计算得到的空穴迁移率更高，达到 4.16cm²/（V·s）。化合物 63、64、65、66 均为二维材料，分子结构更为复杂，共轭平面进一步扩大。其中化合物 63 由于分子间相互作用较强，单晶空穴迁移率达到 1.0cm²/（V·s），化合物 64 和 65（66）也被广泛用于研究 p 型半导体性质，它们的分子结构虽然相似，但分子构型和堆积方式有很大的差别：化合物 64 是一个平面共轭结构，而化合物 65（66）是金字塔形结构，氧原子偏离共轭平面；化合物 64 沿 *b* 轴方向呈共面鱼骨状堆积，而化合物 65（66）则由于形成砖块型堆积，π–π 堆积距离较近（d_1=3.211Å；d_2=3.145Å），因此化合物 65（66）通过真空沉积得到的薄膜，载流子迁移率高达 10cm²/（V·s），而化合物 64 的载流子迁移率仅有 1.0cm²/（V·s）。

1.2.1.4　其他 p 型有机小分子

2012 年，Tsuji、Takeya、Nakamura 课题组报道了基于化合物 67 的溶

液可加工的有机单晶场效应晶体管,在所设计的结构中,化合物 67a 和 67b（图 1-9）被认为溶解性和器件可加工性能最好,基于化合物 67b 的有机单晶膜表现出 $1.5 \sim 3.6 cm^2/$（V·s）的空穴迁移率。[①] 化合物 68 也被广泛应用于空穴传输材料,可以将其应用于静电复印术以及有机发光二极管中,由于它是一个非平面结构的分子,堆积与结晶程度会受到一定影响,因此迁移率往往不高,向该分子中引入苯基取代基（69）来限制分子旋转,提高分子的平面性,进而对分子的堆积方式和载流子传输有较大的影响,化合物 69 的真空蒸镀薄膜的空穴迁移率为 $0.015 cm^2/$（V·s）。

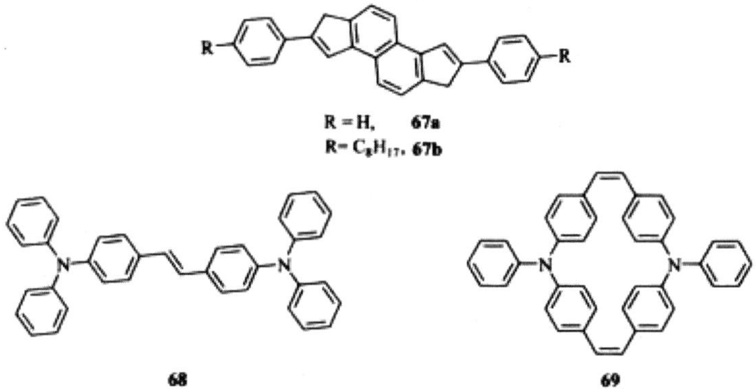

图 1-9 一些 p 型有机小分子功能材料

1.2.2 n 型有机小分子功能材料

1.2.2.1 含酰亚胺基团化合物

设计 n 型半导体材料最重要的问题之一就是合成具有一定稳定性的材料。n 型半导体材料的不稳定性并非化合物本征的化学不稳定性,而是在大气环境下无法对其进行微纳加工。半导体材料的电子载流子会与空

[①] Mitsui C, Soeda J, Miwa K, et al.Naphtho[2,1-b : 6,5-b'] difuran : A versatile motif available for solution-processed single-crystal organic field-effect transistors with high hole mobility[J].J Am Chem Soc,2012,134：5448-5451.

气中的氧气或水发生反应，从而导致电荷传输性质变差，因此设计 n 型材料首要需要考虑的是增加空气稳定性。增加空气稳定性的主要方法就是避免氧气或者水接触到薄膜 / 晶体的电荷传输沟道。于是针对此缺陷主要有两个设计策略：①在氮原子上引入大位阻取代基，如将烷基链换为全氟烷基链，使得分子在固态下堆积更加紧密，并且取代基作为疏水基团，一定程度上阻止氧气 / 水进入半导体层；②向分子的中心核引入强吸电子基团，如氯原子或者氰基，使得分子 LUMO 能级大幅度降低，氧气和水无法与其发生反应，以常见的 n 型材料 NDI 和 PDI 类为例，化合物 71a、71b、72b 和 73b（图 1-10）由于紧密堆积的氟代侧链位阻较大，因此与无氟取代基化合物 70a、70b 和 72a 相比，器件表现出更好的空气稳定性。以 72b 为例，在氩气氛围中通过物理气相转移法可以获得几毫米长、500μm 宽的红色晶体 72b，能用于加工的晶体通常要求厚度小于 1μm，虽然对于化合物 72b 来说很难控制，但是最终可以将其贴合到重掺杂的 Si/SiO₂- PMMA（聚甲基丙烯酸甲酯）双电层上，将单晶场效应晶体管放在真空和空气中分别测量，得到的电子迁移率分别为 6.0cm²/（V·s）和 3.0cm²/（V·s），化合物 73b 是较罕见的没有大位阻取代基就表现出良好的空气稳定性的分子，这主要是由该分子的 LUMO 能级较低（-4.44eV）引起的。将以上两种策略合理地应用到 n 型材料的设计中，容易得到对空气稳定的功能材料。例如，化合物 70c 通过物理气相转移法可以得到六边形毫米尺寸的单晶，将单一晶体做成有机场效应晶体管，电子迁移率为 0.7cm²/（V·s），比薄膜场效应晶体管要高 70 倍，构建化合物 70c 时采用的是掩模法，因此可以检测晶体的各向异性，不同方向的晶体迁移率各向异性约为 1.6。2015 年，化合物 72d 被应用于有机单晶场效应晶体管中，以聚苯乙烯 /SiO₂ 作为双电层，采用原位溶剂挥发的方法，从而获得了单晶场效应晶体管。聚苯乙烯修饰的双电层能使被 SiO₂ 表面的羟基进行的电荷捕获最小化，这样的有机单晶场效应晶体管可在空气中进行测试，电子迁移率大约为 1.2cm²/（V·s），开关比大于 10⁵。

除此之外，延长 π 共轭体系也可以被应用到 n 型材料的设计中，化合物 74、75 和 77 就是基于此设计策略而合成的。这类分子的合成简单，并且分子间具有较强的 π-π 相互作用，可以形成良好的 π-π 堆积，有利于载流子传输，有效降低了 LUMO 能级，提高了其空气稳定性，将化合物 74 通过掩模法直接构筑有机场效应晶体管，得到的电子迁移率为 4.65cm²/（V·s），而化合物 77b 只有 0.51cm²/（V·s）的电子迁移率，将烷基链进一步进行扩展后，分子 77b 的结晶度增强，固态下的堆积变得更加有序，因此表现出 3.65cm²/（V·s）的电子迁移率。

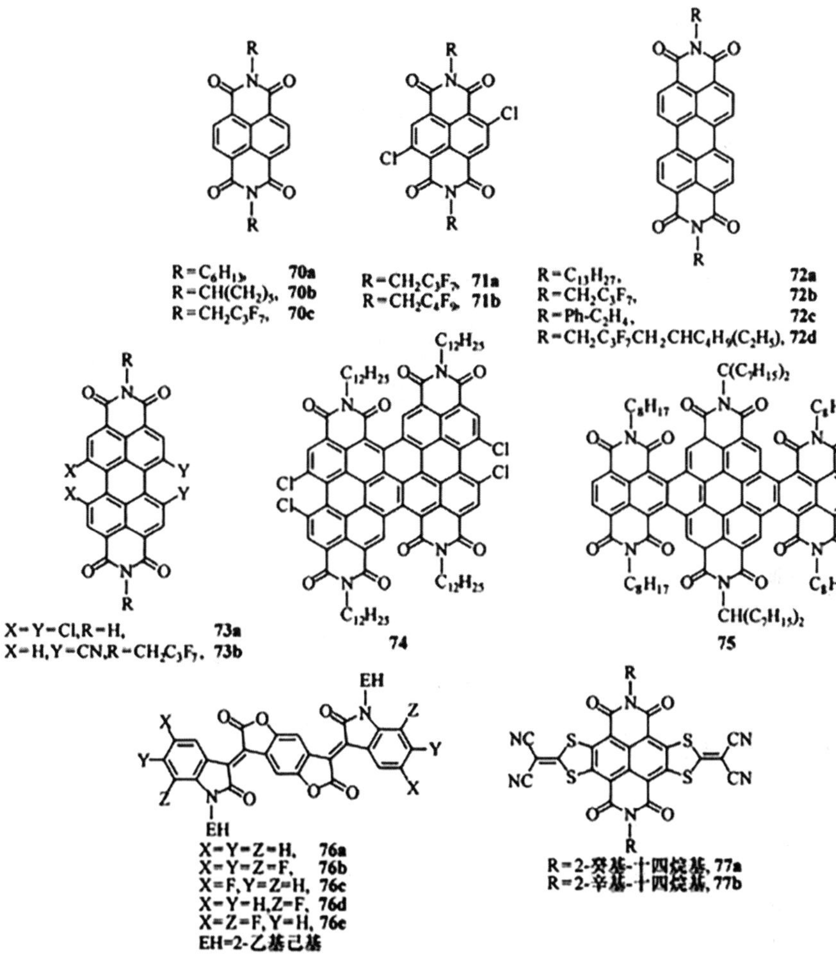

图 1-10 一些酰亚胺类 n 型小分子材料

BDOPV 是一个吸电子的共轭骨架,具有较高的电子迁移率和良好的环境稳定性,利用这一结构发展了一些新型的 n 型小分子,化合物 76a 表现出一维堆积的单晶结构,电子迁移率高达 3.25cm²/（V·s），通过在不同位置引入不同数目的氟原子进一步降低分子的 LUMO 能级以及调节分子的堆积方式,76 的五种化合物均展现出面对面相互作用,从而单晶表现为柱状堆积,76b 和 76d 为反平行共面堆积,从而表现出更高的电子迁移率。通过底栅顶接触（BGTC）的方式构建有机单晶场效应晶体管,化合物 76a～76d 得到的平均电子迁移率分别为 1.90cm²/（V·s）、1.63cm²/（V·s）、3.86cm²/（V·s）、7.58cm²/（V·s）和 3.25cm²/（V·s）。

1.2.2.2　含卤素原子、氮原子或氰基的化合物

化合物 78 用 sp^2 杂化的氮原子取代并苯中的 CH 单元后，还原电势变得更负，电子亲和性（EA）更高，并且空气稳定性会增强。前面提到过含氮原子的并苯体系可能由于存在 CH…N 相互作用，从而形成共面堆积。在此基础上引入卤素，卤素 – 卤素相互作用可能会进一步促进共面 π–π 堆积。化合物 78 的单晶器件仅表现出 n 型性质，室温下饱和区电子迁移率为 $2.50 \sim 3.39 cm^2/$（V·s），而线性区的电子迁移率为 $2.89 \sim 3.67 cm^2/$（V·s），化合物 80 也可以用于制备有机单晶场效应晶体管，通常化合物 80 在良溶剂中通过滴涂法会得到单晶簇，不适合装配成有机单晶场效应晶体管，改变化合物的浓度（$1 \sim 10 mg/mL$）也不会改变晶体的团簇形貌，并且直到溶剂快挥发尽时才会开始结晶。因此化合物 80 在良溶剂中不易形成单晶的原因是高浓度下结晶速率过快，于是加入适量的不良溶剂是最佳的解决方法，然后再通过滴涂法获得单晶场效应晶体管，以 Ag 作为源极和漏极，电子迁移率高达 $1.77 cm^2/$（V·s）。化合物 82，较长骨架主链的氮杂并苯化合物稳定性较差，容易与水和氧气发生反应，同时易发生 Diels–Alder 反应。为了解决这些问题，化合物 82 的醌式结构的设计既保证了一定的共轭程度，又削弱了它的活泼性：由于 π–π 相互作用，π 共轭骨架可以进行有效的电子传输；通过在骨架中引入更多的氮原子，LUMO 能级降低；由于共轭良好，可以获得较好的空气稳定性。通过结构解析，化合物 82 的分子骨架有轻微扭曲，对于单晶场效应晶体管在大气条件下进行测试，得到电子迁移率为 $0.2 cm^2/$（V·s），并且能进行稳定测试，因此在分子骨架中引入氮原子是发展对空气稳定的 n 型材料的有效方法。

$F_{16}CuPC$（81）是对空气稳定的 n 型材料，并且对热和化学反应都具有较高的稳定性，通过顶栅底接触的方式测得的电子迁移率为 $0.2 cm^2/$（V·s）。

除了卤素原子和氮原子这样的吸电子原子外，氰基也是在 n 型材料中常用的修饰基团，化合物 TCNQ（79）通过物理气相转移可以得到厚度为 $2 \sim 3 \mu m$ 的盘状单晶，后经过静电作用可贴合在 $SiO_2/$ 重掺杂的 Si 基底上，通过器件测试，在空气中电子迁移率为 $0.2 \sim 0.5 cm^2/$（V·s）。

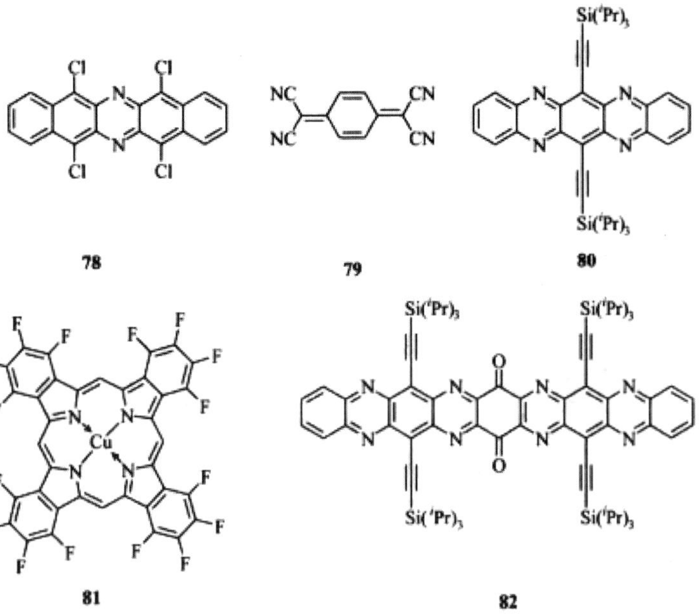

图 1-11　一些含卤素原子、氮原子或氰基的 n 型小分子

1.2.2.3　C_{60} 及其衍生物

C_{60}（83）（图 1-12）是碳元素的一种晶体形态，具有芳香性，但 C_{60} 及其衍生物的空气稳定性较差，在初始研究过程中只能在高真空条件下完成对材料的加工和测试。由于 C_{60} 的溶解性很差，其球体的分子结构也不利于形成高度有序的结构，因此人们开始寻找可以诱导 C_{60} 高度有序的手段，Anthopoulos 课题组以聚合物为绝缘修饰层，用外延生长法在石英片基板上制备出了 C_{60} 的多晶薄膜，基于该方法所制器件的电子迁移率为 $6.0cm^2/（V \cdot s）$。

由于从气相中缓慢生成单晶往往会导致产率较低，而且可重复性差，因此为了解决这一问题，人们开始用溶液法尝试获得多晶薄膜，通过间二甲苯和四氯化碳的混合溶剂来进行 C_{60} 晶体的培养，通常在边缘地区可以观察到针状晶体的形成，获得的器件电子迁移率也可达到 $2.7cm^2/（V \cdot s）$。

为了改善 C_{60} 的溶解度和溶液可加工性，人们将烷基、酯基等引入 C_{60} 衍生物中，有机太阳电池领域 PCBM（84）即为其中之一，但该化合物仅能制得薄膜场效应晶体管，用于微纳加工中仍比较困难，同样化合物 85、

86 都被研究过其 n 型电荷传输性质,但本质上都不如 C_{60} 分子,表现出的
性质也比较一般。

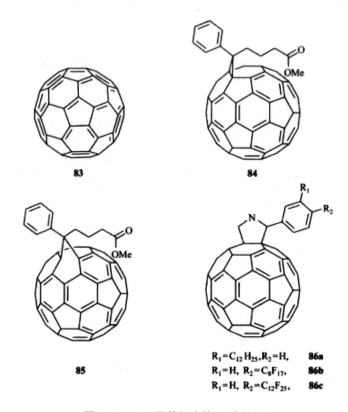

$R_1 = C_{12}H_{25}, R_2 = H$,   **86a**
$R_1 = H, R_2 = C_8F_{17}$,   **86b**
$R_1 = H, R_2 = C_{12}F_{25}$,   **86c**

图 1-12　C_{60} 及其衍生的 n 型小分子

1.2.3　有机聚合物功能材料

1.2.3.1　聚噻吩型共轭聚合物

　　将 P3HT（87）（图 1-13）的稀氯仿溶液,通过"自晶种法"（self-
seeding）自组装的方法,使一维晶体线生长到双电层上,在溶液结晶的过
程中,P3HT 会通过 π-π 相互作用自发进行组装。经推测,P3HT 能形成
一维纳米线的一个重要原因是溶剂蒸气压增加。

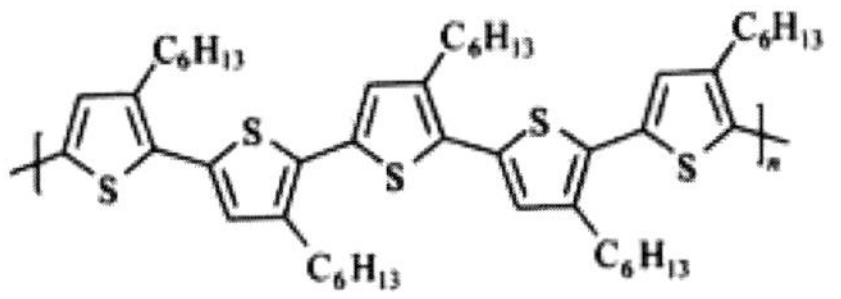

图 1-13 聚噻吩类衍生物

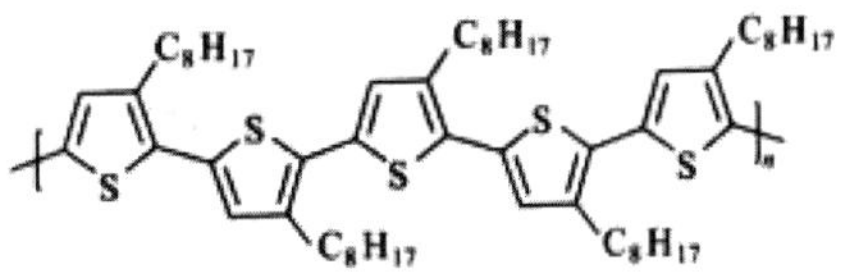

以 P3OT（88）作为研究对象,首先将稀释后的 P3OT 氯仿溶液通过滴涂法,在密闭体系中将溶剂缓慢挥干,从而可以获得 P3OT 多晶薄膜,然后置于四氢呋喃的溶剂蒸气中处理,通过 P3OT 的自组装行为获得针状微纳晶,XRD 数据表明聚合物是以侧链垂直于基底而骨架主链沿纳米线长轴方向进行堆积的,最终获得的空穴迁移率为 $1.54 \times 10^{-4} cm^2 / (V \cdot s)$,此外,研究发现,通过使用不同溶剂,探究聚合物纳米线的生成形貌和生成速率等,实验证实 CS_2 是诱导聚噻吩衍生物形成纤维状纳米线的最佳选择。

1.2.3.2 聚芴类及其他体系高分子功能材料

聚芴类也是一类研究得较深入的高分子功能材料。2013 年 Yan（闫东航）课题组报道了基于聚芴类体系的单晶功能材料,以化合物 PFO（89）（图 1-14）为研究对象,通过氯仿:乙醇 =1:3（体积比）的混合溶剂进行单晶的制备。[1] 晶体结构表明分子共轭骨架方向垂直于薄层状表面,而烷基链取代基则沿着晶体生长方向,薄层的厚度与外延链长一致,表明了化合物 89 在晶体状态下分子链没有折叠。

同样,利用混合溶剂自组装法可以制备双组分单晶,结构解析表明它也是薄层状的堆积模式,研究发现不同组分的溶解度对结晶过程很重要,其中分子量大的物质先析出。目前混合溶剂法对聚芴类层状晶体的生长是十分有效的。此外通过调节良溶剂（如甲苯）和不良溶剂（如乙醇）的体积比也可实现对化合物 89 单晶的形貌调控:针状的晶体骨架沿着晶体的长轴方向生长,螺旋状的纤维晶体聚合物沿分子链垂直于长轴方向生长,而棒状晶体聚合物链则垂直于基底侧链,沿平行于基底的方向生长晶体。

---

① Liu C, Wang Q, Tian H, et al. Extended-chain lamellar crystals of monodisperse polyfluorenes [J].Polymer, 2013, 54: 2459-2465.

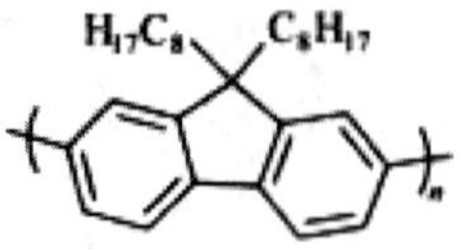

图 1-14　聚芴类 p 型高分子材料和其他体系高分子材料

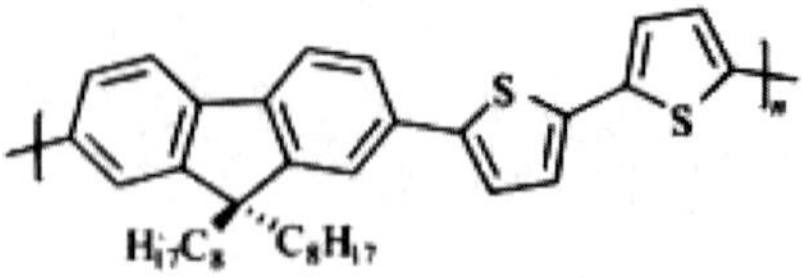

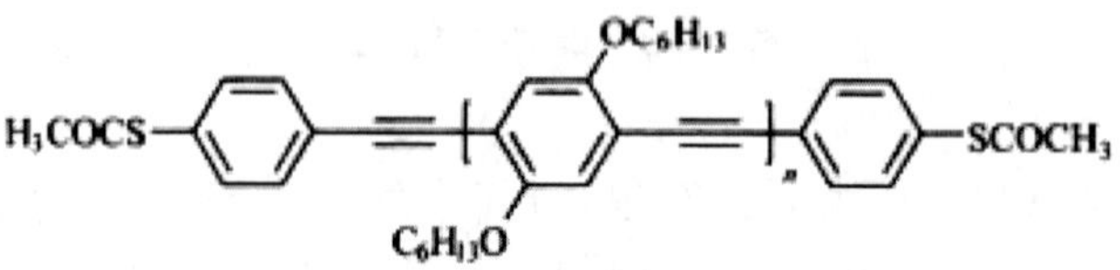

用溶液辅助模板去湿法得到的化合物 90 的纳米线,平均长度为 15μm,半径为 200nm 左右,通过底接触的方式构筑的器件经过测试,响应度为 0.4mA/W,外量子效率在单色光照射下接近 0.1%,这一数值与在无机单晶纳米线装置中所报道的值在同一数量级上,因此化合物 90 在纳米光子集成系统中有潜在的应用前景。

化合物 91 是一类重要的聚合物半导体材料,不仅有较好的光电和非线性光学的性质,而且对热和光稳定,不易被氧化,此外化合物 91 的刚性共轭结构和良好的导电性使其在纳米尺寸的器件中有潜在应用。化合物 91 的纳米线具有明显的单晶衍射特性,而且纳米线中分子是以平行于纳米线长轴方向进行堆积的,通过顶接触的器件测试得到,化合物 91 的空穴迁移率达到 $0.1cm^2/(V·s)$,比该化合物的薄膜场效应晶体管器件性能要高 3～4 个数量级。

1.2.3.3　给受体共聚物

除了上述一些经典体系外,通过给受体单元共聚会获得具有窄带隙的共轭聚合物材料,从而应用在光电子器件中而备受关注。化合物 92(图 1-15)以氯苯作为溶剂,通过溶剂蒸气增强滴涂(solvent vapor enhanced drop casting)法可以达到高度的分子有序性,使得化合物在单纤维结构中排列良好,在 SVED 过程中,溶剂挥发,化合物 92 以晶体形式析出,空穴迁移率高达 $5.5cm^2/(V·s)$。

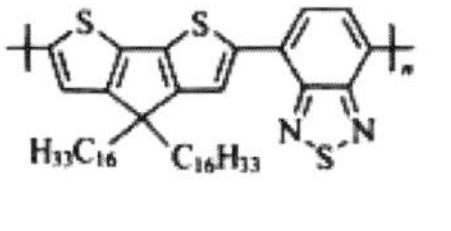

图 1-15　可用于微纳加工的 p 型共聚物

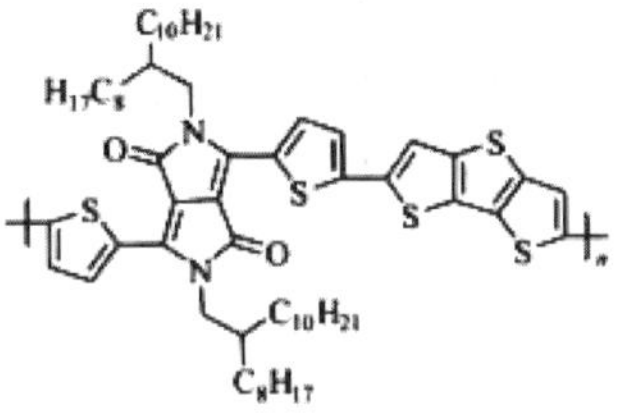

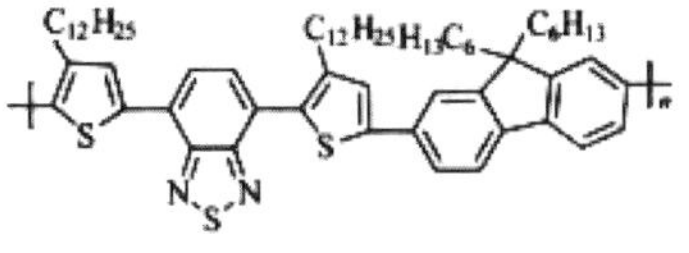

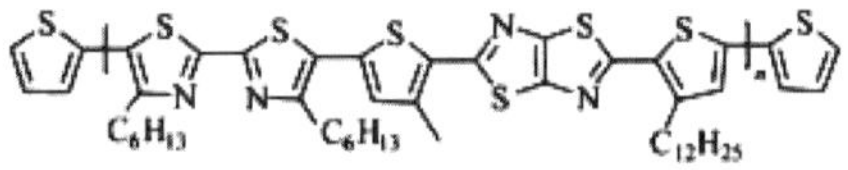

化合物 93 可以被制备成聚合物纳米线,通过结构解析发现化合物 93 的聚合物纳米线展现出单晶的性质,π-π 堆积方向与纳米线的纵向是垂直的,通过器件测试,化合物 93 的空穴迁移率约为 $7.0cm^2/（V \cdot s）$,这一迁移率比在薄膜场效应晶体管中测得的数值高几乎一个数量级。[①] 另一个基于芴的给受体共轭聚合物 94 通过简单的模板滴涂技术也可以获得高质量、大面积的聚合物纳米线,这些无规的聚合物纳米线具有较好的柔性,能够通过一定的可重复性展示出良好的光导性质,将其应用在光控开关领域,灵敏度高达 1700mA/W,在光强为 $5.76mW/cm^2$ 以及开启电压为 40V 的条件下开关比高达 2000。化合物 95 被用来研究溶剂极性、溶解度及处理时间对共轭聚合物形貌和堆积模式的影响,原子力显微镜和 XRD 测试表明聚合物的形貌及结构重排与溶剂极性、溶解度和退火时间有关。并且最终基于化合物 95 提出两个经验性的指导原则:溶解度及溶剂的极性应该与半导体的相关参数相匹配;经过溶剂气相处理后的膜厚及退火时间对半导体器件具有一定影响。

1.2.3.4　含酰亚胺基团的共轭聚合物

在这类聚合物中,典型的代表就是 BBL（96）（图 1-16）,通过对聚合物溶液相自组装的调控,可以在水或甲醇等溶剂中得到大量分散良好的 BBL 纳米带,结构分析表明 BBL 的分子堆积不是传统的沿一维纳米线的

---

① 　裴坚 . 有机功能材料微纳结构制备与应用 [M]. 北京: 科学出版社,2019.

轴面对面 π 堆积,而是垂直于长轴方向面对面堆积,进而 BBL 的纳米带可以装配成 n 型场效应晶体管,电子迁移率为 $7 \times 10^{-3} \mathrm{cm}^2/(\mathrm{V} \cdot \mathrm{s})$,开关比为 10^4。

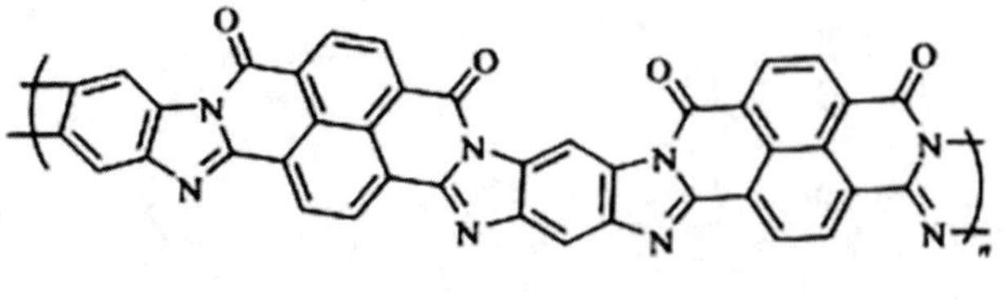

96

图 1-16 n 型聚合物功能材料

1.3 有机功能材料的研究方法

有机功能材料分子的组装行为对电荷在有机分子薄膜或单晶中的传输性质具有重要的影响。从分子到材料,有机物分子跨越了从埃(Angstrom)、纳米(nanometer)到微米(micrometer)等若干个数量级的尺度变化。有机分子之间通过较弱的分子间相互作用力结合,使得它们在不同尺度表现出不同的复杂的组装结构。从微观的分子骨架结构、分子堆积形式、分子取向与排列结构到宏观的晶区与晶界,以及器件尺度,不同层次的分子组装结构对器件的效率均有不同程度的影响。有效地调节不同层次的分子组装行为和控制材料在器件内的微观形貌,以便最终获得高的器件效率,成为有机功能材料领域内最为关心的"构效关系"。例如,有机场效应晶体管中载流子的注入及在分子尺度和器件尺度的传输;有机太阳电池中,有效的光子吸收、激子扩散和分离、电荷重组和迁移及电荷在电极表面的收集,这些物理过程均受到不同尺度的分子组装行为的影响。

有机材料分子在各个尺度和各个层次的组装行为来源于分子与分子之间的非共价相互作用。有机分子中常见的非共价相互作用包括范德瓦耳斯作用、n-T 相互作用、疏水作用、氢键、杂原子相互作用和静电作用等。

总的来说,在有机分子形成的固态薄膜或单晶中,排斥作用与吸引作用之间总会达到一个平衡,使得在特定条件下的能量最低。对有机功能分子的结构创制和拓展修饰不仅可以改变分子与分子之间的相互作用,而且可以调控分子之间的堆积形式和排列结构,从而调控最终器件中有机功能材料的薄膜形貌和单晶排列结构,这也是有机功能材料领域的重要研究方向之一。

根据马库斯电子转移理论,有机半导体中载流子的迁移率可以用式(1-1)来描述,由于电子转移前后分子相同,有机分子结构不变,所以 AG-0,式(1-1)可简化为式(1-2)。

$$k = \frac{2\pi}{h} V^2 \sqrt{\frac{1}{4\pi k_B T \lambda}} \exp\left[-\left(\Delta G^0 + \lambda\right)^2 \middle/ 4\lambda k_B T\right] \qquad (1-1)$$

$$k = \frac{V^2}{h}\left(\frac{\pi}{\lambda k_B T}\right)^{\frac{1}{2}} \exp\left(-\frac{\lambda}{4 k_B T}\right) \qquad (1-2)$$

其中,T 是温度;k_B 是玻尔兹曼常量;h 是约化普朗克常量。从公式中可以看出,载流子迁移率(k)主要由两个重要的参数决定:重组能(reorganization energy,λ)和电子耦合(electronic coupling,V;也称转移积分,transfer integral)。重组能越小、电子耦合作用越强,则载流子迁移率越大。

在载流子传输过程中,有机分子会不断地由中性态变为带电态,再由带电态变为中性态。重组能反映了分子在得失电子后结构变化所需的能量,得失电子后分子结构变化越大,则重组能越大。因此设计刚性的共轭分子有利于减小重组能。转移积分则由分子所处的相对位置和轨道分布所决定,因此有机分子之间的排列与堆积对材料的电子学性质至关重要。一般来说,π-π 距离越近则转移积分越强。对两个并四苯分子在面对面(face-to-face)平行排列状态下的研究表明,增大两个分子间的 π-π 距离,分子间的转移积分呈指数单调递减,但是由于前线轨道具有在空间上分布密度不均匀的特性,分子的重叠面积和转移积分间并没有简单的函数关系。理论计算结果表明,两个并四苯分子平行排列并保持 3.74Å 的距离下,分子分别沿长轴方向和短轴方向移动对空穴和电子的转移积分具有显著的影响。在分子的移动过程中,空穴和电子的转移积分表现出了不同的变化规律且会随着分子轨道分布的变化而产生很大的不同。在实际研究过程中,分子的单晶排列难以预测,导致前线轨道的转移积分难以计算,所以目前对于分子间转移积分的计算几乎都基于已知的晶体结构。①

与小分子不同,聚合物中的载流子传输可以分为链内传输和链间传输。链内传输通过 π 电子的离域实现,理论上具有很高的迁移率。聚合物载流子链内传输的迁移率受到聚合物有效共轭长度的限制。有效共轭长度则主要受到聚合物主链的无规扭转和热振动的影响,同时聚合物主链上的结构缺陷也会对载流子迁移产生影响。对于聚合物载流子的链间传输,可以用与小分子研究相似的理论加以解释,但是由于聚合物的排列结构难以解析,因而很难进行链间传输的定量研究,即使是定性研究也非常少。总之,提高聚合物薄膜中迁移率的方法包含以下几种:①减少聚合物链上的缺陷,增大有效共轭长度;②增加聚合物的分子量;③增强聚合物链中的 π-π 堆积和排列的有序性;④减小 π-π 堆积距离并调控合适的堆积构象。

从小分子和聚合物的电荷传输过程可以看出,分子的排列与堆积形成的分子组装结构对有机功能材料中的电荷传输有着举足轻重的影响。

有机功能材料是一门新兴的交叉学科,内容涉及化学、物理、材料科学及微电子加工技术等。目前,从材料的分子设计、合成与制备到最终的器件应用已经有了较为完整的研究过程。

首先,在已有的研究基础上考虑共轭母核的设计以及侧链工程两个方面,进行材料分子的设计。随后,通过理论计算模拟获取分子的部分电子分布和能级结构的信息。采用高效的合成方法获得目标分子之后,通过单晶结构解析、薄膜掠入射 X 射线衍射等结构表征手段得到分子在固相中的排列与堆积信息。以模板法、气相沉积法和溶液法等方法可以将有机材料加工成完整的具有特殊功能的器件,在宏观器件的尺度对其进行性能研究。通过分子设计、组装行为以及器件性能三个方面的连贯研究,可以总结出分子在各个尺度上的结构特点之间的相互联系以及它们对最终器件性能的影响,从而指导有机功能分子的设计、合成与器件相关的工作,实现材料的功能化。

---

① 裴坚. 有机功能材料微纳结构制备与应用 [M]. 北京: 科学出版社, 2019.

第 2 章

有机敏感功能材料

　　传感技术的发展主要是以无机敏感材料为中心展开的,对化学物质响应的敏感元件可称为化学敏感元件(Chemical Sensor),而其他敏感元件称为物理敏感元件。除化学敏感元件外,在其他敏感元件中有机敏感材料超过半导体等无机材料的比较少。利用高分子材料的较好例子主要包括有机热敏电阻、红外敏感元件、超声波敏感元件等。而在化学敏感元件中有机材料的特性则被有效而巧妙地利用。特别是对于离子敏传感器和生物传感器,由于有效利用了有机材料的高分子识别功能,使高选择性的实现成为可能。当然,设计合成分子识别功能的高分子未必容易,但是,优良的分子识别功能多数存在于生物体内,生物传感器即以这样的物质作为敏感材料加以应用。

2.1　有机敏感功能材料的性质

　　由于有机分子的分子骨格几乎都是由强化学键的 σ 键构成的,又加之作为高分子集合体的固体特征是非晶结构等原因,所以以前只是将高分子作为绝缘体加以应用,而忽略了其他应用。到 20 世纪 60 年代,发现了高分子除绝缘材料以外的有关应用。高分子光化学反应的利用虽不能看做新的发现,但与重要的电子材料的开发有关。众所周知,高分子受光照吸收光能,产生分子链的切断反应或分子链间的交联反应。巧妙地利用高分子对于溶剂的溶解性的差别获得光致抗蚀剂,且与电子束抗蚀剂一起成为现在微电子学器件制造中不可缺少的材料。

高分子材料具有优良的物理化学性能,这些性能是其内部结构的具体反映。掌握高聚物的结构与性能之间的关系,为正确选择、合理使用高分子材料,改善现有高分子材料的性能,合成具有指定性能的高分子材料提供了可靠的依据。

2.1.1 高分子材料的热性能

高分子材料的热性能是指保持其使用性能的最低温度(又称为耐寒性)和最高温度(又称为耐热性)。由于科学技术的迅速发展,对高分子材料的热性能提出了更高的要求,因此了解高聚物的结构与其热性能之间的关系极为重要。[①]

2.1.1.1 高分子材料的耐热性

由于高分子材料的用途不同,耐热性指标也不同。作橡胶使用的高聚物耐热性是指其保持高弹性的最高温度 T_y;塑料及纤维的耐热性是指高聚物的玻璃化温度 T_g 或熔点 T_m,因为超过玻璃化温度或熔点时,高聚物变为高弹态或粘流态,此时即使受到很小的力也会产生较大的变形而不能保持一定的外形尺寸。

玻璃化温度是指高聚物分子中链段从"冻结"开始运动的温度,因此它与高分子链的柔顺性有关。高分子链柔性大、链段短,玻璃化温度亦低。

高分子主链中 C—C—、C—O—、O—Si—链较柔顺,玻璃化温度也低。如:

---

① 朱永群.高分子基础[M].杭州:浙江教育出版社,1985.

$$\left(CH_2-\underset{\underset{CH_3}{|}}{C}=CH-CH_2\right)_n \qquad \left(\underset{\underset{CH_3}{|}}{\overset{\overset{CH_3}{|}}{Si}}-O\right)$$

天然橡胶 $T_g=-73℃$　　　　硅橡胶 $T_g=-123℃$

主链上含芳香环、杂环的链刚性大,玻璃化温度也高。如:

聚碳酸酯 $T_g=149℃$　　　　　聚苯醚 $T_g=220℃$

　　高分子链上取代基的极性越大,玻璃化温度越高；取代基的体积越大,玻璃化温度亦越高。高分子链之间若形成氢键,则使玻璃化温度变高。因为链间的氢键使分子运动受到束缚,如聚乙烯醇大分子小,由于羟基间形成氢键可使玻璃化温度达 85℃。

　　大分子链间有轻度交联时,玻璃化温度变高。但深度交联的高聚物,由于各个分子链都被牢牢地锁住,链段很难再旋转运动,此时高聚物完全没有玻璃化转变,因此也就测不出 T_g。这种情况下高聚物的耐热性是指热分解温度 T_d 的高低。

　　高聚物的玻璃化温度在一定范围内与其分子量有关。在分子量较低的聚合物中,随着分子量的增大,玻璃化温度增高,而当分子量达一定值后,玻璃化温度趋于恒定,如图 2-1 所示。[①]

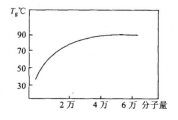

图 2-1　高聚物分子量与 T_g 的关系

―――――――――――――

① 蒋亚东. 敏感材料与传感器 [M]. 北京:科学出版社,2016.

高聚物中加入增塑剂时大大降低了其玻璃化温度。加入量越多，T_g 降低得越多。高聚物的熔点是指结晶高聚物从晶相转变为液相，晶体完全熔化时的温度。熔点一般高于玻璃化温度，从这个意义上讲结晶总是提高了高聚物的耐热性。熔化过程实质上是高分子链段离开了晶格的位置，由紧密有序的晶体结构变为无序结构的过程，因此凡是能提高大分子链间作用力或减少大分子链柔顺性的因素都会提高结晶高聚物的熔点。大分子主链的组成、侧基极性的强弱及体积大小、加入增塑剂等对结晶高聚物熔点影响的规律类似于对玻璃化温度的影响规律。

通过下列途径均可以提高高聚物的耐热性：提高高聚物的结晶度；增加大分子链的刚性；适度交联；将其他耐高温聚合物掺入共混或加入各种热稳定剂；用耐热纤维如玻璃纤维、石墨纤维等聚合物进行增强。

2.1.1.2　高分子材料的耐寒性

所谓耐寒性即耐低温性。对橡胶来说，使用时保持其良好弹性的最低温度是玻璃化温度 T_g；对塑料和纤维使用时保持其一定强度而不变脆的温度是脆化点 T_b。脆化点的高低与分子的刚柔性有关，如果是柔性链堆砌紧密，变形困难，脆化点较高，可接近玻璃化温度；相反，对于刚性高分子链，链的排列堆砌较疏松，可移动性大，脆化点低，玻璃化温度 T_g 到脆化点 T_b 的温度范围宽。

另外，分子量对脆化点也有影响。一般来说，当分子量较低时，T_b 随分子量增大而升高，当 T_b 升高到某一极值后随分子量升高而略有下降，直至达到某一定值。各种特征温度随分子量的变化如图 2-2 所示。

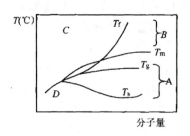

图 2-2　高聚物的特征温度与分子量关系
A—玻璃态；　B—高弹态；　C—黏流态；　D—脆化区

（3）高分子材料的热稳定性。高聚物在高温下会产生两种结果，即降解和交联。降解是分子链断裂，交联则导致分子链增大。通常降解和交联几乎同时发生,只有当某种反应占优势时,高聚物才表现出降解发粘或交联变硬。这两种反应均与化学键的断裂有关,因此组成高分子链的化学键能越大,热稳定性越强。①

2.1.2 高分子材料的力学性能

物体的力学性能指的是物体受力以后,其形变的发生、发展直到被破坏的规律与特征。高分子材料的力学性能通常是指处于玻璃态的塑料或纤维以及处于高弹态的橡胶的力学性能,如普弹性、高弹性、黏弹性和力学强度性质(抗拉伸强度、抗压强度、抗冲击强度、抗弯曲强度、硬度、耐磨性等)。处于流动状态的树脂一般不视其具有力学性能。②

大分子链间强大的分子间作用力使分子链不易滑动,因此其抗张强度、断裂伸长率、抗冲击强度、韧性都随着分子量增加而提高。对于所有的聚合物,平均聚合度低于 30 时都无强度,大多数常用的聚合物,平均聚合度在 200～2000,相当于分子量 2 万～20 万,纤维与橡胶的分子量往往还要超过此值。但当分子量增大到一定值时,除了抗弯曲强度外,其他强度逐渐趋向于一个极限值。

通常情况下分子量越大的高聚物,加工时需要的温度越高。所以,在强度达到要求后,对合成树脂的分子量要控制一定的大小,并非越大越好。图 2-3 为高分子材料的各种强度与分子量的关系。③

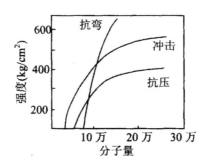

图 2-3 高分子材料的各种强度与分子量的关系

---

① 蒋亚东 . 敏感材料与传感器 [M]. 北京:科学出版社,2016.
② 周珊珊,李长胜 . 高分子材料 [M]. 北京:印刷工业出版社,1993.
③ 同上。

加入增塑剂将使高分子材料的抗压强度,高分子材料的各种强度与分子量的关系性模量和脆化温度下降,而抗冲击强度与断裂伸长率随之增高。尽管增塑剂对高分子材料造成不利的影响,但在高分子材料的加工中,为了降低加工温度和在使用中保持材料一定的柔顺性,总是要加百分之几到百分之几十的增塑剂。

　　非晶态线型高分子经化学交联后,不再表现出分子链间的整体运动和链间滑动,因此最先失去了粘流态,并随着交联程度的增大,玻璃化温度也相应提高,直至高弹态完全消失而仅剩下玻璃态。如固化后的酚醛树脂就是这样。其力学性能随着交联度的增大,抗张强度随之上升,硬度加大,断裂伸长率减小。当高度交联时,由于交联网不能均匀承受外力,而易使应力集中于局部网链上,使材料的抗张强度经极大值后随之下降。

　　高聚物经拉伸后所产生的分子取向对高分子材料所有力学性能都有影响,最突出一点就是分子取向使材料产生各向异性,沿取向方向强度增大,而垂直于取向方向强度反而降低。[①]

　　在高聚物加工生产中,纤维总是单轴取向以提高强度。塑料薄膜为均匀提高其强度和保持各向同性,往往需经双向拉伸取向,聚甲基丙烯酸甲酯(有机玻璃)经双向拉伸取向后,抗张强度、断裂伸长及抗冲击强度都大大提高,可用做战斗机顶仓罩。

　　高聚物的结晶对高分子材料的力学性能的影响十分显著,尤其是在玻璃化温度 T_g 和熔点 T_m 温度范围内更是如此,一般来说,结晶度增加则高聚物的屈服应力、强度、模量、硬度等均有提高,而断裂伸长率和抗冲击强度、韧性等有所下降。

2.1.3　高分子材料的电学性能

2.1.3.1　高分子材料的电击穿

　　一般的高分子材料均可承受一定的电场强度,但如果外加电场超过了某个极限值时,高分子材料即丧失电绝缘性能而导电,此时称为高分子材料被击穿。

---

① 　周珊珊,李长胜 . 高分子材料 [M]. 北京: 印刷工业出版社,1993.

高分子材料被击穿的原因可以是由于电流发热的热击穿、外加高电压产生的电击穿，或是外界环境使高聚物老化的老化击穿。其实，热、电和化学的作用往往是同时发生的。在选用高分子物质作绝缘材料时，应考虑被电击穿的可能性，以防止用电事故的发生。

2.1.3.2　高分子材料的静电现象

当两种固体物质相互摩擦时，在一个固体表面发生了电荷的再分配，引起了电荷的局部聚集称为静电现象。静电现象在高聚物中非常普遍，如塑料薄膜表面易粘尘埃，化纤织物穿着时易起毛结球，摩擦时有火花产生等。由于静电现象在高分子材料的生产和加工中会引起火花或燃爆事故。所以，消除静电是很重要的。往往在一些高分子材料特别是纤维的加工中上油时要加入一定量的抗静电剂，它们一般都是表面活性剂，这样可以增大高分子材料的导电性，防止静电的局部聚集。但是静电有时也有一定的用途，如静电复印、静电纺织以及利用氯纶纤维的静电制成内衣治疗关节炎等。[①]

2.1.3.2　高分子材料的导电性

高分子材料的导电机制可分类如下：（1）由杂质等产生的离子传导；（2）由电子和空穴产生的能带传导和跃迁传导；（3）由导电性填料形成导电通路。由于高分子材料的导电性随外界作用而发生变化，所以可构成敏感元件。离子传导是离子穿过高分子链的网孔缝隙而移动。电子传导有载流子沿分子链移动的分子内传导和飞越分子链间的分子间传导。对于聚乙炔等的分子内传导，可设想为孤离子（Soliton）传导，通过掺杂可在分子内和分子间形成极化子，如图 2-4 所示。

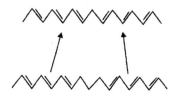

图 2-4　聚乙炔中孤离子的生成

① 周珊珊，李长胜高分子材料 [M]. 北京：印刷工业出版社，1993.

为使有机物质具有电子传导性,设计什么样的分子呢? 对此问题,目前已得到了大致满意的答案。首先,设计原理之一是像聚乙炔－(CH＝CH－CH＝CH－CH＝CH)－那样,使单键和双键交替出现的 π 共轭体系足够长。这是因为激发 π 电子所需的能量(相当于禁带宽度)大致与共轭链的长度成反比地减少。其次,要将具有像苯那样的平面状共轭分子以面对面的形式紧密重叠,并使邻近分子间的 π 轨道接近或重合;也可以在电子给予体高分子中混入(掺杂)电子接受体小分子。[1]

无论什么高分子其自身都具有半导体区域的电导率,通过掺入电子接受性强的小分子可实现高电导。电子接受性掺杂剂的作用是极其重要的,其电子亲和力、分子的大小和浓度的不同,提高导电性的效果也不一样。分子越大效果越小。电子亲和力强的掺杂剂分子的浓度效应如图 2-5 所示,掺杂浓度是用高分子中的 π 共轭体系有关的每 4 个碳原子的浓度表示的。碘是以 I_3^- 的形式掺杂,五氟化砷是以 AsF_5^- 的形式掺杂。[2]

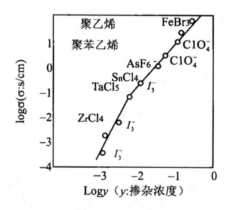

图 2-5 π 共轭系高分子的电导率对掺杂浓度的依赖关系

为了开发导电性高分子,最近受到关注的是关于聚乙炔的聚合法的研究。聚合在液晶表面的聚乙炔薄膜的微细组织变成由有限延伸的高分子链构成的原纤维状的微晶紧密填满的状态。此种薄膜是由碘掺杂的,且具有 10^4 s/cm 的电导率。通过聚合催化剂的作用,开发出了具有 10^5 s/cm 或更高电导率的聚乙炔材料。就具有如此高的电导率的聚乙炔而言,可以推测像使 π 共轭系断开那样的化学结构上的缺陷极少。因此,如何巧

---

① 吴兴惠 . 敏感元器件及材料 [M]. 北京: 电子工业出版社,1992.

② 蒋亚东 . 敏感材料与传感器 [M]. 北京: 科学出版社,2016.

妙地控制化学结构中的缺陷和高分子链凝聚结构已成为导电性高分子的大的研究课题。

π 共轭系发达的导电性高分子几乎不溶于溶剂中,而且即使加热也将在熔融前分解。换言之,多数导电性高分子成型加工性差。为了解决此问题而进行的新的尝试是首先合成可溶于溶剂的前驱体高分子,并用湿法将其加工成薄膜或纤维状,进而施行延伸处理,再产生热分解反应,从而得到所要求的导电性高分子或纤维。这样的高分子复杂化学合成方法适用于聚乙炔等。现已得到厚度为 $1\mu m$ 左右的薄膜。

用电化学聚合制作薄膜是获得导电性高分子薄膜的又一个方法。这适用于聚吡咯、聚呋喃等。此方法是将与高分子自身相关的单体(单基物)和电解质溶于高介电率的溶剂中,安装上像白金那样的适当电极,并在两电极间加上直流电压,从而在一边电极板上形成电解氧化聚合体薄膜。此时得到的薄膜处于含有来自电解质的以阴离子为掺杂剂的具有较高电导率的状态。对含有掺杂剂的电解聚合高分子薄膜加上相反的电压可去除掺杂剂。[①]

电解聚合薄膜中的掺杂和脱掺杂与导电性高分子的应用相关。未进行掺杂的电子传导性高分子材料的电导率并不是很高,多数属于绝缘体,但多数是优良的光电导材料。若用高分子薄膜吸收波长区域的光照射,则通常流过比暗电流大得多的光电流。光电流 J_p 一般由下式给出:

$$J_p \propto I\alpha\eta\mu$$

式中,I 为入射光强;α 为入射光波下的吸收系数;η 为伴随光吸收的电子性载流子的产生率;μ 为迁移率。高分子光电导材料的弱点是 μ 低。这是由于作为高分子材料特点之一的大面积薄膜是以非晶存在的,非晶的载流子迁移率受跃迁机制支配,所以 μ 为 $10^{-7}cm^2/V^{-5}$ 或比此值更低。

光电导材料应用的最大领域是电子复印机和激光复印机的感光体。因为要求薄膜具有相当高的迁移率,所以现在可提供实用的是大量地分散有低分子色素的高分子薄膜。在此被利用的是密布的色素分子间的载流子跃迁,所以高分子不过是媒体材料。实现具有高载流子迁移率的绝缘性高分子薄膜现已成为开发研究的目标之一。如果实现了此目标,还将开拓高分子材料对光电池的应用。

① 蒋亚东,谢光忠. 敏感材料与传感器 [M]. 成都:电子科技大学出版社,2008.

2.1.4　高分子材料的感光性

　　大规模集成电路的制造成功,离不开称为抗蚀剂的高分子材料和微细加工技术所起的作用。初期的抗蚀剂称为热抗蚀剂。该材料是因可见光照射而诱发化学反应,导致对溶剂的溶解性发生变化的材料。由于电子器件高密度化的要求,希望制作微小的图案,从而要求使抗蚀剂产生化学反应的波长更短。在描有特定图案的掩膜与抗蚀剂层紧密接触的情况下,经曝光可获得的最小线宽 w 受菲涅耳(Frenel)衍射支配,并可由下式给出:

$$w \approx 15\left(\lambda T / 200\right)^{1/2}$$

式中,A 为波长;T 为抗蚀剂层厚度。而采用棱镜系统投影曝光可获得的最小线宽为:

$$w \approx 0.8\lambda / \left(N \cdot A\right)$$

式中,$N \cdot A$ 为棱镜的数值孔径。由上可知,对于抗蚀剂,在要求能形成薄膜的同时,还希望对短波光反应敏感。从热抗蚀剂开始,现已开发出远紫外线(deep UV)抗蚀剂、软 X 射线抗蚀剂、电子束抗蚀剂等多种,因为热抗蚀剂的品种很多,所以在此不多涉及。下面就新的抗蚀剂作一简单介绍。

　　抗蚀剂有正型和负型。所谓正型就是在放射线照射部分产生高分子链的切断反应而增加溶解性,负型则是在照射部分产生交联反应而减少溶解性。一般说来,正型抗蚀剂分辨率优越,但灵敏度低;负型灵敏度高,但分辨率差。

　　为使正型抗蚀剂高灵敏度化,可考虑使对于放射线衰变的 G 值(因吸收 100eV 能量而产生的主链切断数)增大的分子设计法。聚甲(基丙)烯酸酯是分辨率优良的正型抗蚀剂,但电子束灵敏度为 $50\mu C/cm^2$,且不充分。在 G 值大的 α 位上具有 CF_3 的乙烯树脂高分子

$$\left(CH_3 - \underset{\underset{COOCH_3}{|}}{\overset{\overset{CF_3}{|}}{C}}\right)_m ----- \left(CH_3 - \underset{\underset{COOCH_3}{|}}{\overset{\overset{CF_3}{|}}{C}}\right)$$

或聚甲基丙烯脂的聚合体等是高灵敏度化方法的例子。

$$\left.\Bigl(\!\!\!\begin{array}{c} CH_3 \\ | \\ CH_2-C \\ | \\ CN \end{array}\!\!\!\right)_m \cdots \left.\Bigl(\!\!\!\begin{array}{c} CH \\ | \\ CH_2-C \\ | \\ COOH \end{array}\!\!\!\right)_n$$

为了减小因溶剂引起的膨润效应提高抗蚀剂的分辨率,可采取以下方案:分子量适当,且使其分布近于单分子分布;引入增高交联密度的官能基。

已知抗蚀剂的耐干腐蚀性与高分子的化学结构密切相关。正如以碳为理想材料的图 2-6 所表明的那样,氩腐蚀时的腐蚀速度与高分子化学结构中的碳原子数有关。分子结构中的碳原子数的比例越大,耐腐蚀性越好,从而得出结构中氧原子的掺入损害了耐腐蚀性的结果。

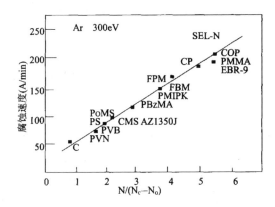

N—构成碳原子数;　N_c—碳原子数;　N_o—氧原子数

图 2-6　抗蚀剂高分子的化学结构与腐蚀速度的关系

可见光用光致抗蚀剂可用于激光图像记录、激光制版或光盘记录媒体。由于抗蚀剂的感光波长在很多情况下是在相当短的波长一边,所以为提高对长波的灵敏度,可并用低分子增感剂。

在记录材料领域,作为新材料要求具有高的可逆感光性(可重写性)的记录媒体,即光存储媒体材料。关于可逆感光性,有机物质的光致变色已有很长的历史了。光致变色表现为如下化学反应:

$$A \xrightarrow{\ h\nu_1\ } B \qquad\qquad B \xleftarrow{\ h\nu_2\ } A$$

即不管正逆反应多少,无论哪一个都是光学反应,且伴随有 A 分子和 B 分子在可见光领域的吸收谱不同(颜色变化)。为了将光致变色用于光信息记忆,至少要控制以下三个条件:(1)光反应的量子效率 $\Phi_{A\to B}$,$\Phi_{B\to A}$;(2)暗热反应的速度 $k_{B\to A}$;(3)反复可逆反应的可靠性。

光反应量子效率相当于记录或存储媒体的灵敏度,暗热反应速度相当于记录的保存性、热稳定性。在至今的材料研究中进行了范围广泛的光致变色化合物的探索。但是,无论怎样其对象都是有机低分子物质。

关于高分子材料的事例大致可分为:(1)承载光致变色低分子的主体媒体;(2)目的在于存储媒体以外的应用的光致变色高分子材料。

对于前者,研究了低分子光反应性或热反应性与主体高分子或分子运动的相关性。其中,热反应速度因主体材料的种类而发生大幅度的变化,从而有能控制的可能性。进一步利用分子环境效应,则有望用作为超高密度存储媒体中的光化学烧孔效应(PHB)存储媒体。

2.1.5 高分子材料的光电导性(Optoelectronics)

有机材料被光照射时所产生的各种物性变化的变化机制可分为:分子激发和生成电子性载流子。由分子激发可产生光电子发射、光介电效应等,另外因光照产生载流子从而有光电导性或光伏效应。光电导性或光伏效应可应用于敏感元件。在PVDF热释电性薄膜中,强永久双极子以不具有反转对称中心的式样排列。这满足发现二次非线性光学效应的条件。事实上,早在20世纪70年代,人们在PVDF热释电性薄膜中就观测到产生了高次谐波(SHG)。

进行分子设计和分子排列研究,则可得到具有比无机物的非线性光学性能指数更大的有机物质。关于分子设计,可使永久双极矩增大和制作π共轭链。而有机物的光学非线性的起源是来自分子内的电子极化,所以可望获得比无机晶体还要快的开关速度。由于上述理由,有机非线性光学材料的研究开发最近变得非常活跃,且其中高分子材料占有非常重要的地位。在二次非线性光学材料领域中,高分子材料由于控制客体低分子排列而起到主体材料的作用。已提出通过具有称为DANS的大的永久双极矩的非对称均二苯乙烯而尝试采用如图2-7所示的主体高分子控制其排列的方案。因为此主体高分子具有液晶生成能,所以利用其向列液晶相,可实现DANS的非对称排列,并可观测到SHG。上述的PVDF薄膜是只限于SHG的可能性的提案。就二次非线性光学材料的领域而言,有机低分子晶体和 LB 膜正成为研究的中心。[①]

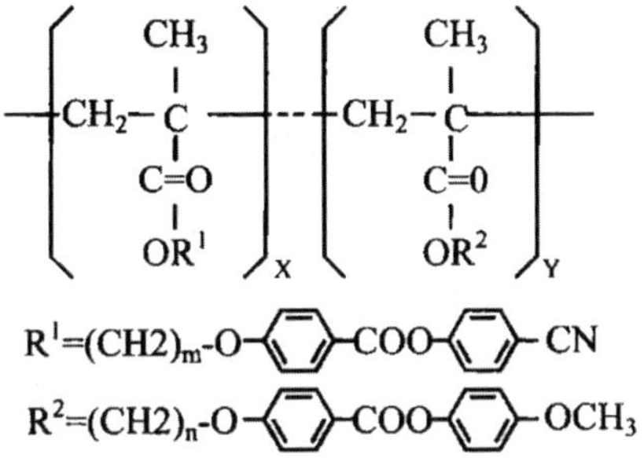

图 2-7　用于 DANS 取向的液晶高分子

在三次非线性光学材料领域中,由于回避了分子排列的对称性问题,所以高分子材料起着主要的作用。因为若利用聚合扩大 π 共轭链,则非线性光学常数变大,所以聚联乙炔特别引人注目。

由联乙炔电介体低分子构成的单晶的三次非线性感受率 χ_3 为 10^{-13}esu,但已知,若用 γ 射线对其进行照射,则 χ_3 增大 700 倍。还尝试了将引入亲水基的联乙炔的两亲媒性分子在水面上展开制成单分子膜,再经紫外线照射使之聚合而制成聚合体的 LB 型累积膜,而电子传导型高分子的聚合(p- 苯撑乙烯)膜具有与聚合联乙炔相匹敌的 χ_3。

作为已在光学器件装置中实用化的高分子材料,可以举出棱镜、光盘衬底和光纤用材料。就这些用途而言,无论什么情况都要求具有透明性,所以可采用非晶高分子材料。折射率、复折射率和透明性是高分子材料必须控制的物性。若已知单体分子折射率 $[R]$ 和克分子体积 $[V]$ 功的值,则高分子材料的折射率 n 与分子结构关系可通过下式估算:

$$n^2 = \frac{1 + 2[R]/V}{1 - [R]/V}$$

分子折射率由构成分子的化学键的种类和数量决定。通常,为获得低折射率材料而选用氟系高分子,为了实现高折射率而选用含有苯环或卤素的高分子。现在,用特殊的氟系高分子材料可使 n=1.338,而就高折射率而言,用聚合戊溴苯甲基丙烯酸盐可使 n_D=-1.71。

----

① 蒋亚东,谢光忠 . 敏感材料与传感器 [M]. 成都: 电子科技大学出版社,2008.

高分子材料的复折射率主要受具有单基物结构的主极化率差的支配。例如，形成平面形状的苯环的平面方向的极化率为 $123.1 \times 10^{-25} \mathrm{cm}^3$，垂直方向的极化率为 $63.5 \times 10^{-25} \mathrm{cm}^3$，两者之差很大。

$$\left[\!\!\!\begin{array}{c} \mathrm{CH_3} \\ \!\!\!-\!\!O\!-\!\!\!\!\bigcirc\!\!\!-\!\!\!\underset{\mathrm{CH_3}}{\overset{|}{C}}\!\!-\!\!\!\!\bigcirc\!\!\!-\!\!O\!-\!\!\underset{\parallel}{\overset{\parallel}{C}}\!\!\!- \end{array}\!\!\!\right]_n$$

其成品显示出相当大的复折射率，因而作为光盘材料是有问题的。因此，可以将上述化学结构中 CH_3 基团的地方置换为含有苯环的结构以减小复折射率。

在光纤芯线中采用非晶高分子材料的光纤称为塑料光纤。作为芯线材料几乎都是采用聚甲（基丙）烯酸酯（PMMA）。在此，为减小光传输损失，要求采用纯度非常高的材料。PMMA 的吸收损失被认为是在红外区出现的原子间键共振引起的吸收及其倍频，以及基于电子迁移的紫外吸收。就 PMMA 而言，在波长为 600nm 左右的可见光区域吸收损失极小。非晶聚苯乙烯（PS）也是候补芯线材料。但是，因化学结构含有苯环，所以由电子迁移引起的紫外吸收延伸到可见区域，且较之 PMMA 时吸收损失大。关于散射损失，PMMA 也比 PS 有利。

这是因为 PS 含有极化率各向异性大的苯环。在此领域，可望出现耐热性好的透明芯线材料。作为光纤包层材料，低折射率的高分子材料受到重用，且提出了很多氟系高分子和硅系高分子材料。

2.1.6 高分子材料的压电性、热释电性

因为压电性起因于宏观形变和内部形变，所以可在不具有对称中心的晶体中观察到。压电性物质中，有极性结构的还呈现热释电性。

聚肽等薄膜具有压电性，但由于无极性，所以没有热释电性。若在玻璃相移温度以上对聚氯乙烯等极性高分子施加高电场而使双极子取向，再原样冷却（极性调整，即 poling 处），则显示出热释电性。聚偏二氟乙烯（PVDF）的 CF_2 双极子在极性调整处理后，若让外加电场的极性反转，则产生双极子反转，这是强介电性的特征。将强介电性陶瓷分散在高分子中而得到的复合材料也可显示压电性和热释电性。

压电性的基本关系式为：

$$P = \varepsilon E + dT$$

$$S = dT + sT$$

式中，P 为极化强度；T 为应力；S 为形变；E 为电场；s 为弹性伸缩率；ε 为介电常数；d 为压电形变常数（d 常数）。

压电电压常数 g（g 常数）是压电材料在敏感元件应用中的重要常数，也称为敏感常数。即：

$$g = E / T \quad g = d / \varepsilon$$

机电耦合常数 k 表示压电材料的能量转换效率，即：

$$k = d / \sqrt{\varepsilon s}$$

而声（音）阻 Z 是显示压电元件与电路系统的匹配性的重要因子，即：

$$Z = \rho V$$

式中，ρ 为密度；V 为速度。高分子材料的 d 常数一般较小，但是，由于 ε 相对于 d 更小，所以 g 常数和 k 常数变大。进而由于 Z 的匹配性变好，所以成为效率高的敏感元件。

压电晶体和热释电晶体是早就存在的传统的电子材料。按照高分子材料薄膜的特点，压电、热释电薄膜的制作始于 1970 年发现聚偏二氟乙烯的压电性。

高分子材料显示上述功能的必要条件是材料本身具有大的自发极化。至今除聚偏二氟乙烯（PVDF）外，偏二氟乙烯和三氟乙烯的共聚物 [P（VDF–TrFE）] 与偏二氟乙烯和四氟化乙烯的共聚物 [P（VDF–TrFE）] 等有极性氟系高分子薄膜都具有自发极化。

这些高分子固体是结晶性高分子，且已知对于各自的晶体结构有少许的结晶变态。其中，在称为 β 型晶体的高分子中，在转换型中切断伸长的分子链使 CF_2 双极子的方向平行，并在准六方晶体中反向。作为例子，图 2-8 给出了 PVDF 的 β 型晶体结构。由于来自 CF_2 的永久双极子排列在同一方向，所以这种晶体是极性微晶。现实的高分子薄膜可由微晶区和非微晶区构成，而且多数微晶的极化方向相互是随机的，所以就薄膜整体而言不具有自发极化。然而，若在某一温度下加热并加上高的直流电压，实行所谓的原样冷却的还原处理，则整个薄膜就会具有自发极化。[1]

---

① 蒋亚东，谢光忠．敏感材料与传感器 [M]．成都：电子科技大学出版社，2008.

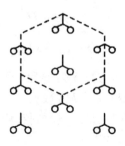

图 2-8　聚偏二氟乙烯 β 型晶体

PVDF 的压电性、热释电性的起源是微晶中的极化反转。在没有极性调整电场的状态下,温度达到某一温度以上,微晶中分子链的热运动变活泼,且自发极化、压电性、热释电性都消失。对于 PVDF,相当于其居里温度的耐热温度(约为 90 ℃)。对于 [P（VDF-TrFE）和 [P（VDF-TeFE）] 耐热温度升高,前者,在共聚合体组分比中,随着 TrFE 比分的增加,耐热温度上升,但是压电率低。作为耐热温度高的压电性高分子,最近开发出了氰化乙烯和醋酸乙烯酯的共聚物 [P（VDCN-VAC]。由于这种高分子薄膜是非晶质,所以是透明的。此薄膜的自发极化来源于非晶区域中的C—CN 双极子的排列被冻结。高分子压电、热释电材料的应用领域从电—声转换开始,其后用于超声波诊断、非破坏检查用转换器、超声波显微镜、可在水中使用的超声波摄像管、对红外和微波敏感的热释电元件、热摄像管等。[①]

2.1.7　有机敏感材料的信息转换功能

有机敏感材料的响应特性可分为物理响应和化学响应,其中物理响应包含电磁、光、射线、温度、压力等,这些响应(信息)被转换为电特性变化。然而,实际的敏感元件不限于只用单一的材料,任何种类的敏感材料组合起来都可构成敏感元件,因此,还可充分利用敏感材料电特性转换以外的其他响应。[②]

按照敏感元件的信息转换功能分类的有机敏感材料如表 2-1 所示。

---

① 蒋亚东,谢光忠.敏感材料与传感器 [M].成都:电子科技大学出版社,2008.
② 李川,李英娜,赵振刚,等.传感器技术与系统 [M].北京:科学出版社,2016.

这些敏感元件大多是基于将有机敏感材料的物理响应或化学响应引导为电信号转换。[①]

表 2-1　利用有机材料的敏感元件

敏感元件		利用的效应	敏感材料
敏感元件	NTC 热敏电阻	离子传导型	PVC/NMQB 等
		电子传导型	PVC/NaTCNQ 等
		介电型	尼龙系等
	PTC 热敏电阻	软化点	导电性微粒分散聚合物
	热释电型红外敏感元件	热释点效应	PVDF、PZT 微粒分散聚合物
	液晶温度敏感元件	透过率的温度变化	液晶
		反射/透过光波长的变化	胆甾醇液晶
敏感元件	压力敏感元件	压电效应	PVDF、P(VDF–TrEE)、PZT 微粒分散聚合物
		加压导电性	导电性微粒分散橡胶
		显微调色剂薄膜破坏	将含有显微调色剂薄膜的发色剂分散的聚合物
	超声波敏感元件	压电效应	PVDF、P(VDCN–VAC)
		分子排列变化	向列液晶
	加速度敏感元件	分子排列变化	向列液晶
湿敏元件	高分子电解质湿敏元件	由吸湿引起的电阻变化	分散有铵盐、磺酸盐的聚合物
	高分子电介质湿敏元件	由吸湿引起的介电常数变化	醋酸纤维素
	结露敏感元件	由吸湿引起电阻急剧变化	分散有导电性微粒的聚合物
	压电湿敏元件	振子的负载变化	水晶振子 + 聚酰胺
	FET 湿敏元件	晶体管特性变化	吸湿性高分子/FET
气敏元件	半导体气敏元件	电导率变化	有机半导体
	压电气敏元件	振子的负载变化	水晶振子 + 聚酰胺
	表面电位型气敏元件	表面电位变化	聚吡咯/FET
	电化学气敏元件	电解电流、电池电流	气体透过性高分子膜/电极系

---

① 李新, 魏广芬, 吕品. 半导体传感器原理与应用 [M]. 北京: 清华大学出版社, 2018.

2.2 有机敏感功能材料的制备

2.2.1 水热法制备无铅压电 BCZT 陶瓷

压电陶瓷是一种能够实现机械能与电能间相互转换的功能材料,铅基压电陶瓷,尤其是具有准同型相界(MPB)的 PZT 陶瓷凭借自身优良的压电性能和高度的稳定性而广泛地应用于换能器、传感器,压电驱动器等领域。

尽管 PZT 系压电陶瓷的性能优异,但此类陶瓷材料中氧化铅的含量最高可达 70% 以上,众所周知,氧化铅毒性较高且高温下容易挥发,导致在陶瓷的烧结过程中会产生严重的污染并威胁人体健康,尤其是人体的肾脏和肝脏等器官,PZT 制备的器件需要被回收处理后才能再度利用,因此,研究开发性能优异的无铅压电陶瓷具有重要的现实意义。[①]

无铅压电陶瓷主要有 $BaTiO_3$、$Bi_{0.5}Na_{0.5}TiO_3$(BNT)及(Na,K)NbO_3(KNN)3 种体系。$BaTiO_3$ 的压电常数(d_{33}=190pC/N)和居里温度(T_c=120 ℃)均比较低,而 BNT 和 KNN 陶瓷含有 Bi_2O_3、Na_2O、K_2O 等易挥发成分,在制备烧结过程中温度达到 900 ℃ 左右便开始挥发,结果使得陶瓷的致密度较低,因此无铅压电材料的研究陷入困境。直到 2009 年,科学家发现 Ba($Ti_{0.8}Zr_{0.2}$)O^{3-}($Ba_{0.7}Ca_{0.3}$)TiO_3 陶瓷具有较高压电常数(d_{33}=620pC/N)、高介电常数(ε=8000～16000)、低介电损耗($\tan\delta \leqslant 0.005$)、耐疲劳、稳定性高等特点,呈现出与 PZT5H 不相上下的优异的压电性能,掀起了无铅压电陶瓷的研究热潮。不断地研究和探索,人们发现了锆钛酸钡钙($Ba_{1-x}Ca_xZr_yTi_{1-y}O_3$)陶瓷(以下简称 BCZT),BCZT 属于钙钛矿(ABO_3 型)结构,A 位为 Ba^{2+} 与 Ca^{2+}、B 位为 Zr^{4+} 和 Ti^{4+},其铁电性是由于 Ti 离子在氧八面体中心产生电偶极矩的结果。BCZT 陶瓷由于其优异的压电、热释电以及电学性能,在换能器、红外探测器、制动器、微位移器、过滤器等领域有着广阔的应用前景。

使用传统的固相反应法制备 BCZT 陶瓷,陶瓷制备工艺中的煅烧温度和烧结温度都很高(分别为 1350 ℃ 和 1500 ℃),导致 BCZT 陶瓷制备

---

① 王晨,董磊,彭伟,等 . 无铅压电陶瓷的最新研究进展 [J]. 中国陶瓷 , 2017,53(011):1–7.

困难，陶瓷的均匀性、工艺稳定性不佳，影响其工业化应用。为了解决这一困难，有必要研究活性前驱体制备工艺，以降低陶瓷的煅烧和烧结温度。

（1）称量。按照化学式 $Ba_{0.85}Ca_{0.15}Zr_{0.1}Ti_{0.9}O_3$ 的化学计量比用电子天平分别称取 13.84g $BaCl_2 \cdot 2H_2O$、1.11g $CaCl_2$、2.15g $ZrOCl_2 \cdot 8H_2O$ 和 11.38g $TiCl_4$。

（2）溶解。将准确称量好的 $BaCl_2 \cdot 2H_2O$、$CaCl_2$ 和 $ZrOCl_2 \cdot 8H_2O$ 加入蒸馏水中，超声振荡充分溶解，形成透明溶液 A。

（3）混合。将称量好的 TiCl 逐滴（1～2 滴/s）加入到 4 液中，充分搅拌混合均匀。

（4）装釜。将混合物转入高压水热反应釜中，加入蒸馏水水，至反应釜容积的 60%，随后加入 NaOH，控制 NaOH 的浓度为 16mol/L。[①]

（5）水热反应。将正确密封好的水热反应釜放入量程为 300℃的烘箱中，从室温开始升温至 200℃，并在 200℃下保温 24h，使之充分进行水热反应，反应结束后随炉冷却至室温，开釜。

（6）洗涤、干燥。将开签后得到的反应产物离心分离，并用超声波清洗器加入蒸馏水洗涤，重复多次离心。洗涤的操作，直至体系的 pH=7（pH 试纸检验）。之后在 80℃恒温中干燥研细得到 BCZT 粉体。

（7）造粒。先将 PVA（聚乙烯醇）加入蒸馏水中置于电热板上加热溶解，之后在已干燥的 BCZT 粉体加入 3%～5% 的 PVA 水溶液，在高于 PVA 熔点时可以流动润湿 BCZT 颗粒表面并形成吸附层，起黏结作用。

（8）成型。将造粒好的 BCZT 粉体在 80MPa 的压强下冷压成型，保压 3～5min，得到直径为 10mm 的圆柱状 BCZT 陶瓷坯体。

（9）烧结。在程序升温炉（马弗炉）中从室温以 10℃/min 的速率升至 1320℃，并在此温度下保温 12h，得到 BCZT 陶瓷。

需要注意的事项如下：

（1）高压反应釜的使用：装液后安装拧紧螺母时，必须对角对称，多次逐步加力拧紧，用力均匀，不允许釜盖向某侧倾斜，才能达到良好的密封效果，避免安全隐患；每次操作完毕用清洗液清除釜体及密封面的残留物，并于干燥箱中烘干，防止锈蚀。

（2）$TiCl_4$ 为高毒、具强腐蚀性、强刺激性（酸味）的液体，在空气中发烟，受热或遇水分解放出 HCl 腐蚀性烟气，所以在使用过程中必须佩戴口罩和橡胶手套，做好防护。

---

① 李远勋，季甲. 功能材料的制备与性能表征 [M]. 成都：西南交通大学出版社，2018.

（3）PVA在冷水中不溶，需加热到90℃才能溶解。

（4）成型模具的使用。使用前必须将各部件擦拭干净，放压片时必须严格垂直放入，若倾斜则会影响压片与粉末的接触，甚至使压片卡在装样腔中，无法压制成型，严重时会使模具损坏报废。

2.2.2 溶胶凝胶法制备钨酸盐电致变色薄膜

氧化钨（WO_3）是研究最早也是目前研究最多的无机电致变色材料，三氧化钨薄膜可以在蓝色和透明态之间相互转变。WO_3是一种拥有d^0电子结构的n型半导体，使其具备多方面的性能优点。WO_3存在多种变体结构，囊括了单斜、三斜、四方、立方、六方及非晶态，但各种结构中的主体框架均为$[WO_6]$八面体首尾相连。在不同晶型不同周围环境下，$[WO_6]$八面体会以倾斜、旋转等方式发生晶格畸变，伴随W偏离$[WO_6]$八面体中心。半径较小的一价阳离子容易渗入到$[WO_6]$八面体围成的空隙中，形成钨青铜，该一价阳离子的脱出又会使WO_3变回原来的结构。WO_3与钨青铜的这种结构上的可逆转变还会伴随内部电子转移和W离子的变价，由此引发相应的变色反应，实现对透射光的可控调节。①

常见的WO_3薄膜制备方法有真空沉积、电沉积、水热合成法以及溶胶凝胶法，其中溶胶凝胶法合成过渡金属氧化物薄膜具有设备简单、成本低、适合大面积制膜的特点，而且它的反应温度低，掺杂量精确可控，溶胶中各组分化学计量比可以达到分子级的高度，不论在实验室还是在实际生产中它的研究最为广泛。本实验采用聚乙二醇（PEG）改性并通过溶胶凝胶法制备WO_3电致变色薄膜。②

在过氧化氢的作用下，钨粉被氧化为钨酸根离子，钨酸根之间会发生缩合反应，生成多聚钨酸络合物。此络合物不稳定，易形成白色沉淀，当在溶液中加入适量的无水乙醇时，乙醇分子会与钨酸根进行络合，络合后会产生一定的位阻效应，由于乙醇的配位作用和氧化性均比—O_2—弱，使得在增加配位效应的同时不会让钨酸根形成长链大分子，这样就降低了多聚钨酸络合物的生成几率，减少白色沉淀的产生，增强溶胶的稳定性。但此时钨酸仍然能够形成凝胶网络，中间产物过氧聚钨酸与乙醇的反应

---

① 李远勋，季甲. 功能材料的制备与性能表征 [M]. 成都：西南交通大学出版社，2018.

② 同上。

是控制 WO_3 溶胶稳定性的关键一步,反应时间及反应温度对其影响很大,同样的配比在不同的反应条件下可能会得到不同结构的反应产物。

（1）称量、准备。用电子天平称取 12g 钨粉放入 250mL 洗净的烧杯中,并用铁架台将此 250mL 烧杯固定于恒温水浴锅中,连接电动搅拌器。向恒温水浴锅中不断加入冰块,控制温度始终保持在 0～10℃之间,用温度计随时测温。①

（2）钨粉溶解。用 100mL 量筒量取 40mL 质量浓度为 30% 的过氧化氢溶液,通过酸式滴定管缓慢滴加入步骤（1）盛有钨粉的烧杯中,为防止反应的剧烈进行,控制过氧化氢的滴加速度为 1～2 滴 /s,反应结束后得到 A 液。

（3）反应。向 A 液中加入 12mL 乙酸和 44mL 无水乙醇,开启电动搅拌器开关,持续搅拌 2h,得到前驱体溶液,将此溶液在室温下静置陈化 3d 后在 2000r/min 的转速下离心 10min 后离心得到澄清的淡黄色溶胶 B。

（4）改性。按溶胶 B 与 PEG 400 的按体积比为 10∶1 分别量取一定的量放入烧杯中混合,加入搅拌磁子,置于磁力搅拌器上搅拌 30min,之后用超滤纸进行抽滤,过滤掉白色沉淀物,将澄清的滤液在室温下静置 12h,制得前驱体溶胶 C,用保鲜膜密封（待镀膜用）。

（5）清洁。将表面方块电阻 20Ω/口的掺锡氧化钢（ITO）透明导电玻璃用玻璃刀切成 50mm×20mm 的小块,放入烧杯中依次用丙酮、无水乙醇、去离子水置于超声波清洗中振荡清洗 15min,用无尘试纸擦干。

（6）镀膜。将洗净的 ITO 导电玻璃垂直浸入溶胶 C 中 3min,调节恒温提拉镀膜机的温度为 50℃,以 50mm/min 的速度提拉镀膜,在 50℃条件下静置 30min。

（7）热处理。将步骤（6）中的镀膜玻璃置于氧化铝船式陶瓷坩埚中,随后将坩埚放入管式炉中进行退火处理,从室温开始以 5℃/min 的升温速率升温至 300℃,在 300℃保温 1h,随炉冷却后制得 PEG 改性的 WO_3 薄膜。②

需要注意的事项如下:

（1）金属钨粉和过氧化氢的反应很剧烈,过氧化氢一次投入很难控制不发生沸腾;该氧化反应生成过氧聚钨酸的过程中会伴随产生白色沉淀副产物,这种白色沉淀是不溶于无水乙醇的,并且不具有电致变色功能。综上,制备反应过程中一定要注意三点:①反应温度必须严格控制

---

① 李远勋,季甲 . 功能材料的制备与性能表征 [M]. 成都: 西南交通大学出版社,2018.
② 同上。

在 10℃以下；②过氧化氢溶液一定是通过酸式滴定管极其缓慢地滴入钨粉中，防止剧烈反应产生大量的沉淀，得不到无色透明溶胶；③若钨粉和过氧化氢反应后仍产生白色沉淀，就需要先用超滤纸进行抽滤，有效滤除白色沉淀无用副产物后再加入乙酸和无水乙醇进行下一步的反应，而若使用普通滤纸即使经多次过滤所得溶胶仍为浑浊态，成膜后降低其透过率。

（2）本实验中制备的 WO_3 薄膜多为非晶态，其结构物相可参照同等制备和热处理条件下所得 WO_3 粉末的 XRD。

2.2.3 单斜相纳米片状 $BiVO_4$ 光催化半导体的水热法制备

光催化材料是一种能直接将太阳能转变为化学能的功能材料。这种材料在光照下能激发产生电子 – 空穴对，这些电子 – 空穴对与周围的 O_2 和 H_2O 发生化学反应产生具有强氧化性的超氧离子（ $\cdot O_2^-$ ）和羟基自由基（ $\cdot HO$ ），通过氧化分解环境中的有机污染物（染料、药物等），具有积极的环保意义，应用前景广阔。

TiO_2 是半导体光催化剂的典型代表，凭借其稳定性好、安全无毒、无选择性、光催化活性高且价廉易得等特点，是目前研究和成果最多的最具应用潜力的半导体光催化剂。然而大量研究发现，TiO_2 禁带宽度（3.2eV）较宽，理论上只能吸收低于 387nm 波长的紫外光，对可见光无相应，光响应范围窄，太阳能利用率低，极大限制其大规模应用与发展。因而探究与合成新型的响应可见光的光催化半导体材料是光储化技术实用的重要的方向。

近年来，科学工作者设计并合成了许多复合金属氧化物作为可见光响应的新型光催化剂，例如 Bi_2WO_6、$CaIn_2O_4$、$AgAlO_2$、$InVO_4$、$BiVO_4$ 等，这些新型催化剂可实现有机物在可见光照下的有效分解。其中 $BiVO_4$ 的可见光响应波长可达 500nm 以上，由于其可见光利用率高、催化降解能力强而受到广泛关注。$BiVO_4$ 结构具有同质多晶现象，主晶相为单斜白钨矿、四方锆石矿、四方白钨矿 3 种晶型，其中以单斜相（ $m-BiVO_4$ ）白钨矿的能隙最窄（约 2.2～2.4eV），这种很窄的禁带宽度赋子 $m-BiVO_4$ 对可见光的高效吸收性，使具有较高的可见光响应光催化活性，在光催化降解有机污染物和分解水制氢方面具有更高的应用价值。

$BiVO_4$ 的光催化性能与其物相结构、晶粒尺寸、合成方法以及颗粒形貌等紧密关联,通过一定方法控制合成形貌规则且催化活性高的 $BiVO_4$ 催化剂是近年 $BiVO_4$ 研究工作的重点。m-$BiVO_4$ 高效的光催化活性取决于其特殊的粒径大小和微观结构。这些 m-$BiVO_4$ 微观结构的可控制备已经取得一定成果,主要有球状、片状。管状、橄榄枝状等。

$BiVO_4$ 是一种比较理想的光催化半导体材料,其被一定能量的光照射时,其价带上的电子就会被激发而跃迁到导带上,进而使 $BiVO_4$ 价带上产生空穴(h^+)和其导带上多了一个电子(e^-),即:

$$m\text{-}BiVO_4 + hv \rightarrow m\text{-}BiVO_4 (e^-,\ h^+)$$

光照产生的电子、空穴有的相遇后直接复合,有的则迁移到催化剂表面同 O_2 和 H_2O 或(OH^+)应生成具有强氧化性的超氧离子($\cdot O_2^-$)与羟基自由基($\cdot HO$),进而把一些有机物进行降解,即:

$$e^- + O_2 \rightarrow \cdot O_2^-;$$
$$h^+ + H_2O \rightarrow \cdot HO + H^+$$
$$h^+ + OH^- \rightarrow \cdot HO$$
$$\cdot O_2^- + (有机物) \rightarrow H_2O + CO_2$$
$$\cdot HO + (有机物) \rightarrow H_2O + CO_2$$

目前有较多方法都可制备 $BiVO_4$ 光催化材料,典型的比如溶胶 – 凝胶法、化学沉淀法、高温固相法、水热法等。其中水热法较其他方法具有所得的样品且粒子尺寸小,团聚较少,结晶度和纯度高,且易操作,反应所需温度不高,结构和形貌易调等优点,还可通过添加络合剂和调节 pH 值等途径来调控其形貌,制备出不同形貌和光催化性能的 $BiVO_4$ 光催化材料。

(1)称量。按 $BiVO_4$ 化学计量比 $Bi^{3+} : V^{5+} = 1 : 1$ 分别用电子天平准确称量 4.851g(0.01mol)的 $Bi(NO_3)_3 \cdot 5H_2O$、1.170g(0.01mol)NH_4VO_3、16g NaOH 和 2g EDTA。

(2)溶液的配制。[①]

①将称量好的 $Bi(NO_3)_5 \cdot 5H_2O$ 溶于 5mL 的浓 HNO_3 中并加水稀释至 20mL,磁力搅拌 10min 待完全溶解后得到 A 液;

②将称量好的 NaOH 溶于 100mL 蒸馏水中,得到 4mol/L 的 NaOH 碱溶液 100mL;取出其中 50mL 再次添加 50mL 蒸馏水将 NaOH 稀释至 2mol/L;

---

① 李远勋,季甲. 功能材料的制备与性能表征 [M]. 成都:西南交通大学出版社,2018.

③将称量好的 $NH_4VO_3 \cdot EDTA$ 加入到 20mL 步骤②中配制好的 4mol/L 的 NaOH 碱液中，玻璃棒搅拌至完全溶解，得到溶液 B。

（3）混合。将溶液 B 逐滴加入磁力搅拌的 A 液中，至所有 B 液转移完成后向 A 液中滴加 2mol/L 的 NaOH 碱液，调节体系酸碱度至 pH=5（pH 计测量），随后继续搅拌 30min，得 C 液。

（4）水热反应。将所有 C 液倒入 100mL 聚四氟乙烯内衬的不锈钢反应釜中，控制溶液体积为 80mL，拧紧旋盖后将反应釜放入恒温干燥箱中从室温升温至 180℃，并在 180℃下保温 24h，关闭干燥箱待冷却至室温后取出反应釜。

（5）洗涤。开釜除去上层液体，真空抽滤，先后用去离子水 / 无水乙醇将沉淀洗涤至中性。

（6）干燥。将步骤（5）中得到的 $BiVO_4$ 沉淀放入真空干燥箱中，设定温度为 80℃恒温干燥 4h，玛瑙研钵研细后得到 $m\text{-}BiVO_4$ 粉体材料。

（7）不同 pH 值（选做）。在保持其他条件不变前提下，分别调节其水热反应前溶液的 pH=3.0、5.0、7.0、9.0、11.0，可获得不同形貌的 $BiVO_4$ 粉体。

需要注意的事项如下：

（1）高压反应釜的使用：装液后安装拧紧螺母时，必须对角对称，多次逐步加力拧紧，用力均匀，不允许釜盖向某侧倾斜，才能达到良好的密封效果，避免安全隐患；每次操作完毕用清洗液清除釜体及密封面的残留物，并于干燥箱中烘干，防止锈蚀。

（2）$BiVO_4$ 样品制备过程中加入的 EDTA 要适量。EDTA 是一种六原子配位螯合剂，在反应液中加入时能与 Bi^{3+} 形成 Bi-EDTA 螯合体，起到调节反应体系中 Bi^{3+} 浓度的作用，进而可控制 $BiVO_4$ 的生长速率。同时 EDTA 的加入也直接影响到 $BiVO_4$ 晶面的生长方向，会导致 $BiVO_4$ 纳米片沿（010）晶面择优生长。

（3）反应体系的酸碱度 pH 调节应适当。在酸性条件下产物中只有单斜相的 $BiVO_4$，但不同 pH 时其衍射峰强度会出现差异，影响结晶性；而在碱性条件下（pH=11 时），产物中会出现 $Bi_2(OH)VO_4$ 杂相，原因是在高浓度 OH^- 存在时，Bi^{3+} 会首先与 OH^- 形成 $Bi(OH)_3$ 沉淀，之后与 VO_4^{3-} 结合生成 $Bi_2(OH)VO_4$。

（4）反应过程中溶液 pH 值应与螯合剂匹配。溶液 pH 会影响 EDTA 的络合能力，进而影响样品形貌。体系 pH 值较小时，EDTA 与 Bi^{3+} 的结合能力较弱，相反结晶作用会较强，此时倾向于生成数量很多而粒径很小的 $BiVO_4$ 纳米晶。EDTA 与 Bi^{3+} 的螯合能力随 pH 增大而增强溶液中

的 Bi^{3+} 浓度相对减小,降低 $BiVO_4$ 纳米片的生长速率,产物为方块状的 $BiVO_4$ 颗粒。

2.3　有机敏感功能材料的应用

2.3.1　热电偶的应用

K 型热电偶数字温度仪的测量范围为 $0 \sim 1200℃$。其测量电路的元器件少,精度高,具有较高的技术水平。图 2-9 为 K 型热电偶数字温度仪的测量电路。由于热电偶的输出电压小,需要漂移很小的放大电路,同时,热电偶又存在非线性的特点,所以这里选择用的测量电路具有测量放大、温度补偿和非线性校正的多种功能。[①]

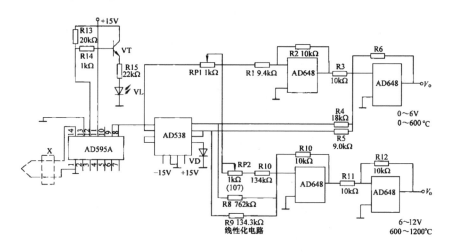

图 2-9　K 型热电偶数字温度仪的测量电路

图 2-9 中,AD595A 是具有热电偶断线报警功能的集成电路,热电偶

---

① 殷淑英 . 传感器应用技术 [M]. 北京:冶金工业出版社,2008.

通过 X 接入 14 脚（+IN）、1 脚（−IN）两个输入端子。为了确保热电偶不断线，可以利用晶体管 VT 和发光二极管 VL 做断线报警。热电偶断线，VT 导通，VL 点亮。

2.3.2　电解质湿敏传感器的典型应用

　　一种用于汽车驾驶室风窗玻璃自动去湿装置如图 2-10 所示，其中，图 2-10（a）所示为风窗玻璃示意图，图中 R_S 为嵌入玻璃的加热电阻丝，H 为湿敏元件，图 2-10（b）所示为所用的电路。VT_1、VT_2 接成施密特触发电路。VT_2 的集电极负载为继电器的线圈，VT_1 的基极回路的电阻为 R_1、R_2 和湿敏器件 H 的等效电阻 R_P。事先调整好各电阻值，使常温常湿下 VT_1 导通、VT_2 截止（VT_1 的集电极 – 发射极电压接近于零而使 VT_2 截止）。一旦由于阴雨致使湿度增大而使 H 的 R_P 值下降到某一特定值，R_2 与 R_P 的并联电阻值小到不足以维持 VT_1 导通，由于电路的强正反馈，VT_2 将迅速导通，VT_1 随之截止。VT_2 的集电极负载一继电器 K 通电后，常开触点 2 接通电源，小灯泡 HL 点燃，电阻 R_s 通电，风窗玻璃加热以驱散湿气。当湿度减小到一定程度时，施密特触发电路又翻转到初始状态，小灯泡 HL 熄灭，电阻丝停止通电。这样就实现了自动除湿控制。[①]

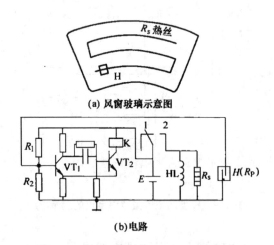

(a) 风窗玻璃示意图

(b)电路

图 2-10　汽车风窗玻璃自动去湿装置

---

① 　顾学群 . 传感器与检测技术 [M]. 北京：中国电力出版社，2009.

2.3.3　金属氧化物陶瓷湿敏传感器的典型应用

2.3.3.1　土壤湿度测量电路

图 2-11 所示为采用硅湿敏电阻的土壤湿度测量电路,它是由土壤湿度检测电路、湿度信号放大电路和高精度稳压电源电路组成。其中,土壤湿度检测电路由湿敏电阻 R_H、晶体管 VT 以及 R_1、R_2 等组成;湿度信号放大电路由 IC_1、RP_1、RP_2、R_3、R_4、R_5、R_8、VS 等组成;稳压电源电路为湿度检测电路提供 2.5V 的稳压电源。[①]

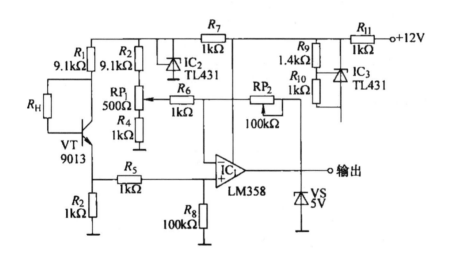

图 2-11　硅湿敏电阻的土壤湿度测量电路

当湿敏传感器插入土壤时,由于土壤含水分不同,湿敏传感器的阻值也不同,这个电阻作为 VT 的基极偏置电阻。由于偏置电阻的不同,基极电流也不同,从而改变了 VT 的集电极电流,也改变了发射极电流。在 R_2 上射极电流转换成电压,送至 IC_1 的同相输入端。经 IC_1 放大后输出由稳压管 VS 稳定输出电压在 5V 以内。

调整时,将 R_H 插入水中,调节 RP_2 使 IC_1 输出为 5V,然后将 RH 从水中取出并擦干,调节 RP_1 使输出为 0V,反复调节即可达到要求。该系统

---

① 张岩,胡秀芳,张济国 . 传感器应用技术 [M]. 福州: 福建科学技术出版社,2006.

在 25℃时,其响应小于 5s,检测土壤含水量为 0 ~ 100%(质量分数)。

2.3.3.2 秧棚湿度指示器

秧棚湿度指示器主要用于指示塑料薄膜做成的育秧棚内湿度,当棚内湿度过高时,及时排湿,保证秧苗的正常生长。

图 2-12 为秧棚湿度测量指示器电路,它是由湿度传感器 RH、RP、R_1、R_2 组成的测湿电桥、电压比较器等组成。在相对湿度正常时,由于湿度传感器的阻值很大,故比较器 IC 输入端的电平高于同相输入端的电平,比较器输出端为低电平,VT_1 截止,VT_2 导通,绿色发光二极管 VL_2 点亮,表示湿度在正常范围。当秧棚内的相对湿度增大到较高时,湿度传感器 RH 的阻值减小,使同相输入端的电位高于反相输入端的电位,比较器输出高电平。

VT_1 导通,VT_2 截止,红色发光二极管 VL_1 点亮,绿色发光二极管 VL_2 熄灭,表示秧棚内的相对湿度较高,已超出湿度的定值。调节电位器 RP,可改变湿度设定值。[①]

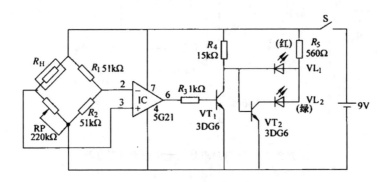

图 2-12 秧棚湿度测量指示器电路

2.3.4 有机高分子湿敏传感器举例

有机高分子湿敏传感器大致分为三类,即高分子电解质,高分子电介

---

① 赵勇,王琦.传感器敏感材料与器件 [M].北京:机械工业出版社,2012.

质和无机、有机复合材料。下面是一些具体的湿敏传感器举例。

2.3.4.1　树脂湿敏传感器

树脂湿敏传感器实际是一复合体,将吸湿树脂和石墨导电粉混合为一体。当湿度变化时,由于树脂吸湿、潮化,使石墨离子间距改变,引起总的电阻率变大,其电阻的变化特性如图 2-13 所示。[①]

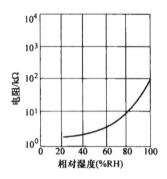

图 2-13　树脂湿敏特性曲线

这是一种电阻式湿敏传感器,可以作为结露传感器,用来检测露点。在结露的情况下电阻值按指数函数增高,能从原来几千欧增加到 100kN。由于该传感器导电机制是电子导电,因而可利用直流驱动,工作电路相对比较简单。吸湿树脂一般具有一定的温度系数,但相对结露时阻抗巨大的变化可忽略不计,不必采取温度补偿措施。

2.3.4.2　塑料湿敏传感器

塑料湿敏传感器由感湿薄膜聚乙烯醇(PVA)和聚苯乙烯磺酸铵(PSS)组成,基板为 0.6mm 的氧化铅,用金做成叉指电极。这种湿敏传感器是利用导电性高分子对水蒸气的物理吸附作用引起电导率变化的原理做成的,具有湿度测量范围大、工作温度范围宽、响应时塑料湿敏传感器由感湿薄膜聚乙烯醇(PVA)和聚苯乙烯磺酸铵(PSS)组成,基板为 0.6mm

① 赵勇,王琦. 传感器敏感材料与器件 [M]. 北京:机械工业出版社,2012.

的氧化铅,用金做成叉指电极。[1] 这种湿敏传感器是利用导电性高分子对水蒸气的物理吸附作用引起电导率变化的原理做成的,具有湿度测量范围大、工作温度范围宽、响应时间短等优点。[2]

图 2-14 为感湿薄膜湿敏特性曲线,图中体现了温度对其性能的影响,故在实际使用时应考虑进行温度补偿。

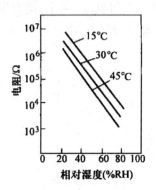

图 2-14　感湿薄膜湿敏特性曲线

2.3.4.3　羟乙基纤维素湿敏传感器

羟乙基纤维素湿敏传感器的结构如图 2-15 所示,以聚苯乙烯塑料为基体。感湿薄膜由羟乙基纤维素、炭粉、山梨酸和三硝基甲苯等混合而成,炭粒在胶膜内处于悬浮状态。

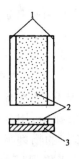

图 2-15　羟乙基纤维素湿敏传感器结构

1—电极；　2—湿度感应膜；　3—基体

---

① 倪星元,张志华. 传感器敏感功能材料及应用 [M]. 北京: 化学工业出版社,2005.

② 赵勇,王琦. 传感器敏感材料与器件 [M]. 北京: 机械工业出版社,2012.

常态下,纤维素不导电,炭粒相互接触构成具有一定电阻率的导电体。吸湿以后纤维素膨胀,炭粒接触减少,电阻增大;湿度减小时,情况正好相反,电阻也减小。

这类湿敏传感器具有正向温度系数,对湿度响应较快,一般情况下小于 1s。

2.3.4.4　醋酸纤维膜湿敏传感器

醋酸纤维膜湿敏传感器结构如图 2-16 所示。玻璃为基板,蒸发上叉指金电极,感湿材料为醋酸纤维或是酰胺纤维和硝化纤维。感湿材料通过浸渍或涂敷的方法沉积到基板上。

醋酸纤维膜湿敏传感器的响应时间短,重复性好,温度系数小,但缺点是适用的温度范围不够宽,特别是不适合高温下使用。

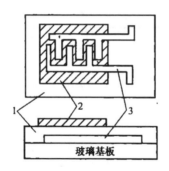

图 2-16　醋酸纤维膜湿敏传感器结构

1—高分子薄膜;　2—上电极;　3—下电极

2.3.5　聚合物光纤传感器的典型应用

2.3.5.1　聚合物光纤压力传感器

聚合物光纤压力传感器的微弯调制器工作原理如图 2-17 所示,它由一个光栅周期为 A 的调制器组成,敏感光纤从调制器中穿过,在调制器的作用下产生周期性的弯曲。当调制器受到外部压力 F 作用时会引起光纤

微弯变形 X，一部分芯模能量转化为包层模能量，从而导致输出光功率 P 的改变，有 $P=f(F)$。故可以通过测量微弯损耗的变化量来间接地测量外部压力的大小，从而实现聚合物光纤压力传感器的设计。

测试系统由发光二极管光源，敏感光纤（聚合物光纤）、微弯调制器、探测器等部分组成，如图 2-18 所示。敏感光纤从微弯调制器中通过，在变形板的作用下沿轴线产生周期性弯曲。通过可调节砝码来改变微弯板的压力。压力不同将引起敏感光纤的微弯程度不同，从而泄漏光波的强度不同。探测器上的输出信号也将会随压力的变化而变化，从而实现压力的传感。

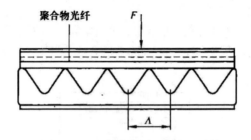

图 2-17　聚合物光纤压力传感器的微弯调制器工作原理

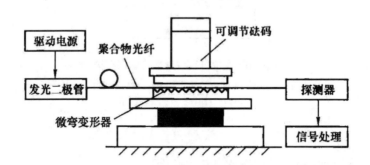

图 2-18　聚合物光纤压力传感系统的组成

实验测试的聚合物光纤压力传感系统使用标准商业聚合物光纤，其数值孔径 $NA=0.47$，芯径 $2a=0.98\text{mm}$（外径为 1mm），通过计算，光栅周期 $\Lambda=0.69\text{mm}$。分析光功率计探测的输出光强与可调节砝码重量的关系在特定的范围内具有较好的线性特性，如图 2-19 所示，由此得出外加压力 F 与输出光功率 P 近似满足关系式 $P=A+BF$。

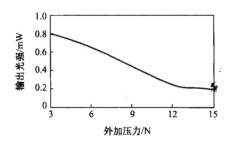

图 2-19　外加压力与光强关系

　　这个结果与传统的石英光纤压力传感系统的试验结果很相似。可以看出,至少在压力传感器应用的方面,聚合物光纤是可以很好地替代石英光纤的。

　　微弯损耗是光纤的共有特性,所以用石英光纤或聚合物光纤都可以组成基于光纤微弯损耗的压力传感系统,两者组成的系统有着相似的系统结构与测试结果。由此类比,对于应用其他光纤传输特性为原理设计实现的石英光纤传感器,也都可以近似地用聚合物光纤实现,其传感效果也是很相似的。但是由于聚合物光纤的接续要求比石英光纤的简单很多,所以聚合物光纤系统的光源可以选择发光二极管去替代石英光纤系统使用的激光光源与其相应的连接器,这就大大降低了聚合物光纤传感系统的构建成本。此外,聚合物光纤相对石英光纤的柔韧性使聚合物光纤的敏感光纤能承受比石英光纤程度更大的形变,这就保证了聚合物光纤传感系统能比石英光纤系统测量更大强度的应变量而不至于损坏,这就提高了聚合物光纤传感系统的测量范围与使用寿命。所以说,在传感器应用方面,聚合物光纤已经成为了石英光纤十分经济有效的替代方案。

2.3.5.2　测量振动的聚合物光纤传感器

　　这种传感器由两根聚合物光纤组成,其结构如图 2-20 所示。一根光纤用于传输来自由互导放大器驱动的发光二极管(LED)的非相干光源,而另一根光纤则收集需测量其振动的目标的反射光。另一种可选择的进一步小型化的传感器采用相同的光纤,同时进行光束的传送和收集,增加了一个耦合器以分离这两种信号。在接收端采用一个与互阻抗放大器连接的光敏二极管将光转化为电信号。[①]

―――――――――――

① 李瑾,商海英 . 测量振动的塑料光纤传感器 [J]. 光纤光缆传输技术,2010.

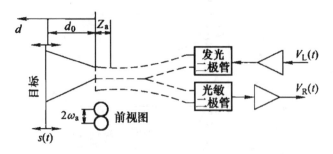

图 2-20　测量振动的聚合物光纤传感器的结构

目标振动改变了光纤末梢与目标之间的距离,因此也改变了接收光功率。目标距离与接收光功率的精确关系取决于数值孔径、纤芯半径、光纤表面抛光度等光纤特性,还取决于目标表面。在有反射表面和高斯光束的情况下,可以通过解析目标距离 d、光纤半径 ω_a 和光渐进圆锥顶点 Z_a 位置的函数求出接收光功率。图 2-21 示出了光功率比与归一化距离的典型相关性。

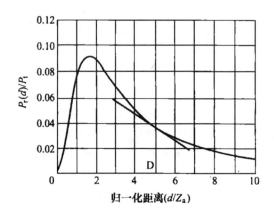

图 2-21　光功率比与归一化距离的典型相关性

为了证实所提出方法的有效性,研究人员采用一个用作振动目标的小型扬声器进行了超声变送器的试验。将一片极小的纸粘在移动线圈的中心并涂成各种颜色以获得不同的反射率。反射最小的纸产生的反射光功率不足在大多数反射光(白色)下所测光功率的 1/5。在大约 600Hz 频率下采用正弦激励驱动发光二极管,并在 370Hz 频率下采用正弦电流驱动扬声器。将接收信号放大并通过将脉冲调制速率设定为 10kHz 的探测板对其进行测量。在 600Hz 频率下采用快速傅里叶变换（FFT）算法处理探测到的信号以分别测量 600Hz 下的幅值 V_2 和 230Hz 下的幅值 V_3。该系统能够检测在从变送器边缘至中心不同点处测得的变送器的振动，由此得到第一阶振动模的草图，测量结果如图 2-22 所示。[①]

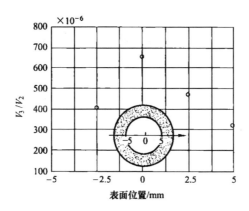

图 2-22　超声变送器的测量结果

2.3.6　光耦合器件的典型应用

光耦合器件是发光器件与接收器件组合的一种器件。发光器件常采用发光二极管；接收器件常用光敏二极管、光敏晶体管及光集成电路等。它以光作为媒介把输入端的电信号耦合到输出端，因此也称为光耦合器。发光二极管、光敏二极管、光敏晶体管等都是结型光敏器件，所以它们的组合也是结型光敏器件的典型应用。[②]

光耦合器件具有体积小、寿命长、无触点、抗干扰能力强、输出和输入之间隔离、可单向传输信号等特点。有时还可以取代继电器、变压器、斩波器等，目前已被广泛用于隔离电路、开关电路、D/A 转换电路、逻辑电路及长线传输、高压控制、线性放大、电平匹配等单元电路。

① 李瑾, 商海英 . 测量振动的塑料光纤传感器 [M]. 光纤光缆传输技术, 2010.
② 张志伟, 曾光宇, 李仰军, 等 . 光电检测技术 [M]. 北京: 清华大学出版社, 2018.

2.3.6.1 光耦合器件的分类、结构和用途

光耦合器件根据结构和用途可分为两类：一类称光隔离器，它能在电路之间传送信息，实现电路间的电气隔离和消除噪声影响；另一类称光传感器，用于检测物体的有无状态或位置。[①]

（1）光隔离器。把发光器件和光敏接收器件组装在同一管壳中，且两者的管心相对、互相靠近，除光路部分外，其他部分完全遮光就构成光隔离器。图 2-23 所示为光隔离器的三种常见结构。

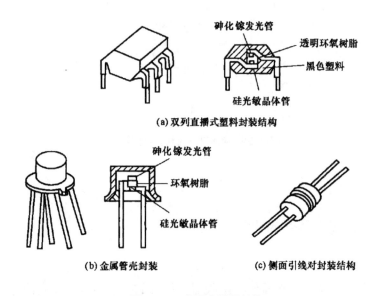

图 2-23　光隔离器的结构

光隔离器原理如图 2-24 所示，发光器件常采用发光二极管。接收器中采用光敏二极管时，被命名为 GD-210 系列光耦合器；接收器中采用光敏晶体管时，则命名为 GD-310 系列光耦合器，如图 2-24（a）和图 2-24（b）所示；还有以光集成组件为接收器件的，如图 2-24（c）中接收器为光敏二极管 – 高速开关晶体管组件图 2-24（d）中接收器为光敏晶体管 – 达林顿晶体管组件，图 2-24（e）中接收器为光集成电路。这种结构可以提高器件的频率响应和电流传输比。

[①]　张志伟,曾光宇,李仰军,等 . 光电检测技术 [M]. 北京：清华大学出版社,2018.

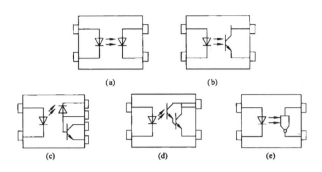

图 2-24　几种光耦合器件原理

（2）光传感器。按结构不同,光传感器又可分为透过型和反射型两种。透过型光传感器又称光断续器,是将保持一定距离的发光器件和光接收器件相对组装而成,如图 2-25（a）所示,当物体从两器件之间通过时将引起透射光的通和断,从而判断物体的数量和有无。把发光器件和光接收器件以某一交叉角度安放在同一方向则组成反射型光传感器,如图 2-25（b）所示,通过测量物体经过时反射光量的变化,可检测物体的数目、长度。光传感器也可组成光编码器应用于数字控制系统中,在高速印刷机中用作定时控制和位置控制,在传真机、复印机中用于对纸的检测或图像色彩浓度的调整等。[①]

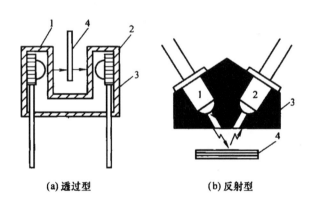

图 2-25　光传感器的结构

1—发光器件；　2—光敏器件；　3—基座；　4—被测物体

---

① 曾光宇,张志伟,张存林.光电检测技术 [M].北京:清华大学出版社;北京交通大学出版社,2005.

2.3.6.2 光耦合器件的基本电路

光耦合器件的电路包括驱动和输出两部分,下面简单介绍发光二极管的驱动电路和输出电路。

(1)发光二极管的驱动电路。发光二极管的驱动电路通常有简单驱动、晶体管驱动和场效应晶体管驱动等几种,如图 2-26 所示。

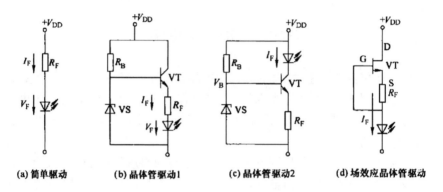

图 2-26　发光二极管的驱动电路

(2)输出电路。图 2-27 所示为光耦合器件的几种输出电路,图 2-27（a）和图 2-27（b）所示为光敏晶体管输出电路,图 2-27（c）为光敏二极管 – 晶体管输出电路,图 2-27（d）所示为光敏二极管 – 达林顿晶体管输出电路。

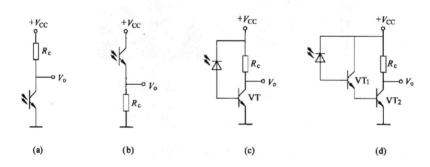

图 2-27　光耦合器输出电路

2.3.7　光子晶体传感器的典型应用

下面将按照传感机理的不同,分别介绍几种气敏和液敏传感器,并详细描述每类传感器中光子晶体的结构参数及传感器的性能指标。

2.3.7.1　气敏传感器

光谱吸收型光纤气敏传感器具有极强的气体鉴别能力,广泛用于气体浓度的检测。将光子晶体取代传统气室可以提高气体吸收系数,德国和丹麦的一些研究者已经展开了该方面的研究。

在 2008 年,丹麦 K.H.Jensen 等人从理论上证明了氧气填充 PMMA 聚合物构成的一维光纤布喇格光栅光子晶体可以显著提高气体吸收系数,并且定义加入慢光前后气体吸收系数的增加因数 γ。以氧气检测为例,γ 可以高达 145,实现了亚毫米级的光路长度。当然该项研究也存在很多挑战性因素,比如耦合损失、制备缺陷、光束发散等。

除了一维光子晶体之外,德国的一些研究者对二维光子晶体慢光也做了深入的研究,并应用到实验中。2007 年,A.Lambrecht 等人在二维光子晶体带隙处的低群速度区域,实现了微型化气敏传感器。以 CO_2 为例,第一次从实验上证明了光子晶体慢光可以增加气体吸收系数,为微型化、高灵敏度气敏传感器的实现提供了可能。实验装置如图 2-28(a)所示,两个 BaF_2 光导棒将光子晶体薄膜固定在中间,同时将光耦合输入和输出光子晶体都紧固在一个塑料槽中,沿槽轴线方向移动光导棒可以调整光子晶体的长度。在光子晶体中间位置对应的塑料槽上留有两个小孔,以使气体流进和流出光子晶体。热辐射光源、光电探测器和红外带通滤波器的中心波长都为 $4.24\,\mu m$(CO_2 的吸收波长)。用频率为 10Hz 的电压信号调制光源的输出光强,并用时间常数为 2s 的锁相放大器对探测器输出信号进行检测。在试验过程中,先是逐渐加入 CO_2 气体,一定时间后逐渐用 N_2 冲淡,这样循环几个周期。测量结果如图 2-28(b)所示,引入光子晶体慢光后的传感器灵敏度提高了两倍。

有机功能材料及其应用研究

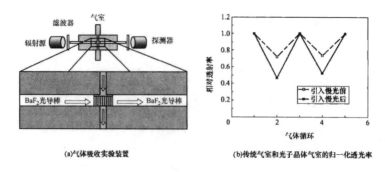

图 2-28　气体吸收实验及气室透光率

2011 年，德国课题组 D.Pergande 等人对这类传感器做了进一步研究，实验总体框架如图 2-29（a）所示。设计抗反射层将光耦合进光子晶体中，减小了耦合损失。利用有限元方法计算，在最佳的匹配层厚度为 0.57a 时，待测气体吸收峰处的透过率大约为 25%，吸收增加因数最高可达 60，如图 2-29（b）所示。系统的传输特性会受到空气孔半径的扰动。用时域有限差分方法（FDTD）对 0.35<a/λ<0.5 光谱范围内的光进行仿真发现，孔半径误差为 1% 时，光透过率的衰减量为 15dB/mm。对 0.25mm、0.5mm 和 1mm 三种长度的光子晶体进行实验对比分析，气体吸收系数增加因数的实验和理论结果见表 2-2。该研究结合微扰理论指出，对于这种传感装置，光子晶体孔径位置的制备误差应该低于 0.3%，孔半径的制备误差应该低于 0.5%，这在制备过程中将存在很大的挑战。[①]

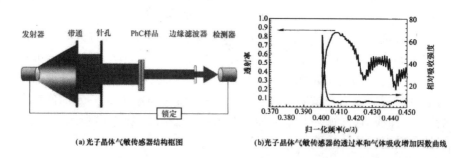

图 2-29　光子晶体气敏传感器的结构及透过率和气体吸收增加因数曲线

---

① 赵勇，王琦.传感器敏感材料与器件 [M].北京：机械工业出版社，2012.

表 2-2　气体吸收系数增加因数的实验和理论值

长度 /mm	气体	滤波 [μm/(α/λ)]	ξ_{exp}	$\xi_{theo,TM}$	$\xi_{theo,TE}$
1	CO_2	4.24/0.472	3.5	3.7	2.9
0.5	CO_2	4.24/0.472	2.6	3.7	2.9
0.25	CO_2	4.24/0.472	3.0	3.7	2.9

2.3.7.2　液敏传感器

2007 年，N.A.Mortensen 等人从理论上证明了光子晶体慢光可以显著增加光与液体的接触作用，并对一维光子晶体、二维光子晶体、光子晶体波导进行了仿真分析，在近红外区域光吸收系数可以显著增加。同时指出，该理论同样可以适用与可见光、中红外、远红外甚至微波和亚太赫兹区域。随后，该课题组进行了很多相关的理论分析，设计不同的光子晶体结构形式，以获得更大程度上的灵敏度提高因数。

2011 年，Weicheng Lai 等人采用有缝隙的光子晶体波导慢光作为近红外液体吸收池，对二甲苯溶液进行了检测。结果表明，长度为 300μm 的光子晶体即可以检测质量分数在 100×10^{-9} 量级的溶液。采用 $W_{0.8}$ 线波导，表面覆盖一层 8μm 厚的聚二甲基硅油，以避免近红外水分的吸收作用。如图 2-30（a）所示，波导两端为长度为 300μm 的脊波导，孔半径每隔 16 个周期变化 $0.0025 \times \sqrt{3}a$，形成光子晶体阻抗渐变结构，以逐渐降低群速度，实现高效率的耦合。宽谱光源发出横向电场（TE）偏振光，经单模的偏振保持光纤准直器与波导相连，其模场直径为 3μm。在被测溶液加入光子晶体前后，用光谱仪对透射光强度偏差进行检测。

二甲苯溶液在 1665 ～ 1745nm 有三个吸收波长 1674nm、1697nm、1720nm，对应的光子晶体晶格常数分别为 455nm、458nm、460nm。对三种晶格的光子晶体进行实验，得到的光谱与理论光谱相符，如图 2-30（b）所示。当光子晶体波导的长度为 300μm 时，该传感器的探测极限即可以达到 100×10^{-9}。由于光纤长度任意，该传感器还可以实现远距离检测，此外，相对于传统液敏传感器，在尺寸大小降低一个数量级时，灵敏度仍然提高了 5 倍以上。

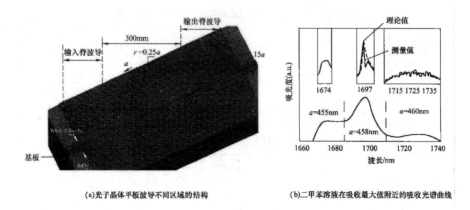

(a)光子晶体平板波导不同区域的结构　　　　　(b)二甲苯溶液在吸收最大值附近的吸收光谱曲线

图 2-30　光子晶体波导不同区域结构及二甲苯溶液的吸收光谱曲线

第3章

有机光功能材料

　　有机功能材料一般是指具有 π 电子体系，具备特殊光、电、磁性质的有机光电材料，通常可分为有机聚合物和有机小分子两大类，目前有机功能材料在显示、发光等工业领域已有广泛应用。本章主要介绍有机光功能材料的性质、制备及应用。

3.1　有机光功能材料的性质

3.1.1　液晶分子

3.1.1.1　液晶分子排列的次序性

　　液晶分子的排列方向存在一定程度的次序性，所有分子都会倾向平行于一个共同的方向去排列，这个方向就称为液晶的导轴，以 n 表示，当然，液晶的导轴方向在空间中是任意的，n 与 $-n$ 的状态是相同的，分子排列的整齐程度可以用秩序性参数 S 表示。液晶的秩序性参数会因分子的热运动所引发的混乱度而降低，因而易受到分子的结构和形状的影响，定义为：$S = \dfrac{1}{2(3\cos 2\theta - 1)}$，$\theta$ 为液晶分子的实际排列方向与导轴之间的夹角。S 值的大小对于其应用有很重要的影响，若分子长轴的排列杂乱不整齐时 $\cos 2\theta = \dfrac{1}{3}$，$S$ 值为零；分子长轴的排列方向整齐时 $\theta = 0$，则 S 值为 1。

3.1.1.2　液晶分子的电光特性

液晶分子大多呈棒状或盘状，与分子长轴平行或垂直方向的物理特征会有所差异，这就是液晶分子结构的异向性。描述液晶分子的电光效应有两个重要的物理量：介电各向异性（介电常数 ε）和光学折射率各向异性（折射率 n）。

（1）介电各向异性（介电系数 ε）。介电系数 ε 分为与指向矢平行的分量 $\varepsilon_{//}$ 和与指向矢垂直的分量 $\varepsilon_{\perp}$。当 $\varepsilon_{//} > \varepsilon_{\perp}$ 时，称之为介电系数异向性为正型的液晶；而 $\varepsilon_{//} < \varepsilon_{\perp}$ 时，则称之为介电系数异向性为负型的液晶。当有外加电场时，液晶分子会根据介电系数异向性为正或是负，来决定液晶分子的转向是平行还是垂直于电场，以此来决定光的穿透与否。介电系数异向性 $\Delta\varepsilon (= \varepsilon_{//} - \varepsilon_{\perp})$ 越大，则液晶的阈值电压（threshold voltage）越小，液晶显示器便可以在较低的电压操作。现在薄膜晶体管液晶显示器上所采用的 TN 型液晶大多是属于介电系数正型的液晶。

（2）光学折射率各向异性（折射率 n）由于液晶分子结构的异向性，其光学折射率也具有异向性，液晶分子也被称为异方性晶体。折射率 n 也依照指向矢平行或垂直的方向，分成两个方向的分量，即 $n_{//}$ 与 $n_{\perp}$（或 n_{o} 与 n_{e}），两者之差为双折射率 $\Delta n = n_{//} - n_{\perp}$。若光的行进方向与分子长轴平行，且其速度小于垂直于分子长轴方向的速度，这意味着平行于分子长轴方向的折射率大于垂直方向的折射率（因为折射率与光速成反比），也就是 $\Delta n > 0$，则该液晶被称为光学正型液晶；若光在平行于液晶分子长轴的方向行进，且速度大于垂直方向的行进速度，表示平行长轴方向的折射率小于垂直方向的折射率，这时双折射率 $\Delta n < 0$，称此液晶为光学负型液晶，由于液晶分子的双折射性质，偏振光在平行于液晶分子的平均方向射入时不产生双折射，而在垂直于液晶分子的平均方向入射则会产生双折射。

3.1.1.3　液晶分子的电响应

液晶分子的排列状态很容易受到电场、应力、磁场和表面吸附等外在因素影响而产生较大的变形,其三种基本变形状态分别是展曲状态(splay)、扭曲状态(twist)和弯曲状态(bend)。弹性系数是描述物体形变时的坚韧程度的尺度。向列相液晶排列是位置无序的,无压缩性弹性变形,但它存在方向有序,所以存在与分子方位变形相关的弹性。

3.1.2　有机太阳能转换材料

3.1.2.1　全固态太阳能电池有机活性层材料

有机太阳能活性层材料为有机小分子、配合物或聚合物等,由于有机材料制作成本低,分子结构可裁剪、柔性好,材料来源广泛,可大面积地应用于如屋顶以及建筑物的外墙等处,对大规模利用太阳能具有重要意义。虽然有机太阳能电池使用寿命短,电池效率远不如硅太阳能电池;但有机材料上述诸多优势足可对其低的效率予以补偿。

有机活性层材料在分子设计上需考虑以下几点:

(1)具有给电子、吸电子基团的刚性共轭体系,通过引入合适的给体电子和吸电子基团,调控分子的 HOMO 和 LUMO 能级。一般是,给电子取代基可提升 HOMO 能级,吸电子基团可降低 LUMO 能级,因此引入给、受体可有效降低分子的带隙。

(2)具有宽波段强吸收光谱,以利于尽可能多地吸收太阳光能。

(3)对环境和光化学的稳定性。

(4)具有强的分子间相互作用,这将倾向于形成致密的堆积结构;紧密排列的薄膜有利于提高载流子的迁移率,同时有利于提高器件在空气中的抗氧化能力。因为氧气很难渗透进致密结构,这使得即使是在氧存在及重复还原循环的条件下,致密薄膜也会表现出很好的稳定性。一般是,引入柔性长链取代基可抑制分子之间紧密的 n 堆积相互作用,然而,溶解性增加有可能导致分子还原态的稳定性大幅度降低。

常见的活性层材料见图 3-1(其中,第 1 行分子呈 p- 型半导体性质,第 2 行分子为 n- 型半导体,第 3 行分子同时含有给体和受体基团)。

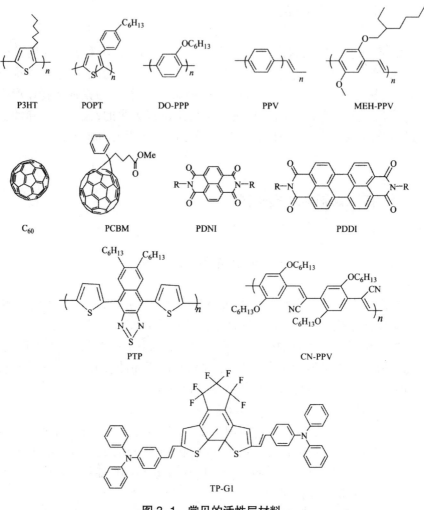

图3-1　常见的活性层材料

（1）聚噻吩－富勒烯复合体系。有机太阳能活性层材料最常用的是由聚噻吩和富勒烯构成的分子间电荷转移复合体，其中富电子的聚噻吩（P3HT）作为电子给体，缺电子富勒烯衍生物（PCBM）作为电子受体，两者相遇具有很好的光诱导电荷转移特性。如图3-2所示，聚噻吩材料吸收光子产生激子，激子扩散至P3HT-PCBM异质结附近，并在给受体界面上发生分离；分离的自由电子导入受体（PCBM）的LUMO级，空导入体（P3HT）的HOMO能级，游离出来的载流子经过传输到达相应的电极，尔后不断地被电极富集形成光电流。

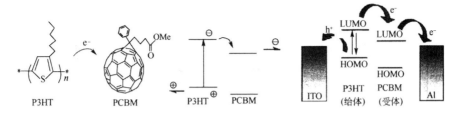

图 3-2　P3HT 与 PCBM 之间光诱导电荷转移示意图

　　提高聚噻吩的聚合度,可提高吸收太阳光的效率;在噻吩环 3- 位引入烷基可提高聚噻吩的溶解性,同时提高 HOMO 能级,但也会降低器件的开路电压,导致器件的效率降低。因此,在分子设计中应综合考虑各种因素对器件性质的影响。

　　（2）三苯胺 – 全氟二噻吩并茚化合物。有机太阳能电池光电效率低的原因之一在于有机半导体材料吸收波段不够宽,如大多数有机材料吸收波段分布在 350 ~ 600mm 之间,这一吸收光谱带与太阳发射光谱不能完全匹配,造成了对太阳光能量的利用率偏低。

3.1.2.2　染料敏化太阳能电池（DSSC）材料

　　染料敏化太阳能电池（Dye Sensitized Solar Cell, DSSC）活性材料为有机染料与无机半导体（如 TiO_2）复合体系,是利用氧化还原反应实现光生电流的。

　　（1）染料敏化剂。染料敏化剂需具备如下条件。

　　①具有宽波段强吸收特性,即在整个可见区范围内尽可能多地捕获可见光,染料的摩尔吸光系数越大越好,激发态寿命越长越好(电子注入越有效),且具有非常高的光稳定性。

　　②染料分子的激发态能级与半导体的导带能级必须匹配。如染料的 LUMO 能级高于无机半导体的导带（CB）,或者是染料的 HOMO 能级低于无机半导体的价带（VB）。使得电子从染料分子 LUMO 能级向半导体导带中的注入是热力学允许的,或者是从染料分子从半导体价带中获得电子是热力学允许的。

　　③染料分子的氧化还原电位还要与电解液中氧化还原电对的电极电位匹配。敏化剂的氧化还原能级应在半导体的禁带之中,一般说染料分子激发态（LUMO）的电位要比半导体的导带电位（CB）偏负至少 0.1V,以便为光生电子向半导体的注入提供驱动力;还要求电解质中氧化还原电

位要比染料分子基态的电位偏负,以保证染料分子的循环利用。

为了使染料分子能牢固地连接到半导体氧化物的表面,通常染料分子应带有羧基、磷酸基等官能团。又如 N3 染料为联吡啶钌配合物,是目前 DSSC 中研究最透彻的染料,其分子中含有 4 个羧基有利于染料分子牢固地连接到氧化物半导体的表面,增强了联吡啶配位体与 TiO2 导带的电子耦合,可大大加速染料激发态向 TiO2 导带注入电子的速度。

(2)无机半导体。DSSC 器件中的半导体大多使用二氧化钛纳米晶膜(也可用其他半导体,如 ZnO、SnO2 等),由于器件中的电子转移总是发生在表面或界面上,将半导体制成纳米晶可增加半导体与染料之间的连接牢固程度,使得电子注入变得更加容易;纳米晶膜表面修饰是提高器件光电转换效率的行之有效的方法。

用 TiCl4 溶液预处理二氧化钛纳米晶膜,可显著改善短路光电流,由于用 TiCl4 溶液处理纳米晶膜后,钛络合物聚集到二氧化钛纳米粒子之间的连接处,烧结后纳米晶膜的表面积、平均孔径以及孔度都有所降低,可改善器件性能。用 ZnO、Al2O3、SnO2 等对二氧化钛纳米晶进行表面修饰,能够提高纳晶二氧化钛的电位,可有效提高器件的光电压。

纳晶二氧化钛吸收光能后产生的空穴是一种强氧化剂,对染料有破坏和降低的作用,利用导电玻璃或聚碳酸酯等吸收紫外线,并使用禁带宽度的锐钛矿型二氧化钛(吸收带边 410nm),能有效地减少二氧化钛中空穴的浓度,降低对染料的降解。

(3)电解质。DSSC 器件的电解质通常分为液体电解质、离子液体电解质和固态电解质。液体电解质挥发性强,器件组装难度大;采用离子液体电解质可解决电解质的挥发问题,同时还具有化学稳定性好、电导率高等优点,但仍不如固态电解质使用方便;固态电解质既无离子液体电解质的流动性,也无液体电解质的挥发性,稳定性得到进一步改善,但固态电解质的导电率远不如前两者,器件的光电转换效率大大降低。

①液体电解质。通常是由含有氧化还原对(如 I_3^-/I^-)的有机溶剂组成。在电解液中发生如下氧化还原反应:

$$Dye^\oplus + 3I^\ominus \longrightarrow Dye + I_3^\ominus$$

$$I_3^\ominus + e^\ominus(TiO_2) \longrightarrow 3I^\ominus + TiO_2$$

即失去电子后的光敏剂被电解质中的还原剂(I^-)还原成 I_3^-。在对电极上得到电子再生成 I^-,该反应越快,光电响应越好;由于 I_3^- 与在对电极上还原反应缓慢,通常是在电导玻璃上镀上一层铂镜,降低与还原的过电压,催化电解质中的氧化还原反应。

②离子电解质。离子液体电解质应具有对水和空气稳定、黏度低、熔点低、电导率高和热稳定性好的特性。通常咪唑型离子液体被选作 DSSC 的离子电解质,如 1– 甲基 –3– 环氧乙烧咪唑与 1– 甲基 –3– 环氧咪唑碘混合制得的离子电解质,其 DSSC 光电转换效率为 6.8%。

③固体电解质。有机空穴传输材料和聚合物电解质通常都可用作 DSSC 固体电解质。有机空穴传输材料包括聚 3– 己基噻吩(P3HT)、聚三辛噻吩(P3OT)、聚吡咯取代的三苯胺类衍生物等,聚合物电解质包括聚氧化乙烯(PEO)、聚丙烯腈(PAN)和聚甲基丙烯酸甲酯(PMMA)等。

对于固态电解质来说,高电阻会严重影响到器件性能,以至于大多数固态 DSSC 光电转换效率比较低,因此,改善固体电解质和纳米多孔膜的紧密接触,提高空穴传输的速度、降低固体电解质自身的电阻,将有利于提高器件转换效率。如将聚氟乙烯引入 PEO 与 TiO_2 混合电解质体系,由于聚氟乙烯中的氟离子半径小,电负性大,有利于离子的传输,有效降低了固态电解质与半导体界面的复合反应速率,可使 DSSC 器件转换效率提高到约 5%。

3.1.3　钙钛矿太阳能电池

钙钛矿太阳能电池(Perovskite Solar Cells, PSCs)是以钙钛矿结构材料进行光电转换的一种新型光伏电池。2012 年,以 Spiro–OMeTAD 作为空穴传输材料的钙钛矿太阳能电池实现了超过 9% 的稳定转换效率,从而开启了真正具备实用化潜力的钙钛矿太阳能电池研究。迄今为止,钙钛矿太阳能电池的最高转换效率已经超过了 23%。

在制造成本方面,钙钛矿太阳能电池也显示出了极大的竞争力,因其在材料纯度要求不高、高成本真空制造工艺依赖程度低等方面的特点,电池制造成本可望降低到现有硅电池 1/2 以下。此外,若将钙钛矿太阳能电池与其他类型电池进行叠层设计,则可通过显著提高现有电池性价比等方式体现出巨大的优越性。

3.1.3.1　钙钛矿材料

广义上,钙钛矿是指具有 ABX_3 结构的一类化合物。其中 A 位通常为

Ca^{2+}、Sr^{2+}、Pb^{2+}、Ba^{2+} 等大半径阳离子，B 位通常为 Ti^{4+}、Mn^{4+}、Fe^{3+}、Ta^{5+} 等小半径阳离子，X 位为 O_2^-、F^-、Cl^- 等阴离子。典型的钙钛矿结构材料有 $CaTiO_3$、$SrTiO_3$ 等。由于 A、B 和 X 位可容纳的元素种类多样，钙钛矿结构的化合物的种类很多。

钙钛矿材料的 A 位不仅可以是某种单一元素，还可以是某种有机基团，如 $CH_3NH_3^+$ 和 $CH_3NH_2NH_3^+$ 等，这时若 B 位是 Pb^{2+} 和 Sn^{2+} 等金属阳离子，X 位是卤族阴离子，如 Cl^-、Br^- 和 I^-，这种由有机基团和无机元素共同构成的钙钛矿材料称为有机无机杂化钙钛矿，代表性的有机无机杂化钙钛矿材料有 $CH_3NH_3PbI_3$ 和 $CH_3NH_3PbBr_3$。以 $CH_3NH_3PbI_3$ 为例，在理想的钙钛矿晶型中，Pb 和 6 个 I 组成一个 $[PbI_6]$ 八面体，8 个 $[PbI_6]$ 八面体在三维空间共角顶连接组成网络框架，$CH_3NH_3^+$ 位于三维网络的最中间，起到平衡钙钛矿空间结构的作用。凭借钙钛矿这种特殊物相结构，有机无机杂化材料不仅可以使半径差别悬殊的离子稳定共存，而且可以使其本身具有许多优异的电化学性能，包括窄禁带宽度、高吸收系数、高载流子迁移率和长度等。$CH_3NH_3PbI_3$ 的禁带宽度为 1.5eV，对应于 500nm 的吸收系数为 10^5，载流子迁移率为 $50cm^2/(V \cdot s)$，载流子的扩散长度可超过 $1\mu m$，这些特性可以使极薄的钙钛矿薄膜实现对太阳光谱的充分利用。

钙钛矿薄膜作为光吸收层，其光学特性对电池的光伏输出起着关键作用。研究结果表明，通过 A、B 和 X 位的元素替换和调整可以实现钙钛矿薄膜不同的光学性能。A 位在钙钛矿结构中主要起到晶格电荷补偿的作用，A 位离子的半径增加时，填充到 $[PbI_6]$ 八面体组成的无机骨架中的难度增大，晶格会呈现扩张的趋势，相应的钙钛矿材料的禁带宽度倾向于变宽同时吸收边蓝移，例如，当以 $CH_3NH_2NH_3^+$ 替换 A 位的 $CH_3NH_3^+$ 时，$CH_3CH_2NH_3PbI_3$ 的禁带宽度与 $CH_3NH_3PbI_3$ 的禁带宽度相比从 1.5eV 增加为 2.2eV。

B 位对光学特性的影响主要体现在 Pb 元素的掺杂和替换上，Pb 元素有一定的毒性，对其进行部分或全部替换有利于实现环境友好。当以 Sn 元素对 Pb 进行替换掺杂时，随着 Sn 掺杂量的增加，钙钛矿材料的吸收带边发生红移，甚至到了红外光区，这样就拓宽了电池对整个太阳能光谱的响应范围。X 位的元素掺杂和替换也对材料的吸收边有重要影响，当对 $CH_3NH_3PbI_3$ 中的 I 进行 Br 替换掺杂时，随着 Br 掺杂量的增加钙钛矿材料的禁带宽度增加，吸收边蓝移，材料的颜色也由黑色逐渐转变为黄色。

3.1.3.2　钙钛矿太阳能电池的工作原理

钙钛矿结构材料最早是被用作液态染料敏化太阳能电池中的光捕获材料,因此后来以介孔结构为基础的钙钛矿太阳能电池被认为类似于染料敏化太阳能电池和量子点敏化太阳能电池。随着钙钛矿薄膜制备技术的发展,没有介孔层的平面结构电池也取得了同样甚至更高的效率。目前,钙钛矿太阳能电池的工作原理有多种不同的解释。一般认为,钙钛矿薄膜捕获光子产生电子空穴对,借助于电子选择性吸收层(Electron Transport Layer, ETL)或空穴选择性吸收层(Hole Transport Layer, HTL)实现电子和空穴的分离。随着对钙钛矿结构材料认识的深入,发现钙钛矿结构材料本身具有态密度丰富的导带和储存电荷的能力,即钙钛矿结构材料本身具有传递电子空穴对的能力。电子束感应光电流技术(Electron Beam induced Current Technology)探测电池断面的局部电流反应表明电池内部的电荷收集传输类似于 pn 结,但有所不同的是,由于钙钛矿材料本身具有优异的双极性电荷传输能力,所以,其既可以作为本征半导体被夹在电子选择性吸收层和空穴选择性吸收层中间形成 p-i-n 结,又可以单独与 p 型或者 n 型结合形成无需电子选择性吸收层或者空穴选择性吸收层的 pn 结。其中,电子选择性吸收层对电子有较高的传输速率,而对空穴的传输速率较低,一般为 n 型半导体;空穴选择性吸收层对空穴有较高的传输速率,而对电子的传输速率较低,一般为 p 型半导体。在光照下,钙钛矿材料捕获光子产生激子,基于电子选择性吸收层、钙钛矿材料和空穴选择性吸收层之间的能级高低关系,电子和空穴分别通过电子选择性吸收层和空穴选择性吸收层向两个方向汇流,并流入外电路。

下面以 FTO/ZnO/CH$_3$NH$_3$PbI$_3$/Sprio-OMeTAD/Au 完整电池为例来进一步阐释电池的工作原理。该电池以 n 型半导体 ZnO 为电子选择性吸收层,有机 p 型半导体 Spiro-OMeTAD 为空穴选择性吸收层,透明导电 FTO 和金属 Au 电极为汇流极。

在光的照射下,能量大于钙钛矿薄膜禁带宽度的光子在钙钛矿薄膜内激发出激子,即电子空穴对。空穴将向 Sprio-OMeTAD 的价带扩散,然后通过 Au 汇流极流向外电路。同时,电子向 ZnO 半导体的导带扩散,然后通过 FTO 流向外电路,由此实现电池对外供电。从能级的角度看,空穴选择性吸收层的较高导带电位阻止了电子向其注入,同时,电子选择性吸收层的较低价带电位也阻止了空穴的注入,这保证了电子和空穴的有效分离和传输。

3.1.3.3 钙钛矿太阳能电池的基本结构

钙钛矿太阳能电池可以分为两大类：一类是正向电池,与经典染料敏化太阳能电池构型类似,在该结构中,各功能层能级的差异使电子最终流向透明导电半导体汇流极 [通常为 FTO(F：SnO₂) 或者 ITO(Sn：In₂O₂)],空穴流向金属汇流极；另一类是反向电池,与经典有机太阳能电池的构型类似,在该结构中,各功能层能级的差异使空穴最终流向透明导电半导体汇流极,电子流向金属汇流极。

根据阳极结构的不同,正向电池经常被划分为介孔结构和平面结构,而反向电池则以平面结构为主。

介孔结构正向电池由下至上为透明导电半导体汇流极、致密且极薄的电子选择性吸收层、多孔电子选择性吸收层、钙钛矿层、空穴选择性吸收层和金属汇流极。其中电子选择性吸收层的微观结构类似于染料敏化太阳能电池的光阳极,呈现底层致密与面层疏松多孔的结构。在钙钛矿太阳能电池发展早期,这种介孔结构曾经一度被认为是电池获得高效率的特征之一,是因为非介孔结构的电池往往得不到高效率,但本质原因是早期在非介孔结构的平面电极表面难以制备获得均匀致密全覆盖的钙钛矿薄膜。随着平面结构电极表面钙钛矿薄膜制备新方法的研究,介孔结构的这种优势也逐渐消失,且其需要单独制备介孔层的步骤,从而提高电池的制造成本。

对介孔结构电池钙钛矿薄膜的深入研究结果表明,介孔结构电池性能主要依赖于钙钛矿材料在多孔电子选择性吸收层中的连续填充状态,而其填充状态主要受多孔电子选择性吸收层的厚度影响。当钙钛矿前驱体溶液的浓度一定时,通常情况下,多孔电子选择性吸收层的厚度越大,越不利于连续钙钛矿薄膜形成。计算结果表明,对于 40wt% 的钙钛矿前驱体溶液,约 300nm 的多孔 TiO₂ 薄膜是最优电池性能的要求。基于钙钛矿材料对 TiO₂ 多孔结构的充分填充,可以提高 TiO₂ 导带上的电子密度,同时提高电荷传输速率和收集效率。除此之外,连续的钙钛矿薄膜抑制了由于 TiO₂ 和空穴选择性吸收层直接接触引起的短路。只要钙钛矿薄膜能够通过制备方法的调控实现均匀致密全覆盖,介孔结构也就不再是高效率正向电池的必要结构。

钙钛矿材料具有优异的双极性电荷传输能力,即钙钛矿材料既能传递电子又能传递空穴,所以具有更简单制备工艺的无介孔层平面钙钛矿太阳能电池应运而生。电池结构从下到上包括透明导电半导体汇流极、致密且极薄的电子选择性吸收层、钙钛矿层、空穴选择性吸收层和金属汇流极。需要指出的是,在正向电池中,为了防止空穴传输材料和透明半导体汇流极直接接触引起的短路,普遍使用致密且极薄的电子选择性吸收层,在不影响电子隧穿的同时阻止空穴的通过。

由于钙钛矿材料的激子束缚能很小,所以,光照下激子不仅可在钙钛矿薄膜与其他材料的界面处分离,也可以在钙钛矿薄膜内部分离。激子扩散长度可以达到微米级别,所以分离后的电子和空穴对可以被有效地传输到外电路。实验结果表明,依托于钙钛矿材料优异的光吸收能力,钙钛矿薄膜的厚度仅为 400nm 时就可以吸收足够多的太阳光,同时保证电荷的有效分离和传输。优异的平面电池要求钙钛矿薄膜均匀、致密且全覆盖在基体上,这样既保证了充分的光吸收能力,又避免了致密且极薄的电子选择性吸收层和空穴选择性吸收层穿过几百纳米的钙钛矿薄膜直接接触引起的电池内部短路。

反向电池的结构主要为面异质结结构,与正向电池的平面结构类似,各功能层也呈现层层叠加的“三明治”结构,由下至上包括透明导电半导体汇流极、致密且极薄空穴选择性吸收层、钙钛矿层、电子选择性吸收层和金属汇流极。在反向电池中,为了抑制电子和空穴对的复合,一般添加致密且极薄的空穴选择性吸收层。电池结构中常用的空穴选择性吸收层是 PEDOT: PSS [Poly (3,4-ethylenedioxythiophene): poly(styrenesulfonic acid)],但是由于结晶性和润湿性,PEDOT: PSS 基体上制备的钙钛矿薄膜极易出现针孔甚至不全覆盖,且其逸出功为 4.9～5.1eV,略低于 $CH_3NH_3PbI_3$ 的价带(5.4eV),这将在钙钛矿薄膜和空穴选择性吸收层之间引入欧姆接触造成器件电压损失。为了解决这一问题,研究方向主要分为两类:一类使用具有深 Homo 能级的聚合物,如 PCDTBT,对 PEDOT: PSS 进行修饰;另一类是使用具有高功函数的金属氧化物,如 NiO、WO_3、V_2O_5,取代 PEDOT: PSS。

3.1.3.4　钙钛矿太阳能电池的稳定性

除效率和制造成本以外,环境稳定性和时间稳定性问题也是钙钛矿太阳能电池工业化应用需要重点考虑的问题。钙钛矿太阳能电池的环境不稳定问题主要是由钙钛矿薄膜或者钙钛矿薄膜与 TiO_2 接触界面的环境不稳定性引起的,影响钙钛矿太阳能电池稳定性的环境因素主要包括热、湿度和紫外线。

(1)热。

有机无机杂化钙钛矿材料的晶体结构易受温度的影响,一般情况下,升高温度将引起材料的相变,例如,当温度升高到54℃时,$CH_3NH_3PbI_3$ 将由四方相变为立方相,但是继续升高温度将引起材料分解。例如,钙钛矿材料在 85℃ 全日光照射下,无论放置在空气还是氮气环境中都会发生分解,这说明 $CH_3NH_3PbI_3$ 的晶格畸变在热作用下被加剧,最后使 $CH_3NH_3^+$ 脱出晶格引发失效。当前对 $CH_3NH_3PbI_3$ 钙钛矿材料的成分替换结果表明,全无机钙钛矿材料比有机无机杂化材料更耐高温。

（2）湿度。

空气中的水是引起钙钛矿薄膜失效降解的一个重要因素。以 $CH_3NH_3PbI_3$ 为例,其失效降解的过程可以用式（3-1）表示,由于氧分子和水可以从对电极的小孔里面扩散进入电池,水引起的失效降解将在氧气和光照下被加剧,所以在 $100mW/cm^2$ 连续光照下,未封装的电池将在几分钟到几个小时的时间内失效。随着空气中的湿度增大,钙钛矿材料的失效越来越严重,从紫外 - 可见吸收谱上观测到当环境湿度为 98% 时,经过 4h 钙钛矿薄膜的吸收能力降低为原来的一半。

$$CH_3NH_3PbI_3 \xrightarrow{H_2O} CH_3NH_3I(aq) + PbI_2(s)$$
$$CH_3NH_3I(aq) \longrightarrow CH_3NH_2(aq) + HI(aq)$$
$$4HI(aq) + O_2 \longrightarrow 2I_2(s) + 2H_2O \qquad\qquad (3-1)$$
$$2HI(aq) \xrightarrow{hv} H_2 \uparrow + I_2(s)$$

（3）紫外线。

紫外光照射引起的电池失效在 TiO_2 作为电子选择性吸收层的钙钛矿太阳能电池中最为显著。这是因为 TiO_2 半导体内部或者颗粒表面存在很多氧空位,这些氧空位会吸附空气中的氧分子（$Ti^{4+}-O_2$）,在紫外光照射下,TiO_2 价带上的电子被激发到导带,则价带上剩余的空穴将与 $Ti^{4+}-O_2$ 复合,使氧分子解吸,在 TiO_2 上剩余一个导带自由电子和一个带正电荷的氧的氧空位。这个带正电荷的氧的氧空位位置在导带底以下,所以叫作深能级缺陷态。深能级缺陷态倾向于从卤素负离子中索取电子,从而破坏了有机无机杂化钙钛矿结构的电平衡,引起其失效分解。研究结果表明,对 TiO_2 电子选择性吸收层的表面修饰或者用 Al_2O_3 替代 TiO_2 电子选择性吸收层对电池光照稳定性都有一定提升。

3.1.3.5　钙钛矿太阳能电池的封装技术

封装太阳能电池的主要目的就是保护电池片,隔绝水、氧等环境因素引起的电池损伤。针对太阳能电池标准的封装工艺是先将太阳能电池片焊接好,然后在真空条件下加热加压使封装材料固化,将太阳能电池片以及其他材料黏结在一起以达到密封的目的。目前常用的封装材料包括乙烯醋酸乙烯共聚物(EVA)和聚乙烯醇缩醛树脂(PVB)等。其中工艺最为成熟的是 EVA 胶,其价格低廉,具有良好的柔韧性、耐冲击性、密封性,改良后的透光率可高达 90%,但是,EVA 的耐老化性能有待进一步提高,通常采用的优化措施包括加入交联剂、紫外光吸收剂、紫外光稳定剂等。目前基于 EVA 材料的电池封装已形成标准化封装工艺,相应的配套材料和设备发展成熟,已经形成了完整的产业链,可以保证太阳能电池 20 ~ 25 年的使用寿命。PVB 与 EVA 相比,除了高透光率和高稳定的优点外,其本身可以阻挡 99% 的紫外线对电池的入射,非常适合作为电池封装材料,但是 PVB 的生产成本很高,当前的制备工艺也复杂,因此,可根据具体要求进行合理的选择和应用。

3.1.4　有机光导体材料

有机光导体材料必须满足下列条件:具有高的摩尔吸光系数(ε),即光吸收能力高,以实现高的光谱响应;在暗场下导电率要尽可能低,光场下导电要尽可能高;具有光化学稳定性和热稳定性好。

目前,90% 以上的静电感光器件都是由有机光导体制成的。典型的有机光导体主要有酞菁、聚乙烯咔唑、方酸染料和偶氮染料等。

3.1.4.1　酞菁与金属酞菁

酞菁或金属酞菁的合成一般有两种方法,分别为邻苯二甲腈合成法和邻苯二甲酸酐和尿素合成法。反应式如下:

（1）以邻苯二甲腈为原料。

（2）以邻苯二甲酸酐和尿素为原料。

酞菁（H_2Pc）可看成是由四个异吲哚单元构成的具有环状结构的电子给体，是一个高度共轭体系。酞菁环内有空穴，直径约为270nm，可以容纳几乎所有金属离子；酞菁中心的氮原子具有碱性、N–H键具有酸性，氮上的两个氢原子可被金属原子取代形成金属配合物，称为金属酞菁（MPc）。

H_2Pc 和 MPC 的吸收光谱有两个吸收带，一个在可见光范围内（600～700mm），称作 Q 吸收带，能量约在1.8eV（688mm）；另一个在紫外光谱区附近（300～400nm），称作 B 吸收带，B 带又称为 Soret 谱带，能量约3.8eV（326nm）。这两个吸收峰均来自于离域的酞菁环体系中心电子跃迁，即电荷从外层苯环转移到内层的大环上酞菁环上的 π 电子跃迁引起的，B 带被指定为 $4a_{2u} \rightarrow 6e_g$ 的跃迁，Q 带则被指定为 $2a_{1u} \rightarrow 6e_g$ 的跃迁，酞菁和金属酞菁作为理想的光导体材料具有如下优势：在暗电场下电导率低；对红外线具有强烈的吸收能力；化学稳定性、光化学以及热稳定性能好。

　　MPC 的热稳定性与金属离子的电荷及半径比有关,由电荷半径比较大的金属,如 Al(Ⅲ), Cu(Ⅱ) 等形成的金属酞菁较难被质子酸取代并具有较大的热稳定性,这些配合物可通过真空升华或先溶于浓硫酸并在水中沉淀等方法进行纯化。稀土金属易形成夹心型金属酞菁,如在 250℃时,AnI_4 (An=Th、Pa、U) 与邻苯二甲腈反应可制得夹心型钢类酞菁配合物,这类配合物中两个酞菁环并非呈平面,而是互相错开一定角度,两个酞菁环异吲哚中的八个 N 原子与中心金属形成六齿或八齿配合物。金属离子价态不同,形成的酞菁配合物组成亦不同(见表 3-1),通常是,化合价为一价、二价的金属原子与酞菁可形成 1∶1 的配合物,如锂酞菁(LiPc)、铜酞菁(CuPc)、锌酞菁(ZnPc)和镁酞菁(MgPc) 等;化合价为三价的金属原子与酞菁形成金属氯化物或金属氢氧化物,如氯钙酞菁(CaClPC)、氯铝酞菁(AlClPc)、氯铟酞菁(InClPc)和氢氧化铝酞菁(AlOHPC) 等。化合价为四价的金属原子与酞菁形成金属氧化物、金属二氯化物或金属二氢氧化物等,如酞菁氧钛(TiOPc)、酞菁氧钒(VOPC)、二氯酞菁硅(SiClPc)和二羟基酞菁硅 [Si(OH)$_2$PC] 等。

表 3-1　金属酞菁化合物的光导性能(辐照波长 780nm)

金属酞菁	V_{max} / V	$DD / V \cdot s^{-1}$	$E_{1/2} / 1x \cdot s^{-1}$	V_r / V_o
CuPc	320	5	–	280
ZnPc	424	7	–	384
MgPc	410	16	3.8	10
CaClPC	400	24	5.4	170
AlClPc	400	30	10	150
InClPc	410	34	0.8	20
TiOPc	435	30	0.6	15
VOPC	416	67	1.5	24

　　注:测试条件:充电电压 6000V;光源 780nm;曝光量 5lx。

　　表 3-1 给出一些金属酞菁光导性能参数。可见,金属酞菁的饱和电位(V_{max})为 320 ~ 435V。分析(DD)可以看出, TiOPC ≈ InClPc > VOPc > MgPc > GaClPC>AlClPc > ZnPc > CuPc。InClPc、VOPc 和 TiOPC 的 DD 值为 30 ~ 67,光敏性最好;GaClPc, AlClPC 和 MgPc 的 DD 值为 16 ~ 30,光敏性适中;CuPc 和 ZnPc 的 DD 值很小,为 5 ~ 7,光敏性很小。

　　尽管 CuPc 的光敏性很小,由于 CuPc 很稳定、制备成本低,在众多酞菁之中是最受青睐的光导体。CuPc 晶型呈 5 种多态性,分别为 α、β、γ、δ、δ 型结构。其中 β–CuPc 是热力学稳定的晶型,其余 CuPC 是不稳定的,在受热或溶解再结晶情况下会转化为 β–CuPc。

从半衰减曝光量($E_{1/2}$)来看,GaClPC 和 AlClPC 数值大于其他酞菁衍生物,光敏性最好。酞菁的金属氯化物和金属氧化物比金属酞菁化合物(如 CuPc、ZnPc)暗衰要大一些,这是因为氯或氧原子在酞菁分子之间起了桥连的作用,增强了 R 电子的流动性,从而增强了导电性,导致了暗衰速度变大。

3.1.4.2 聚乙烯基咔唑(PVK)

聚乙烯基咔唑由 9– 乙烯基通过自由基引发聚合或通过离子型催化聚合而得,结构上为侧链共轭型高分子光导体,通过咔唑环上取代基效应可改性材料的性质,可成膜可挠曲,有利于柔性器件制作。聚乙烯基咔唑的比电阻大,绝缘性很好,暗电流(I_{dark})小;用小于 400mm 的光照射时,具有较大的光电流(I_{ill}),且在正电场中光电流较大,表明以空穴导电为主(见表 3–2)。

表 3–2　聚乙烯基咔唑的光电流(I_{ill})$\times 10^{-13}$A·cm^{-2}

辐照波长	300	360	400
负电场	120	900	35
正电场	300	2000	80

3.1.4.3 含聚乙烯基咔唑复合物

第一代有机光电导体是由聚乙烯基咔唑(PVK)与三硝基芴酮(TNF)组成的具有分子间电荷转移特性的复合体系,其中 PVK 为电子给体(D),TNF 为电子受体(A)。电子给体具有较高 HOMO 能级(最高占有轨道)轨道和低的电离能,电子受体具有低的 LUMO 能级(最低空轨道)和高的电子亲和能,两者相遇时,由于 D 向 A 进行部分电荷转移,形成给体 – 受体键,并出现各种相互作用力,如极化力、偶极矩 – 偶极矩力、范德华力等,把 D 和 A 结合在一起,形成电荷转移复合物(Charge Transfer Complex,CTC)。光导机理可表示为:

$$D + A \xrightleftharpoons{\text{复合}} CTC \rightleftharpoons^{hv} CTC^{\cdot} \xrightarrow{\text{离解}} D^{+\cdot} + A^{-\cdot}$$

导电载流子

此电荷转移复合物(CTC)经光照后,受激并离解成正离子自由基和负离子自由基,生成导电载流子。在光照下 PVK 首先被激发,通过光诱导发生电荷转移、进而电子转移生成正离子自由基与负离子自由基,在外电场作用下实现载流子迁移、有序输运。由于聚乙烯醇(PVK)在正电场中光电流相比在负电场中来说更大一些,表现出对正电的光敏性更高一些,表明是以空穴导电为主,起着输送空穴载流子的作用。三硝基芬酮(TNF)在负电场中光电流大一些,表明 TNF 以电子导电为主,起着输送电子载流子的作用。

给体(D)的电离势降低、受体(A)的电子亲和势增大,形成的电荷转移复合物更有利于产生载流子,使得光导性能提高。分子的共轭度大、平面性好,都将有利于光电导率提高。如主链共轭型高分子的反式聚苯乙炔的光导与暗导之比($\sigma_{ill} / \sigma_{dark}$)高于顺式聚苯乙炔 2 个量级,其原因是反式异构体平面性比顺式异构体要好,再如将三硝基芬酮改为四硝基芬酮时,与 PVK 构成复合物的光导性反而下降。其原因是由于四个硝基的位阻效应,破坏了分子的平面性,降低了共轭性,导致电荷转移复合物的光导性降低。因此,设计高光导性的 CTC 材料时,既要考虑电子给体的电离势、电子受体的电子亲和势,同时还要考虑分子的平面性和共轭性。[①]

PVK/TNF 分子间复合物曾经作为有机光导体中的主要品牌应用于静电复印和全息照相技术中,但由于 TNF 具有毒性和力学强度低,如今 PVKTNF 光电导体已退出市场。聚乙烯咔唑(PVK)作为电子给体,还可和其他电子受体如三氯对配乙烯基醚(PVTCQ)组成分子间或分子内的电荷转移复合物;同时,PVTCQ 也可和其他电子给体聚合物如聚乙烯蒽(PVE)组成分子间或分子内的电荷转移复合物。

3.1.4.4　方菁染料

方菁是由方酸与 N,N- 二甲基苯胺的衍生物在恒沸溶剂中反应制得。方菁分子中心的四元环为电子受体,苯胺基团与氧负离子为电子给体,构成"D-A-D"型分子。

方菁染料溶液态在可见光范围(620～670nm)处呈强烈的吸收,固态

---

① 王筱梅,叶常青.有机光电材料与器件 [M].北京:化学工业出版社,2013.

方菁的吸收峰位红移至红外光区（700～850nm），摩尔吸光系数也很高。重要的是，固态方菁的吸收范围可与目前市售的半导体二极管激光范围相吻合。

方菁染料受光辐照由基态向单线态跃迁时会发生电荷转移，可感生出电子–空穴对，具有光导体性质；由于光生电荷传输受到方菁分子中心的四元环的限制，尽管其吸收带很强，但是，电子转移的限制导致了其吸收带很窄。

3.1.5　感光高分子材料

在光诱导下发生光化学反应的高分子称为感光高分子材料。感光高分子有多种分类，根据光反应类型可分为光交联型、光聚合型和光降解型等；根据感光基团的种类，可分为重氮型、叠氮型、肉桂酰型和丙烯酸酯型等；根据物理变化，可分为光致不溶型和光致溶化型等感光高分子。

3.1.5.1　肉桂酸酯类

肉桂酸酯本身具有光学活性，将其作为光敏基团接枝在聚乙烯醇（PVA）高分子链上生成的高分子具有感光性高分子，如通过肉桂酰氯和PVA反应制备得肉桂酸酯–PVA（见图3-3），在光照下该聚合物的侧基乙烯键之间发生[2+2]光二聚反应，生成丁烷环得到交联产物（见图3-4），因此，肉桂酸酯聚乙烯醇属于光聚合和光交联反应类型；在物性变化上属于光致不溶型高分子。

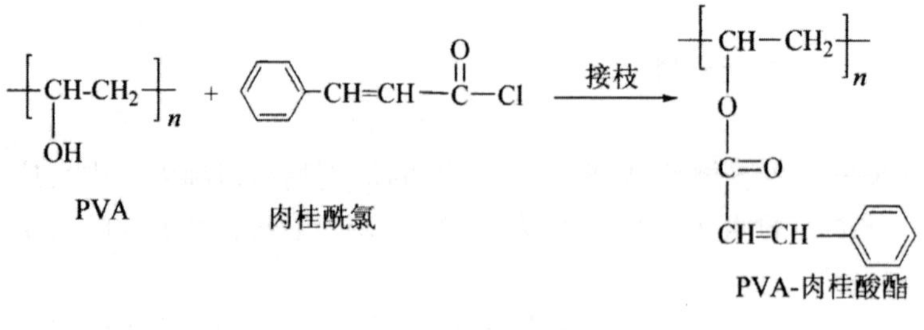

$$\left[CH-CH_2\right]_n + \bigcirc-CH=CH-\overset{O}{\overset{\|}{C}}-Cl \xrightarrow{\text{接枝}} \left[CH-CH_2\right]_n$$

PVA　　　　肉桂酰氯　　　　　　　　　　　　　　PVA-肉桂酸酯

图 3-3　感光高分子 PVA- 肉桂酸酯的制备

由于肉桂酸酯 –PVA 的吸收范围在 240～350nm 的紫外线区,该反应的激发波长应该在 240～350nm 区域内。欲使激发波长红移至可见光区域,使光聚合反应在可见光范围内进行,就需要加入少量光敏剂(增感剂),应用光谱敏化的方法可使此类光聚合物反应调整到与光源波长相匹配的条件下进行,表 3–2 列出一些光敏剂用于聚乙烯醇肉桂酸酯的敏化效果。

表 3–2　聚乙烯醇肉桂酸酯的光敏剂

光敏剂	吸收峰值 /nm	感光波长边值 /nm
蒽醌	320	420
1,2,- 苯并蒽醌	420	470
对硝基苯胺	370	400
4,4'- 四甲基二氨基苯甲酮	380	420

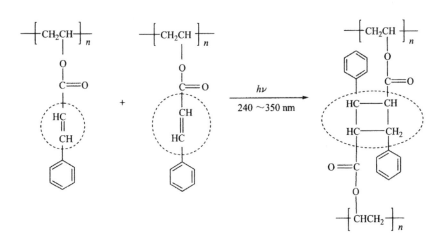

图 3–4　聚乙烯醇肉桂酸酯的光二聚反应

3.1.5.2　重氮类感光高分子

重氮盐是离子型的感光高分子,具有水溶性。当其受光激发后,重氮盐分解,生成极性较小的共价键相连的基团,从而使这类高分子由水溶性变成水不溶性,表现为光致不溶型感光材料。重氮类感光高分子属于光聚合和光交联反应类型,在物性变化上属于光降解型(见图 3–5)。

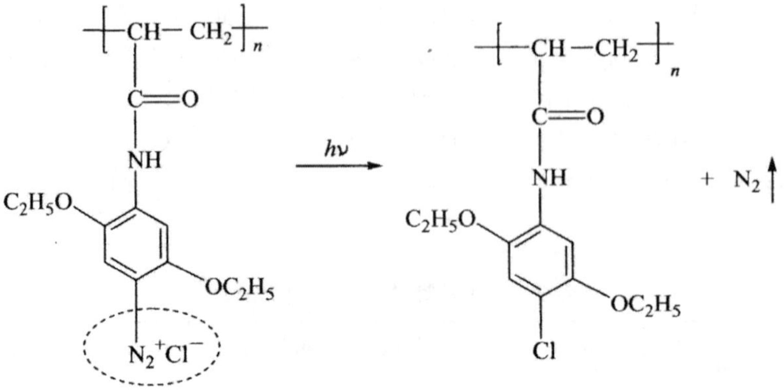

图 3-5　聚丙烯酰胺重氮树脂的光化反应

3.1.5.3　叠氮类感光高分子

叠氮化合物中的叠氮基团具有很强的光学活性,即使是最简单的叠氮氢也能直接吸收光而分解为亚氮化合物和氮,如烷基叠氮化合物和芳基叠氮化合物可直接吸收光而分解为中间态的亚氮化合物与氮气:

$$HN_3 \xrightarrow{h\nu} HN: + N_2\uparrow$$

$$RN_3 \xrightarrow{h\nu} RN: + N_2\uparrow$$

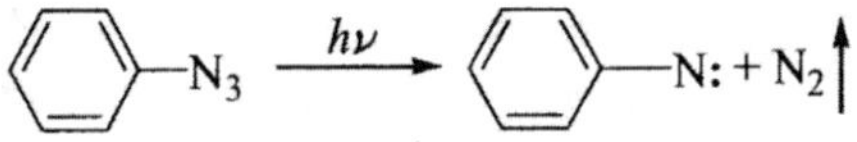

若将叠氮化合物与各种高分子复配,可制备出各种叠氮类感光高分子树脂,常用的高分子有聚乙烯醇、聚乙烯吡咯烷酮、聚丙烯酰胺、甲基纤维素、乙烯醇－马来酸共聚物、乙烯醇－丙烯酰胺共聚物、聚乙烯醇缩丁醛、聚醋酸乙烯酯等。

用于感光高分子时大多选用芳香族叠氮化合物,为了得到光交联型感光高分子材料,大多选用的是二元叠氮化合物。图 3-6 所示为二元叠氮化合物,2,6-双(4'-叠氮苯亚甲基)环己酮,其光分解并非是吸收一次光而产生两个亚氮化合物的,而是两个叠氮基团分步激发,得到二元活性自由基引发交联反应。

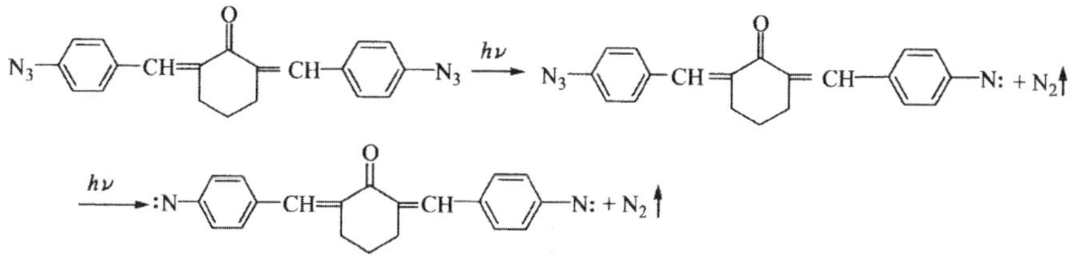

图 3-6　二元叠氮化合物光分解得到活性自由基

　　由叠氮化合物经光分解形成的亚氮化合物有单线态和三线态两种激发态。这两种激发态反应活性，表现为发生不同的反应（图 3-7），单线态亚氮化合物的吸电子性较强，易于向高分子双键发生加成反应，或向高分子饱和键（如 C–H，O–H 和 N–H 等）发生插入反应；三线态亚氮化合物的自由基性较强，优先发生夺氢反应，有时也能与双键发生加成反应。因此，聚合物中双键并不是必需的。许多饱和高分子（如聚酰胺类聚合物）与叠氮化合物配合后，同样具有很高的感光度，具有极好的光固化性。S 含叠氮类化合物的感光高分子在受光后生成亚氮化合物，并能与高分子发生多种反应，如加成、插入和偶合等反应，这些反应都能产生交联结构，通过光交联生成交联产物，因此，叠氮类感光高分子是一类光交联型感光高分子材料。

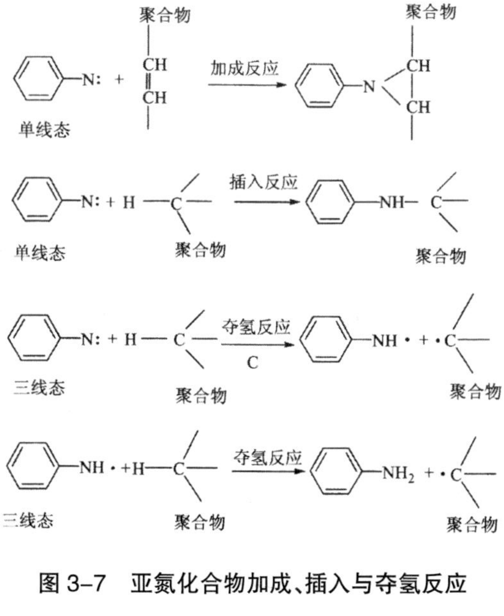

图 3-7　亚氮化合物加成、插入与夺氢反应

3.1.6 有机光存储材料

有机光存储主要包括有机光致变色存储、光折变存储、全息存储和光致分子取向存储等类型，其中光致变色材料非常适合于可擦写型光存储。最具有代表性的光致变色分子如二芳基乙烯类，以螺吡喃、螺噁嗪类为代表的螺环类、偶氮苯类、俘精酸酐类等化合物。

理想的光致变色光存储介质必须具备热稳定性好、耐疲劳性好、高对比度、高信噪比、高灵敏度、响应速度快、无损读出、在固态下能保持高反应活性等性能。

3.1.6.1 二芳基乙烯

二芳基乙烯衍生物具有一个共轭 6π 电子的己三烯母体结构，其变色过程是基于分子内的周环反应，在紫外线照射下，化合物发生顺旋闭环反应生成闭环体，闭环体在可见光照射下又能恢复到开环体。由于闭环体比开环体具有更大的共轭结构，因而在呈色反应后，吸收光谱发生红移，这一光致变色性质被广泛应用于光存储和光开关器件中。

3.1.6.2 螺吡喃、螺噁嗪

螺吡喃、螺噁嗪是两类具有类似结构的光致变色化合物，光致变色机理是在紫外线照射下，其闭环体由无色的螺环化合物发生 C—O 键或 C—N 键的裂解生成开环体，该开环体在可见光区有强烈的吸收而呈现颜色。

螺吡喃光致变色的两个芳杂环通过一个 sp^3 杂化的螺碳原子连接，两个芳杂环可以是苯环、萘环、蒽环、吲哚环、咔唑环等。由于通过一个 sp^3 杂化的螺碳原子连接，分子中两个环相互正交不存在共轭，因此，吸收通常位于 $200 \sim 400$ mm，不呈现颜色。通常用 SP（spiropyran）表示。

SP 在受到紫外线激发后，分子中 C—O 键发生异裂，两个环由正交变为共平面，整个分子形成一个大的共轭体系，吸收也随着发生很大的红移，出现在 $500 \sim 600$ mm 范围内，呈现颜色。开环体的结构类似部花青染料，通常用 PM（photo merocyanine）表示。需要注意的是，螺吡喃的光致变色反应通常在固态状态下不发生，只能在溶液或凝胶、树脂等介质中进行。

螺噁嗪的化学结构和螺吡喃非常相似，其光谱性质及光致变色反应

也和螺吡喃很相似。即在紫外线照射下,螺碳－氧键发生裂解,生成在可见光区有强烈吸收的呈色体;在可见光照和热的作用下,呈色体又可恢复到闭环体。螺噁嗪的光开环产物是各种异构体的混合物,其中以醌式结构占优势。尽管螺噁嗪的抗疲劳性与螺吡喃相比,得到大大提高;但开环体热稳定性仍不能满足存储介质的要求,因而其应用受到极大的限制。

3.1.6.3　偶氮苯类化合物

偶氮苯类化合物是一类受到广泛关注的光致变色化合物,在紫外线和可见光的刺激下可发生顺反异构,一般而言,从反式至顺式光反应比热反应易于进行,而从顺式至反式由于立体化学等因素,既可以进行光异构化又可以进行热异构化。偶氮苯类化合物不仅可以用作光盘存储介质的染料,同时由于其光致异构化过程伴随着分子取向的改变,使得这类化合物可用于光致分子取向存储等领域。

3.1.6.4　俘精酸酐类化合物

俘精酸酐类化合物是研究最早的光致变色化合物之一,它是取代琥珀酸酐的衍生物,在俘精酸酐的通式中,四个取代基中至少一个为芳香环或芳香杂环(如苯基、呋喃等),构成 6π 电子己三烯母体结构。

俘精酸酐分子在紫外线与可见光的激发下,可进行 $E-$ 型(无色体)与 $Z-$ 型(无色体)异构化转变,同时还可发生 $E-$ 型(无色体)与 $C-$ 型(呈色体)异构化的转变,一般情况下,俘精酸酐反应过程中不产生活泼的自由基、离子或偶极中间体,因此具有良好的热稳定性和抗疲劳性。

3.1.6.5　光致变色席夫碱

水杨醛缩胺类席夫碱是基于质子转移的光致变色材料,可用作光信息存储、显示与光开关器件中的活性材料。该化合物含有的 C═N 基团和 OH 基团位于苯环的邻位,在紫外线照射的条件下,可发生质子从羟基氧转移到氮原子上,显示出由黄到橘红的颜色变化,从而可应用于信息存储。

这类化合物的光响应速度快,光致变色反应在 ps 级范围内发生;成色－消色循环可达 $10^4 \sim 10^5$ 次,固态时光致变色产物在室温时最高可保持数小时。尽管如此,其光致变色产物的热稳定性不够好,达不到实际应用的需求。

3.1.6.6 二芳基乙烯类有机光致变色材料

目前大多数有机光致变色化合物作为光记录介质存在两个较大的问题,一个是热稳定性差,另一个是耐疲劳性差。芳杂环二芳基乙烯类化合物是一类具有较好的热稳定性、抗疲劳性以及快速响应速度(约 1ps)的新一代光电器件有机光致变色化合物。

(1)热稳定性。对于含杂芳环的二芳基乙烯分子来说,目前报道的所有分子在开环状态下均是热稳定的。但是在闭环状态下,其热稳定性随取代基的不同而改变。当取代基是有低芳香化稳定能的呋喃、噻吩、硒吩或呋唑环时,闭环化合物都是热稳定的,甚至在 80℃ 都不会变回开环状态;而对于有较高芳香化稳定能的吡啶、吲哚或苯环,闭环化合物是热不稳定的。

(2)抗疲劳性。光致变色反应总是伴随着化学键的重排,在这一过程中不可避免地会发生一些副反应,这就减少了光致变色反应的循环次数。对二芳基乙烯类化合物的光致变色性能进行研究发现,在 1000 次循环以后 63% 的二芳基乙烯类化合物已经分解。要达到 10000 次以上的循环,副产物的量子产率就必须小于 0.0001。[①]

(3)量子产率。量子产率 φ 是评价光致变色反应的一个重要参数。如果一个反应体系的开环反应和闭环反应的量子产率在 $0.1 \sim 0.4$ 的范围内,就可以认为它是一个灵敏度较高的光反应体系。

3.1.6.7 聚合物存储材料

将多功能的有机小分子接枝在聚合物链上可获得多功能性的聚合物,这样既可避免小分子结晶相分离的问题,还有利于制备机械性高、柔性强的高质量薄膜的材料,并可采用简单制膜的方法(如旋涂、喷涂、打印等手段)构筑柔性薄膜器件。

如选择具有液晶与光致变色性质的偶氮化合物,将其与聚甲基异丁烯酸酯接枝得到的聚合物(PAPs)具有良好的双折射性和光致变色多功能性,经偏振光照射后偶氮分子重新取向,平行于偏振光方向的折射率减小,垂直方向上的折射率增大,通过光诱导的折射率差值即可实现光信息存储和读出。

---

① 李祥高,王世荣.有机光电功能材料 [M]. 北京:化学工业出版社,2012.

3.2　有机光功能材料的制备

一般的有机单元反应都能应用在有机光电功能材料的合成过程之中,但由于这类化合物结构上一般都含有一个以上的芳香环共轭结构和N、O、S 和 P 等杂原子,因此,广泛涉及共轭体系的构建、芳环上各种取代基的引入或去除反应,如芳环上的烷基化、酰基化、硝化、卤化、磺化,以及偶联、缩合、加成与消除、氧化、还原、氨解、重氮化及重氮基的转化等反应。合成反应还会经常在惰性气体保护、低温、高温、高压、无氧等条件下进行。由于这类材料应用的特殊性,一般要求纯度很高,因此经常需要采用多次结晶、精馏、抽提和柱色谱等方法来提纯。对纯度要求特别高的产物,如有机电致发光材料,还要采取多次真空升华来满足使用要求。

有机光电功能材料是典型的功能性精细化学品,在材料的批量制备技术方面具有精细化工产品的特点。

(1)生产特点。虽然大多数有机光电功能材料具有有机染料或颜料的特征,但其应用往往是针对化合物分子本征性质的应用,完全区别于一般染料和颜料的应用目的和方法。一定的分子结构或结晶形态会对应于某一特定的应用目的;不同品种的化合物应用于不同类型的器件,应用的范围十分广泛;同时要求产品质量高、用量少,但用途多样。因此,这就决定其具有品种多、批量小的生产特点。由这个特点还决定了它们多采用间歇式的生产方式,考虑到投资和利用率,一般都设计成多功能的生产装置,即一套装置可以实现若干品种的生产。

(2)经济特点。有机光电功能材料产品具有附加值高的特点。从产品链来看,石油和煤炭为资源性产品,加工成脂肪烃和芳香烃等为原料性初级产品,加工成精细化学品则为专用化学品,针对某一特定用途加工的产品则为功能性产品,随着产品链每一步升级,其价格和利润可能会数倍或数十倍地增长。有机光电功能材料是一类通过复杂技术生产出来的、具有特殊功能的产品,一般以普通精细化工产品为原料,经过合成和功能化处理得到具有光电响应性能的产品,其价格和利润会有更大的增加。目前,一般高新技术产业的产品利润率达到 20% 以上就可以称为高利润率产品。

(3)商业特点。由于这类产品高技术密集、品种新、应用特殊,因此多为专利保护的技术和产品,容易形成高度的技术垄断和专利垄断;这类产品还具有升级换代快的特点,因此,要重视市场调研,适应市场需求,持续开发新材料、新产品,及时调整产品结构,推出性能不断更新的产品;在市场过程中还要重视应用技术的研究和对使用用户的技术服务。

3.2.1　有机光电功能薄膜制备

（1）真空沉积法。真空沉积是将要制备成薄膜的材料和成膜基底同时置于真空室内,以适当的方式加热功能材料时,在高真空度下,材料会升华(或蒸发),气态分子扩散到能够进行冷却的基底表面,从而凝聚成膜。在真空条件下成膜可减少或避免材料的化学反应,如氧化反应,使之获得致密、高纯度的功能薄膜。这种方法也是经常用来提纯、获得高纯度功能材料的方法之一。真空沉积要求成膜室内的压力至少低于 10^{-2}Pa,例如,酞菁化合物特殊的稳定性适合用真空沉积的方法来制备薄膜或提纯,高真空度下,在无定形(如玻璃)或金属底基上缓慢沉积升华的金属或非金属敢菁材料,能够得到平滑而高度有序的功能薄膜。

（2）涂布法。这种方法包括旋转涂布、浸涂涂布、喷涂和辊涂等方法,是最直接和快捷的有机功能薄膜制备技术,可以适用于在不同基片上制备薄膜,薄膜厚度能够在高宽度范围内(如从纳米到数十微米)实现控制。一般是先将功能材料制备成纳米粒子,再分散到适当的介质中制备成分散性涂布液体(如果是可溶解的化合物就溶解成溶液),在必要的情况下可以加入一定比例的高分子成膜剂,然后选择合适的涂布方法,经干燥后就可以得到功能薄膜。如要得到一个多层薄膜体系,还应该考虑下一次涂布溶液中溶剂对上层薄膜的溶解性影响,尽量获得完好的层与层之间的界面接触。

（3）LB 技术(超薄有序薄膜制备)。通过在水/空气界面单分子吸附层的连续沉积,得到适当有机化合物的高度有序的薄膜的方法。一般来说,能够制备 LB 薄膜的化合物是不能溶解在水中的,但它们能溶解在与水不相溶的有机溶剂中,如甲苯、二氯甲烷及乙酸乙酯。此外,这些化合物应具有两亲性(即既含有亲水基团又含有亲油基团),这样才能使其在水的表面定向排列。

（4）有机分子束外延(OMBE)技术。是制备超薄有序有机薄膜的重要方法之一。原理上类似于传统的真空蒸发技术,但其设备比较复杂,包括超高真空系统、外延生长系统、原位检测系统和快速交换样品系统等,要能够很好地控制单分子有机膜的外延生长,就要求化合物的纯度很高,而且结构完整。在这种沉积超薄有机薄膜的过程中能够原位实时地监控薄膜结构的生长情况。OMBE 技术为研究超薄有机薄膜器件的光、电、磁性质和微观结构提供了全新而可行的方法。

3.2.2　有机光致变色材料的制备

3.2.2.1　二芳基乙烯类有机光致变色材料的制备

（1）当 He 为 2- 甲基吲哚基时，合成路线如下。

当 He 为甲基取代的噻吩基、甲基取代的苯并噻吩基、甲基取代的吡咯基或 1,3- 二甲基吲哚基时，合成路线如下。

（2）全氟环戊烯二芳基乙烯化合物的合成。

通过使用不同的氟代反应物,可以获得如下不同结构的二芳基环烯。

八氟代环戊烯沸点低、有毒、价格昂贵、不便于反应操作,且反应产率低。开发出新的路线来制备二芳基全氟代环戊烯,产率较好,同时亦适用于二芳基环戊烯衍生物的合成。

二芳基全氟环戊烯的热稳定性和耐疲劳性比二芳基环戊烯更为出色,更适用于光存储记忆材料和分子设计的器件。

(3)马来酸酐和马来酸酰胺衍生物的合成。酸酐的环状结构,例如马来酸酐和马来酸酰胺,都可以用作二芳基乙烯结构中的环烯基团。典型的二芳基马来酸酐体系的合成方法如下。

马来酸酰胺衍生物可以通过草酰氯和氨基乙腈制备。马来酸酐和马来酸酰胺的引入并没有影响二芳基乙烯化合物基本的光敏性质,如热不可逆性和抗疲劳性等。

（4）二氢噻吩作为环烯单元的二芳基乙烯的合成。

该化合物很容易发生反应生成各种相关的衍生物,为该类型分子的进一步研究提供了广泛的空间。

（5）噻吩作为环烯单元的 3,4- 双取代二氨噻吩衍生物的合成。

通过偶合反应可以合成三个噻吩环的光致变色分子。

3.2.2.2 偶氮苯的合成方法

（1）重氮盐与活泼芳香族化合物的偶联反应。

NaOH 反应从芳香伯胺出发，经亚硝酸作用生成重氮盐，与活泼芳香化合物偶合生成偶氮类衍生物，偶合反应的优点是简单、方便、快速。缺点是：重氮化是放热反应，重氮盐对热不稳定，因此要在低温条件下进行，维持温度在 0℃附近。由于重氮盐不稳定，一般就用它们的溶液代替。固体重氯盐，遇热或振动、摩擦，都将发生分解，甚至爆炸，必须极其小心。

（2）重氮盐在 Cu^+ 催化氧化生成偶氮苯衍生物。

（3）芳香胺与芳香亚硝基化合物反应生成偶氮苯衍生物。

这一方法一般用来合成不对称的偶氮化合物。

（4）部分还原硝基来制备偶氮苯。

反应中 Zn 为还原剂,乙醇为供质子剂,硝基苯被部分还原,生成偶氮苯,一般用来合成对称型偶氮苯。

3.2.3　钙钛矿薄膜的制备方法

3.2.3.1　双源气相法

双源气相法是在真空腔体内利用两种不同的反应物气相进行化学气相沉积成膜的方法。将前驱体原料中的有机源(CH_3NH_3I 、 CH_3NH_3Cl 等)和无机源(PbI_2 、 $PbCl_2$ 等)分别加热使其气化,通过传感器控制蒸发速率,在顶部的旋转基片台上,有机源分子与无机源分子发生反应沉积在基体上形成钙钛矿薄膜。双源气相法制备的 $CH_3NH_3PbI_{3-x}Cl_x$ 具有高覆盖率、高相纯度和良好的结晶性,电池容易实现高的光电转换效率。 $PbCl_2$ 和 CH_3NH_3I 反应制备 $CH_3NH_3PbI_{3-x}Cl_x$,钙钛矿薄膜的监测研究发现,当 $PbCl_2$ 气流量较小时,将形成富碘钙钛矿,当 $PbCl_2$ 气流量增加时,倾向于形成富氯钙钛矿。所以,反应过程中不仅要一直保持真空状态,还要严格控制有机源和无机源的比例,这就使双源气相法操作复杂、调控难度高、成本高昂。

3.2.3.2 两步反应法

在两步反应法中,第一步是前驱体固体膜的制备步骤,一般为溶液法,第二步是利用已形成的固体前驱体膜进行化学反应来实现钙钛矿薄膜的制备。

最早提出的两步反应法是这样的:首先将无机前驱体配置成溶液,通过旋涂干燥的方法在基体上得到无机前驱体薄膜,然后将有机前驱体加热气化,通过气态有机前驱体和固态无机薄膜之间的气固反应得到钙钛矿薄膜。这种反应与双源气相法相比,对反应时有机和无机前驱体的比例要求降低,但是,根据其反应的原理,即首先在 PbI_2 的表面形成一个晶核,然后以晶核为中心通过气固扩散反应逐渐长大成钙钛矿薄膜,这一过程决定了反应进程较慢,需要大于 4h,200nm 厚的 PbI_2 薄膜才能反应完全。最后,在 PbI_2 固态膜层上,采用溶液法沉积 CH_3NH_3I(MAI)薄膜,MAI 膜厚可通过溶液浓度和厚度来有效控制,然后通过基体加热并延长加热时间的方法促进 PbI_2 薄膜和 MAI 薄膜之间的全反应,这种固固扩散反应不需要真空和前驱体加热气化,但是反应得到的钙钛矿晶粒尺寸偏小(约 300nm),大量的晶界会在电池内引入大量缺陷和复合中心,且长时间的加热会增加钙钛矿薄膜分解失效的风险。为了增加固固加热扩散反应后钙钛矿薄膜的晶粒尺寸,对反应后得到的 $CH_3NH_3PbI_3$(MAPb Ⅱ)在 N, N– 二甲基甲酰胺(DMF)蒸气氛围下进行了热处理,这使钙钛矿晶粒明显增大,甚至达到了微米级别,并且这种溶剂下退火的方法还有利于制备厚度超过 $1\mu m$ 钙钛矿薄膜。[①]

除了以上前驱体之间的气固和固固反应,还有以液固反应为核心的两步溶液法。首先在基体表现制备 PbI_2 薄膜,然后将干燥后的 PbI_2 薄膜浸泡在 CH_3NH_3I 的溶液中反应生成 $CH_3NH_3PbI_3$,最后洗涤去除表面多余的 CH_3NH_3I 并迅速用高纯 N_2 干燥。这种两步溶液法的操作简便,但浸泡反应的实质是 CH_3NH_3I 分子从 PbI_2 晶粒的表面向内部的插层反应,越向内部 CH_3NH_3I 分子的扩散越困难,反应越难进行。同时,由于已经生成的 $CH_3NH_3PbI_3$ 类钙钛矿材料在溶液环境下会剧烈的溶解重结晶甚至剥离,所以两步溶液法从浸泡反应开始到高纯 N_2 干燥的整个时间不超过 3min,极短的反应时间使得两步溶液法得到的钙钛矿薄膜内总是残留未反应的 PbI_2。若反应时间过长,又会出现长时间浸泡下钙钛矿薄膜的溶解和重结

---

① 李燕 . 钙钛矿太阳电池 [M]. 北京 : 中国石化出版社,2019.

晶现象。

为了解决两步溶液法中浸泡时间长造成的问题,可对 PbI_2 薄膜的微结构进行特殊设计,通过强化溶液中反应物向薄膜内部扩散和反应的方式加以解决。区别于较为平整致密的 PbI_2 薄膜结构,在 PbI_2 薄膜内部设计和制备出一定的纵向孔结构,则这些纵向孔能够加快溶液中的物质向薄膜内部的扩散传质过程。当孔间距显著大于薄膜厚度时,由于 PbI_2 到 CH_3NH_3PbI 相变体积膨胀的缩孔作用,PbI_2 薄膜还未来得及全反应的时候,孔隙的扩散传质作用就已减弱或消失。当孔间距与薄膜厚度相当或稍小时,PbI_2 薄膜的全反应状态就可以实现。通过这种薄膜孔隙结构设计,可以同时实现保障薄膜全反应和缩短反应时间的良好效果。

3.2.3.3　一步溶液法

与其他方法相比,一步溶液法是一种纯液相物理结晶反应的钙钛矿薄膜制备方法,通常将有机前驱体和无机前驱体按照一定配比混合在高沸点的极性溶剂中,配置成澄清透明的钙钛矿前驱体溶液,然后将前驱体溶液滴加在基体上,通过旋涂控制钙钛矿薄膜的厚度,在干燥的过程中,利用溶剂蒸发实现溶液的过饱和、形核和生长,最终在基体上形成钙钛矿薄膜。通常情况下,一步溶液法制备的钙钛矿薄膜极易呈现对基体不全覆盖的树枝状结构,树枝状结构中存在许多纳米级的粗糙表面。

为了实现一步溶液法薄膜的均匀、致密和全覆盖特征,研究者从材料成分、溶剂类型和溶液助剂等方面做了大量探索,但均未能实现理想的效果。对有机部分和无机部分的比例进行改变的研究表明,当 PbI_2 和 CH_3NH_3I 在 DMF 中的比例接近 $0.6:1 \sim 0.7:1$ 时,钙钛矿薄膜的覆盖率较高;当前驱体中 PbI_2 和 CH_3NH_3I 的比例较高($>0.8:1$)时,薄膜呈现树枝状结构;当前驱体中 PbI_2 和 CH_3NH_3I 的比例较低($<0.6:1$)时,薄膜倾向于呈现片状结构。溶解前驱体的溶剂也对钙钛矿薄膜生长动力学的因素有直接影响,用 N,N- 二甲基甲酰胺(DMF)取代 γ - 丁内脂(GBL)配置钙钛矿薄膜前驱体溶液,并沉积在介孔 Al_2O_3 薄膜内部,DMF的沸点为 154℃,比 GBL 的沸点 204℃低,有助于提高薄膜的覆盖率。但是由于 $CH_3NH_3PbI_3$ 晶体的生长速度过快,用 DMF 为溶剂所制备的薄膜仍然有大量基体裸露。在 DMF 中掺入体积分数为 3% 的 GBL 可以在反向平面电池的基体上获得平滑且晶粒尺寸很小的钙钛矿薄膜,溶液中的

有机功能材料及其应用研究

少量 GBL 可以减慢生长速率,抑制大块团聚钙钛矿薄膜的形成。在钙钛矿前驱体溶液中添加一定的化学成分也可以调整钙钛矿结晶过程从而提高覆盖率,将 1% 的 1,8- 二碘辛烷(DIO)这种高沸点添加剂加入钙钛矿前驱体溶液中,有效提高了薄膜覆盖率及电池效率,分析认为,Pb^{2+} 和 DIO 的螯合作用,不仅促进了 $PbCl_2$ 在 DMF 中溶解度,而且还有效调控了薄膜的生长。[1] 在 PbI_2:CH_3NH_3I 为 1:1 的前驱体溶液中加入 3% 的小分子 BmpyPhB,可以促进钙钛矿薄膜在溶液内部的形核。尽管添加是一种非常简单有效的方法,但添加物的去除给薄膜的制备过程带来了困难。

一步溶液法的本质是溶液过饱和析出结晶的物理过程,只有从这个物理过程上进行直接影响因素分析,才能实现一步溶液法制备薄膜的有效控制。将基体温度从 28℃提高到 75℃时,由于溶液干燥过程明显加快,钙钛矿薄膜的覆盖率得到明显提高。为了进一步加快结晶过程,研究者还提出了在旋涂好的钙钛矿溶液膜表面快速覆盖反溶剂膜的反溶剂方法,在极其严格控制添加方式和添加时间的前提下,可以得到全覆盖的小尺寸样品,但对于尺寸超过 5～10cm² 甚至更大的实用化电池制备,迄今由于没有合适的反溶剂添加方式而无法实现大尺寸应用。通过抽气降低溶剂分压的抽气法,将溶剂干燥过程中广泛应用的基于分子布朗随机运动的慢速干燥过程,改变为基于压差定向流动的快速干燥过程。在具体的工艺控制方面,通过抽气压力实现钙钛矿前驱体液膜内的形核与生长之间的竞争关系的有效调控,既显著提高了溶液干燥速度,又可实现纳米量级的大尺寸全覆盖薄膜的可控制备。基于该方法建设的 20MW 级中试线,已经完成了纳米级大尺寸电池的中试化生产,为实现钙钛矿太阳能电池以及钙钛矿与其他电池的叠层电池的工业化铺平了道路。需要指出的是,抽气法的本质是在低气压条件下的溶液快速可控干燥,而不是真空条件下的液体闪蒸,在把握该本质问题的基础上,更多后续工艺优化理论及手段被提出来,以进一步形成真正的大面积高效率产业化应用。

---

[1] 云斯宁. 新型能源材料与器件 [M]. 北京:中国建材工业出版社,2019.

3.3　有机光功能材料的应用

3.3.1　光致变色材料的应用

近年来,光致变色材料在光信息存储、光调控、光开关、光学器件材料、光信息基因材料、修饰基因芯片材料等领域已受到全球范围内的广泛关注。

3.3.1.1　光开关器件

有机光致变色材料在日光或其他光源照射下,会很快由无色(或有色)变成其他各种颜色,停止光照或加热又恢复到原来的颜色。光致变色的这种特性可用作光调控和光开关等器件的活性材料,甚至可应用于纳米量级的光子计算机。

通常将光致变色反应中的双稳态结构分别对应着"开"与"关"两状态,如将吸收带位于长波长区域的异构体作为"开"态,将吸收带位于短波长区域的异构体作为"关"态。以二噻吩乙烯衍生物为例,开环异构体为"关"的状态,闭环异构体可看作是"开"的状态,通过光子调控(300nm 光波和白光)可逆地在开环与关环异构体之间发生转化,实现光开关。[①]

3.3.1.2　光信息存储

信息存储包括将信息在介质上"写入"和"读出"两个最基本的功能,将光致变色材料的双稳态结构对应着二进制"0""1"两种状态,可实现信息的写入和读出。

以螺吡喃化合物为例,其光存储原理、对应的分子结构及其能级如图3-8 所示。其中 A 代表无色体(螺环形式),在二进制中为"0",B 为呈色体形式(半花普结构),在二进制中为"1"。

① 王筱梅,叶常青 . 有机光电材料与器件 [M]. 北京:化学工业出版社,2013.

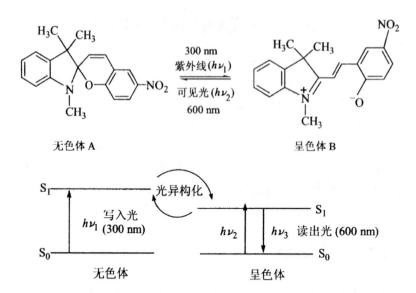

图 3-8　螺吡喃光存储对应的分子结构与"写""读"和"擦除"能级图

（1）写入过程（A → B）。用 $h\nu_1$ 的光激发螺吡喃无色体 A 至激发态 A*，诱导电子转移发生光异构化生成呈色体 B，即完成了一次"信息写入"过程；所以，$h\nu_1$ 的光称为"写入光"。

（2）读出过程（B* → B）。用呈色体对应的最大吸收波长的光（$h\nu_2$）激发 B*，使之激发至激发态 B，当激发态的呈色体以辐射形式回落至基态 B 并发出荧光（$h\nu_3$），从而实现非破坏性读出。所以，$h\nu_3$ 的光称为"读出光"；这里的 $h\nu_2$ 和 $h\nu_3$ 并不相同。

（3）擦除过程（B → A）。当用 $h\nu_2$ 光波照射螺吡喃呈色体时，使其处于激发态并通过光异构化又回到无色体 A* 态，最终回落至基态 A，完成一次擦除过程。所以，$h\nu_2$ 的光称为"擦除光"。

如用俘精酸酐衍生物为光存储材料，采用甩胶法和真空镀膜法制备的光盘样盘。其无色体和呈色体的转换分别用紫外线和 632.8nm 的 He-Ne 激光器驱动，经数百次写入、擦除循环后，光盘稳定性尚好。

3.3.1.3　其他

（1）光致变色开关。当前光纤开关装置主要是有机聚合物，通过这些聚合物的热致形变改变折射率，从而实现开关功能。而这些开关可以用光致变色材料来代替，只要通过光照射就可以改变器件的折射率。

（2）能量转换与存储。光致变色体系可以将太阳能直接以热能的形式储存。这类体系要求在可见光照射下可以发生变色并且具有比较高的储能能力。但是后来人们对这种方式提出了质疑，将太阳能以化学能等形式储存起来似乎更加可行。

（3）化学分析试剂或控制聚合反应。光致变色材料能与一些金属离子络合而显色，螺吡喃对痕量的酸特别敏感，可作为化学分析试剂。变色材料在光照时产生离子或自由基，使反应开始或终止，顺、反异构体在光照时主要为顺式，以保证聚合反应中主要是顺式化合物参加聚合反应。

（4）生物分子活性的光调控。生物大分子的生理活性与其特定的空间结构有着密切的关系，其空间结构的微小变化必然影响到生理活性的改变。将光致变色化合物连接到生物分子材料上，可实现生物分子的结构与功能的光调控；将光致变色化合物利用反应活性基团，如 COOH、OH 或 NH_2 连接到多肽上，则形成具有光活性的生物大分子。光活性生物大分子在光的作用下进行光致变色，发生开环或闭环的结构变化，从而引起多肽链空间结构的改变，进而对生理活性产生影响。

（5）光致变色超分子。超分子化学及光功能材料是近年来人们关注的重要课题之一。利用螺环化合物光致变色过程中的结构变化，可实现分子识别过程的光调控。

（6）防护与装饰材料。利用光致变色材料对光辐射的敏感性，当光照射时变色形成保护层，从而隔断因直接照射而造成的伤害，如变色眼镜、防晒霜、变色玻璃等。

（7）伪装材料。美国从 20 世纪 60 年代就开始了这方面的研究工作，目的是在太阳能的作用下将暴露目标变为与周围环境相类似的颜色。主要工作包含以下三个方面：第一，变色防伪服；第二，固定工事或活动目标（如坦克）的伪装材料；第三，吸收红外光的变色材料。

（8）防伪材料。可在商标印制品中加入特殊的光致变色物质制作防伪商标，不易被发现。但用特定波长的光照射即可显影，以鉴定真伪。制成防伪油墨印制后，经光照不仅有颜色的特殊变化，还有特征的信号显示，这样可以制出所谓的二维乃至三维的防伪技术材料。光致变色防复印纸是在纸基上涂上化学变色（着色或消色）材料，在复印过程中利用曝光被激发而变色，使背景部分和图像部分的反差没有差别而不能被复印。[①] 原件离开复印机后，背景部分再度回复到无色状态。光致变色防伪

---

① 李祥高，王世荣. 有机光电功能材料 [M]. 北京：化学工业出版社，2012.

纸张因具有特种油墨印记和材料防伪的多重功能,有极强的防伪力度,这个性能主要用于纸币的防伪技术中。

（9）用作辐射剂量计。光致变色材料对强光特别敏感,因而用它制作强光辐射的剂量计结构简单,价格低廉,坚固耐用。将它们涂在飞船的外部,能快速精确地计量出高辐射的剂量。用作光色片和滤光片,可以控制辐射光的强度。光色片的变色与光强有关,它随入射光的强度的变化而改变颜色。如连续使用多层光色片,则可连续降低光的强度而成为滤光片,这样它将能保护人眼与身体不受强光的损害。

（10）制作光掩模板和光刻胶电路板。如将光致变色材料涂于打有底层的聚酯胶片或铜板上,再在它上面覆盖一个有文字图案的掩模版,在掩模版上放置紫外光灯照射。当光透过掩模版,透光部位使光致变色材料曝光变色,不透光部位的光致变色材料未曝光,仍为原色。受光照过的光致变色材料比未受光照的在溶剂中的溶解性存在差别,经过化学蚀刻,用溶剂除去光致变色材料。由光致变色材料的高分辨率可制得高分辨率的掩模版或印刷电路板。

3.3.2 有机薄膜晶体管应用

自从 20 世纪 80 年代初首次展示有机薄膜晶体管以来,基于有机薄膜晶体管的研究无论是对新材料的合成、提出新颖的器件概念还是到现在的实际应用都取得了长足的进步,并逐步成为未来电子工程学上不可或缺的组成部分。2010 年,美国斯坦福大学的研究人员第一次报道了基于 OTFTSs 的以 DDFTTF 为活性半导体层的传感器原位无标记检测 DNA序列,该 OTFTS 传感器可以检测 1mol/L,浓度的 DNA 杂交,这为日后生物和化学检测提供低成本、快速和选择性传感的可能;2014 年,韩国 LG 公司的科研团队制造了世界第一款 77 英寸超高清(分辨率为 3480×2160)OLED 电视,通过利用阳极补偿技术提高面板的尺寸并使得大尺寸超高清 OLED 面板显示器得以商业化;2019 年,柔性且可拉伸半导体聚合物材料被应用到仿生皮肤电子穿戴设备中,利用溶液剪切法和纳米约束效应相结合使链构象有序排列并且促进短程的 π-π 堆积更加有序,受益于多尺度结构的有序排列从而大幅度降低电荷传输所需的活化能,与旋涂聚合物方法相比,这种方法大大地提高了载流子迁移率(平均迁移率为

1.5cm²/（V·s），[①] 此外，当晶体管被拉伸至 100% 应变时迁移率几乎不发生变化，当前有机薄膜晶体管的主要应用领域包含射频识别标签、生物传感器、柔性显示和可穿戴电子设备等，随着技术的日趋成熟，潜在的应用范围还将继续扩大。

---

① 邹佳伟 . 新型功能性聚合物绝缘材料的设计、制备及其在有机薄膜晶体管中的应用研究 [D]. 吉林：吉林大学，2020.

第4章

有机电功能材料

基于导电聚合物潜在的巨大应用价值,导电功能材料的研究引起了众多科学家的参与和关注,成为有机化学领域研究的热点之一。随着理论研究的逐步成熟,新的有机电功能材料不断涌现,这种新型材料的新的物理化学性能也逐步被人们所认识,由此带来的是以这种功能型材料为基础,在全固态电池、抗静电和电磁屏蔽材料、聚合物电显示装置以及有机半导体器件的研究方面取得的重大进展。

4.1 有机电功能材料的性质

根据欧姆定律,当对试样两端加上直流电压 V 时,若流经试样的电流为 I,则试样的电阻 R 为

$$R = \frac{V}{I} \tag{4-1}$$

电阻的倒数称为电导,用 G 表示

$$G = \frac{I}{V} \tag{4-2}$$

电阻和电导的大小不仅与物质的电性能有关,还与试样的面积 S、厚度 d 有关。实验表明,试样的电阻与试样的截面积成反比,与厚度成正比

$$R = \rho \frac{d}{S} \qquad (4\text{-}3)$$

同样,对电导则有

$$G = \sigma \frac{S}{d} \qquad (4\text{-}4)$$

式(4-3)和式(4-4)中,ρ 为电阻率,单位为欧姆·厘米($\Omega \cdot cm$),σ 为电导率,单位为欧姆$^{-1}$·厘米$^{-1}$($\Omega^{-1} \cdot cm^{-1}$)。

假定在一截面积为 S、长为 l 的长方体中,载流子的浓度(单位体积中载流子数目)为 N,每个载流子所带的电荷量为 q。载流子在外加电场 E 作用下,沿电场方向运动速度为 v,则单位时间流过长方体的电流 I 为

$$I = NqlS \qquad (4\text{-}5)$$

而载流子的迁移速度 v 通常与外加电场强度 E 成正比

$$v = \mu E \qquad (4\text{-}6)$$

式中,比例常数 μ 为载流子的迁移率,是单位场强下载流子的迁移速度。

结合式(4-2)、式(4-4)、式(4-5)和式(4-6),可知

$$\sigma = Nq\mu \qquad (4\text{-}7)$$

当材料中存在 n 种载流子时,电导率可表示为

$$\sigma = \sum_{i=1}^{n} N_i q_i \mu_i$$

由此可见,载流子浓度和迁移率是表征材料导电性的微观物理量。

材料的导电率是一个跨度很大的指标。从最好的绝缘体到导电性非常好的超导体,导电率可相差 40 个数量级以上。根据材料的导电率大小,通常可分为绝缘体、半导体、导体和超导体四大类。这是一种很粗略的划分,并无十分确定的界线。

4.2 有机电功能材料的制备

性能优良的有机光导体通常需要具备以下几个方面的特点：

①光生电子 – 空穴能力和量子效率较高，以保证足够的光敏性；②无光绝缘性高，以保证较高的充电电位；③在暗电场下的导电率低，以保证较低的暗衰电位；④光吸收能力高，以实现高的光谱响应；⑤化学、光化学和环境稳定性好，以保证一致的重复使用性。因而，光导体的性能受光导材料的分子结构、组成和纯度、对光谱的响应以及光导体的制备条件、充电强度、涂布方法等多种因素影响。

光导材料分为无机光导材料和有机光导材料两大类。无机光导材料的主要品种有硒、硒碲合金、硫化镉、氧化锌等。由于无机光导材料毒性大、价格昂贵，已逐渐被低毒、便宜、柔顺性好、易于加工的有机光导材料所取代。

从结构类型讲，有机光导材料主要包括聚乙烯咔唑、金属酞菁络合物、偶氮化合物及四方酸化合物等。从应用类型讲，有机光导材料主要分为载流子产生材料（CGM）和载流子传输材料（CTM），载流子传输材料又包括电子传输材料（ETM）和空穴传输材料（HTM）。下面按照有机光导材料的应用类型分别介绍材料的分子结构、合成方法和光导性能等。

4.2.1 电子传输材料

进入 20 世纪 90 年代以后，人们越来越关注赖以生存的自然环境，于是电子传输材料的开发再次引起了人们的重视。这是因为开发和使用电子传输材料的光导体具有以下优点：

①用电子传输材料制备的有机光导体表面充正电，在高压电晕下不会电离空气中的氧气产生臭氧，从而减少环境污染。而用空穴传输材料制作的有机光导体需要在其表面充负电，在高压电晕下产生的臭氧会污染大气及环境，并对人体产生危害，需要进行一系列的后处理。

②用空穴传输材料制造的是双层有机光导体，一层为发生层，另一层为传输层，制造工艺复杂，成本高。而电子传输材料可制成单层有机光导体，制造工艺简单，成本低。

③由于空穴传输材料传输空穴,电子传输材料传输电子,所以它们各自不仅可以单独使用,而且可以复合在一起,制造成既能传输正电又能传输负电的双极性的有机光导体。

最早的电子传输材料是三硝基芴酮(TNF)和聚乙烯咔唑(PVK)一起构成的电荷转移复合物(CT),但因TNF被发现具有致癌作用而遭淘汰。目前,电子传输材料按其结构主要包括萘 –1,8– 羧酰亚胺衍生物、多硝基及氰基化合物、醌类化合物以及其他化合物。

4.2.1.1　萘 –1,8– 羧酰亚胺电子传输材料

曾有文献报道了如下结构的电子传输材料,它们具有较高的电子传输性能,有助于提高器件的发光效率、亮度及稳定性。

上述化合物主要通过烷基胺与相应的萘二羧酸酐反应制得。以 a 为例,反应方程式如下[1]:

1,4,5,8– 萘四酸酰亚胺(NTCDA)(b)的共轭程度比苝四酸酐稍差,晶体结构中分子间只有部分重叠,但其 LUMO 能级较低,有利于电子注入,因此仍具有较高的电子传输性能。

---

① 刘星元,印寿根,李晨曦,等 . 功能材料与器件学报 [J].1997, 3 (2): 124–128.

4.2.1.2　多硝基及氰基结构电子传输材料

硝基和氰基是强吸电子基团,它们的存在有利于电子注入 LUMO,从而大大提高这类电子传输材料的电子迁移率。该类化合物的合成方法简单,制成的正电性有机光导体具有良好的电荷接受能力、光电性能和使用寿命。但硝基化合物有强烈的致癌作用,并且这两类化合物与树脂的相溶性比较差,其应用受到了限制。这类材料的代表性化合物有 2,4,7- 三硝基芴酮及其衍生物(a、b)、氰基化合物(c、d)。

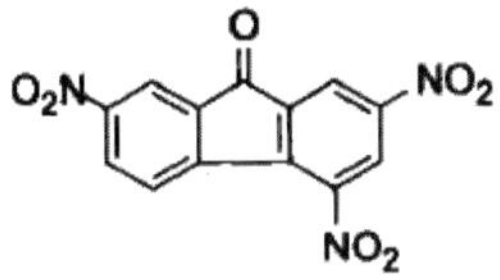

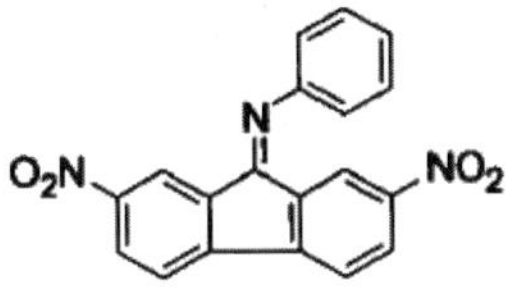

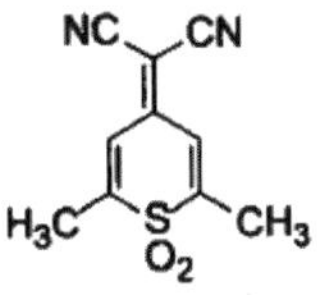

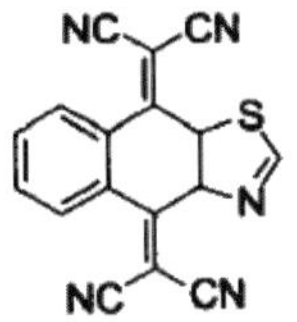

以 2,4,7- 三硝基芴酮为例,其合成方法如下:

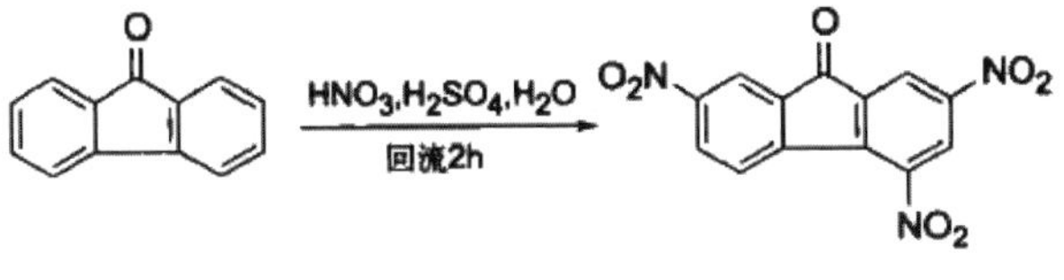

4.2.1.3　醌类电子传输材料

醌类化合物分子结构中的氧原子具有良好的电子接受能力,对分子链两端和整个分子都具有束缚力,使得电子在分子中容易移动。在醌类电子传输材料中,最具代表性、性能最佳的是联苯醌衍生物,由它制成的有机光导体具有优良的光敏性,较低的残余电位和稳定的暗电位,良好的耐久性和较长的使用寿命。通过分子的修饰,许多联苯醌材料克服了溶解性差的缺点,与树脂具有良好的相容性,进一步改善了电子传输性能。目前研究报道较多的是如下结构的联苯醌电子传输材料。

上述联苯醌结构中的四个取代基可以是烷基、烷氧基、芳基和芳烷基、烯烃基链等。结构 a 比较常见,研究相对成熟,按其结构又分为对称型和不对称型联苯醌。对称型联苯醌由于合成方法简单优先得到应用。但正是由于分子结构具有较高的对称性,导致其与树脂和溶剂的相溶性较差,应用效率较低。不对称型联苯醌则克服了这一缺点,能够与树脂良好地相溶,有效地分布在介质中,从而使其优良的电子传输性能得到充分发挥。

表 4-1 列出了几种代表性的联苯醌型电子传输材料制成的单层有机光导体的光电性能数据。光导体使用的电荷产生材料是无金属酞菁,充电电压为 5000V。

表 4-1　联苯醌型电子传输材料在单层 OPC 中光电性能数据

联苯醌衍生物	充电电位 V_o / V	残余电位 V_r / V	$E_{1/2} / \text{lx} \cdot \text{s}$
	699	95	1.8
	704	99	1.9
	694	92	1.8
	704	98	1.9

从表 4-1 中数据可以看出,上述单层有机光导体充电电位高,残余电位低,光敏性好,证明联苯醌是一种优良的电子传输材料。

以 X 型金属酞菁为电荷产生材料、1,2-（4- 二苯基氨基）苯基乙烯为空穴传输材料制得的双极性功能分离型有机光导体的光电性能数据见表 4-2。结果表明,由联苯醌制备的双极性有机光导体无论充正电还是充负电,都保持了较高的充电电位,较低的残余和优良的光敏性。

表 4-2　联苯醌型电子传输材料在双极性 OPC 中的光电性能数据

联苯醌衍生物	充负电			充正电		
	V_o / V	V_r / V	$E_{1/2} / \text{lx} \cdot \text{s}$	V_o / V	V_r / V	$E_{1/2} / \text{lx} \cdot \text{s}$
	−704	−87	1.7	707	73	1.6
	−701	−86	1.6	708	65	1.5
	−709	−88	1.7	693	73	1.6

除上述典型的联苯醌化合物外,还有如下几种偶氮型联苯醌衍生物。这些材料主要用于单层有机光导体的电荷产生材料,并表现出了良好的光敏性。

联苯醌型化合物的合成主要是利用相应的酚类化合物的氧化偶合反应。以 3,3′,5,5′- 四叔丁基芪 -4,4′- 醌为例,其合成反应通式如下:

根据氧化反应使用的氧化剂不同,联苯醌化合物的合成方法主要有高锰酸钾氧化法、三氯化铁氧化法、铁氰化钾氧化法和空气(氧气)氧化法等。

(1)高锰酸钾氧化法。高锰酸钾法是目前制备对称和不对称联苯醌型电子传输材料的主要方法,反应溶剂可以是三氯甲烷、四氢呋喃等,产品收率可达到90%左右。

(2)三氯化铁氧化法。该反应以乙醇作为溶剂,三氯化铁作为氧化剂,产物用水和三氯甲烷后处理,得到最终产品。

(3)铁氰化钾氧化法。这种方法与高锰酸钾法类似。以铁氰化钾为氧化剂对 2,6- 二叔丁基 -4- 甲酚进行氧化,合成 3,3′,5,5′ - 四叔丁基苊 -4,4′ - 醌,产品的收率达到 40%,纯度达到 99.79%。

(4)空气(氧气)氧化法。在铜盐等催化剂的作用下,以醇等为溶剂,向反应器中通入空气,采用液相氧化法对相应的酚类化合物进行氧化,反应后的混合物过滤分离得到产物。空气氧化法采用空气中的氧作为氧化剂,价格低廉,且不产生因使用化学氧化剂造成的污染。但这种方法选择性比高锰酸钾、三氯化铁等方法低,对催化剂的选择要求较高。

也有研究采用纯净氧气作为氧化剂的方法,反应在水和有机溶剂共存的非均相体系中进行,以四丁基氯化铵为相转移催化剂。这种方法收率较高,但因使用相转移催化,成本较高。

Manfred Lissel 报道了以正己醇作为溶剂,磷钼钒杂多酸作为催化剂,氧气作为氧化剂,2,6- 二叔丁基苯酚氧化合成 3,3′,5,5′ - 四叔丁基 -4,4′ - 联苯醌的方法。该方法 2,6- 二叔丁基苯酚的转化率可达 100%。磷钼钒杂多酸是一种选择性较高,可重复利用的优良催化剂,这为探索理想的联苯醌清洁合成方法奠定了基础。

除了上述几种方法外,还有采用二氧化锰、五氧化二铬、氧化铅以及银、铜等过渡金属的盐作为氧化剂的方法。由于工业上对联苯醌类化合物的需求量越来越大,开发成本低、污染小、收率高的合成方法具有重要的实用价值。目前联苯醌的工业化方法主要还是采用高锰酸钾氧化法。

4.2.1.4　其他结构电子传输材料

其他类型电子传输材料结构式如下,主要有高分子型电子传输材料,如低聚噻吩(a)、聚对亚苯类(b),还有结构式(c)所示的具有典型大共轭体系的化合物。

通过上述电子传输材料的结构及性能的分析可以看出,高性能的电子传输材料通常要带有强吸电子基团以使电子容易注入 LUMO，还要具有足够多的大 π 键的重叠。因此，新型电子传输材料的分子设计应遵循如下原则：

（1）引入强吸电子基团或者带有缺电子的氮原子基团，如氟化、硝基化、亚胺化等。

（2）设计合成具有非偶极性的结构，以尽量减少载流子的偶极扩散，避免迁移率的降低。[①]

此外，除了分子结构，电子在膜内的传输还会受到分子的堆积取向、材料的凝聚态结构以及周围环境等多种因素的影响。

4.2.2　空穴传输材料

最早开发和应用于实际的空穴传输材料是聚乙烯咔唑，其空穴迁移率大约为 $10^{-7} \sim 10^{-5} cm^2/(V \cdot s)$，离子电位 7.2eV，但其仅吸收蓝紫光，光敏性有限。之后人们开始将小分子空穴传输材料掺杂到惰性高分子中以提高空穴传输速度，现在则主要采用将小分子化合物溶解在黏合剂树脂（如聚碳酸酯树脂）中组成空穴传输层的方法。

到目前为止，已开发出的小分子空穴传输材料主要有腙类、苯乙烯类、丁二烯类、杂环类和三芳胺类化合物等。

4.2.2.1　腙类化合物

腙类化合物合成路线较短，工艺简单，原料价廉易得，成本较低，是目前应用较为广泛的空穴传输材料之一。多数腙类空穴传输材料离子化电位较低，具有较好的给电子性，由它制成的光导体具有无毒、易制作、残余电位较低和光敏性好等优点。但腙是一种不稳定的化合物，易出现偶氮与腙体的互变异构现象，直接影响光导体的性能。

这类材料的合成主要采用取代苯甲醛与二苯肼的缩合反应，何莉莉

---

① 叶坚，陈红征，施敏敏，等. 有机电子传输材料研究新进展 [J]. 自然科学进展，2002，12(8)：800-805.

等[①] 对下述四种腙类化合物的反应温度、时间、原料配比等工艺条件进行了优化，产品 a、b 和 d 的收率达到 90% 以上，c 的收率达到 82% 以上，提纯处理后产物纯度均在 99% 以上，收率和纯度都较传统工艺有所提高。

4.2.2.2　苯乙烯类化合物

苯乙烯类化合物也是一类性能优良的空穴传输材料，在三芳胺分子上引入苯乙烯基，使分子共轭效应加强，有利于空穴载流子的传输。目前的研究表明，苯乙烯三芳胺类化合物的量子迁移率最高，其代表品种如 N, N- 二对甲基苯基 -4- (2- 对甲基苯基乙烯基) 苯胺等[②]。

张红星等[③] 以亚磷酸三乙酯与氯化苄或对甲基氯化苄反应制备 Wittig 试剂 (I)，再与相应的醛反应，制得了 N, N- 二 (4- 甲基苯基)-4-[2- (4- 甲基苯基) 乙烯基] 苯胺、N, N- 二 (4- 甲基苯基) 4 (2- 苯基乙烯基) 苯胺、

①　何莉莉, 李祥高, 吴安树. 芳香族腙类空穴传输材料的合成及其光电性能研究 [J]. 应用化学, 2005, 22(9): 946–949.

②　曹小丹, 周雪琴, 董庆敏, 等. N,N- 二 (4- 甲基苯基)-4-[2-(4- 甲基苯基) 乙烯基] 苯胺的合成及光电导性能研究 [J]. 精细化工, 2003, 20(8): 452–454.

③　张红星, 李祥高, 王世荣, 等. 苯乙烯基三苯胺化合物的高收率合成与光导性能 [J]. 精细化工, 2007(02): 5–7+68.

$N,N-$ 二苯基 $-4-[2-$（ 4- 甲基苯基 ）乙烯基]苯胺和 $N,N-$ 二苯基 $-4-$（ 2-
苯基乙烯基 ）苯胺 4 种空穴传输材料（ Ⅱ ），产品收率分别达到 96.14%、
92.11%、89.14% 和 92.16%。将上述材料作为空穴传输材料，以 Y–TiOPc
为电荷产生材料，制备的有机光导体的 $E_{1/2}$ 数值均在 0.04 ～ 0.051x·s，是
光敏性优异的空穴传输材料。

$$R^2-\!\!\left\langle\bigcirc\right\rangle\!\!-CH_2Cl + P(OC_2H_5)_3 \xrightarrow{\text{回流}} R^2-\!\!\left\langle\bigcirc\right\rangle\!\!-\overset{H_2}{\underset{}{C}}-\overset{O}{\underset{}{P}}(OC_2H_5)_2 + C_2H_5Cl$$

I

美国专利报道了日本 Bruce 等人合成的一系列如下结构的二苯并环
庚烯基、二苯并环庚基取代（ a ）或二苯并氮杂、氧杂、硫杂环己基取代（ b ）
的苯乙烯三苯胺化合物，此类化合物具有优异的电荷传输性能。

a b

Chen 等[1]合成了 XTPS，其分子内部具有较强的空间位阻，是很有前
途的有机电致发光用载流子传输材料和发光材料。

XTPS

① Chen C T ,Chiang C L , Lin Y C , et al. Ortho–substituent effect on fluorescence and electroluminescence of arylamino–substituted coumarin and stilbene.[J]. Organic Letters, 2003, 5(8)：1261.

4.2.2.3　丁二烯类化合物

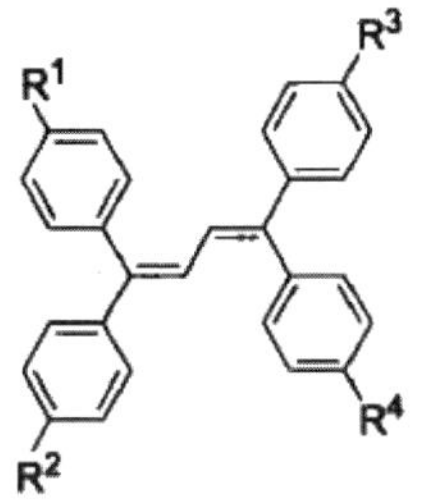

1,1,4,4- 四苯基 -1,3- 丁二烯衍生物是开发较早的一类空穴传输材料,其结构中 $R^1 \sim R^4$ 可以为氢、烷基、二烷基氨基等, $R^1 \sim R^4$ 可以相同,也可以不同。不同 $R^1 \sim R^4$ 对空穴传输性能的影响较大。研究结果表明,当 $R^1 = R^2 = H, R^3 = R^4 = N(C_2H_5)_2$ 时,化合物具有非常良好的空穴传输性能。在常温下,其电子迁移率超过 $10^{-3} cm^2/(V \cdot s)$,而且具有较低的离子化电位,有利于载流子由产生层向传输层的注入,提高载流子的移动度。当 $R^1 \sim R^4$ 为取代苯基时,化合物也表现出良好的空穴传输性能。

1,4- 二(4- 苯基 -1,3- 丁二烯基)苯衍生物,虽然电荷传输性能较好,但在树脂中的溶解性较差。而对其进行修饰改性得到的 1,4- 二(4,4- 二苯基 -1,3- 丁二烯基)苯的衍生物具有较好的溶解度和较高的空穴迁移率,可达到 $3.0 \times 10^{-5} cm^2/(V \cdot s)$,不仅可应用于有机光导体,也可应用于电致发光器件的制备。

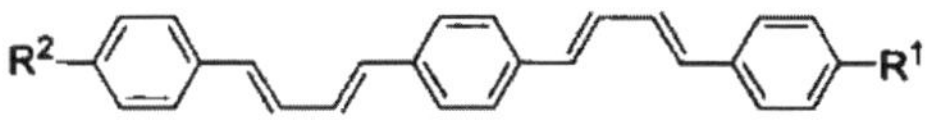

1,4-二(4-苯基-1,3-丁二烯基)苯衍生物

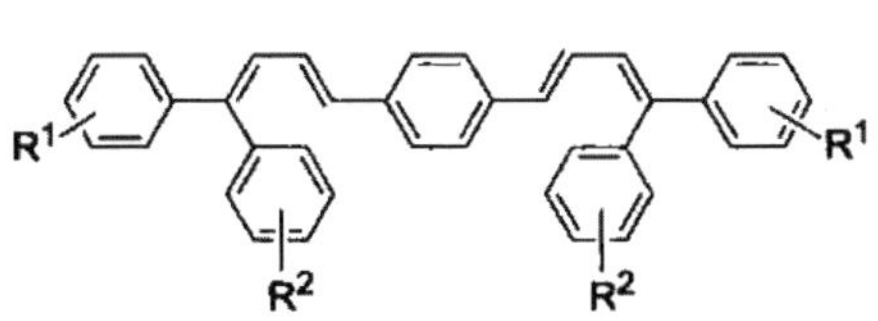

1,4-二(4,4-二苯基-1,3-丁二烯基)苯衍生物

吴安树以 1-(1- 萘基)-1- 苯基 -3- 氯丙烯与双[4-(二乙基氨基)苯基]丙酮反应,开发了一种新型丁二烯空穴传输材料——4,4′-[4-(1- 萘基)-4- 苯基 -1,3- 丁二烯]- 双[N, N- 二乙基苯胺](NPBDB),并对

其分子结构和堆积形态进行了表征(图 4-1 和图 4-2)。

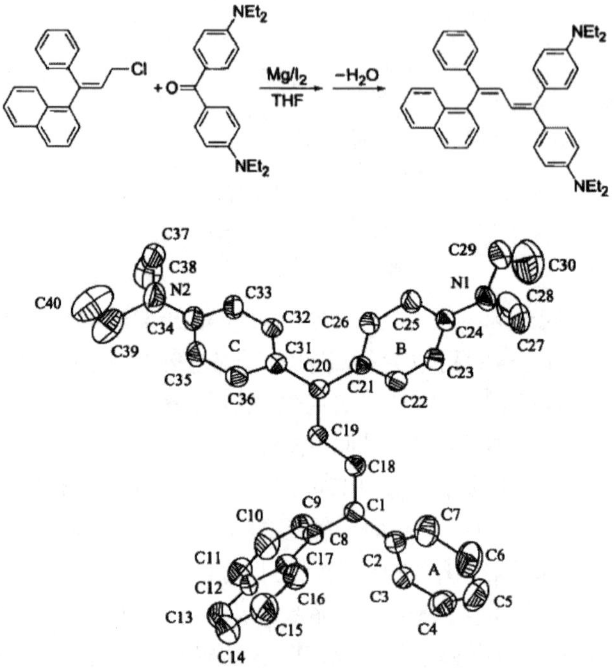

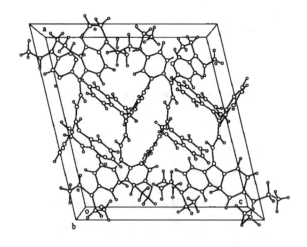

图 4-1 NPBDB 分子结构示意图

图 4-2 NPBDB 分子堆积形态示意图

4.2.2.4　杂环类化合物

杂环类空穴传输材料主要是指分子中含有吡唑啉、咔唑和噁唑等杂环的空穴传输材料,其中应用性能较好的有吡唑啉和咔唑两类化合物。

（1）吡唑啉衍生物。吡唑啉化合物作为空穴传输材料早已广泛地应用于静电复印等领域,它同时也是一种蓝光发光材料,近年来也应用在有机电致发光领域中,代表品种有：

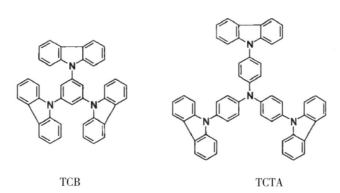

PYR–D1　　　　　　　　　　　　　　PYR–D3

这类化合物具有光导性能良好,荧光量子产率高,而且成膜性好,热稳定性高。但是,它们的熔点和玻璃化温度一般都比较低,化合物成膜后容易重新结晶,导致器件的稳定性降低,限制了它的广泛应用。

（2）咔唑类化合物。咔唑类化合物具有特殊的刚性结构,通过分子的功能化修饰,很容易得到性能优良的空穴传输材料,在有机光导体和电致发光领域都有应用。这类空穴传输材料热稳定性高,例如具有星射形结构的 TCB 和 TCTA 的玻璃化温度分别达到 126℃和 151℃。

TCB　　　　　　　　　　　　　　TCTA

DNIC 是具有吲哚并咔唑母体的新型空穴传输材料,该化合物的刚性结构也使其具有高达 164℃的玻璃化温度。

DNIC

4.2.2.5 三芳胺类化合物

三芳胺类化合物能够在电场作用下形成铵离子自由基,具有良好的空穴传输性能。而且这类化合物的玻璃化温度(T_g)较高,表面稳定性较好,保证了器件性能的长期稳定和使用寿命。目前使用的三芳胺类空穴传输材料主要有三苯胺(TPA)及其衍生物和 $1,1'$ – 联苯 $-4,4'$ – 二胺(BPDA)及其衍生物两种类型化合物。

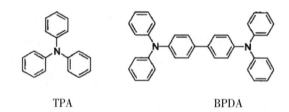

TPA   BPDA

(1)修饰方法。

为了进一步提高三芳胺空穴传输材料的性能,大量研究工作集中在对已有化合物进行修饰。通过引入烷基、卤素、芳基、杂环等取代基或增加稠环结构,可以降低分子的对称性,增加分子的构象异构体数目,从而改善分子的成膜性和薄膜的热稳定性。取代基处于芳环的不同位置,对化合物的空穴迁移能力有很大影响。研究表明,邻位和对位取代的化合物空穴迁移率高于间位取代化合物。不同取代造成迁移率的不同可以用分子空间结构的差异来解释。

①烷基取代修饰。TDATA 是具有星形结构的三芳胺空穴传输材料,在其分子中 N 原子的邻位或对位上引入甲基,增加了分子的空间复杂性,阻止分子在空间上的移动定位结晶,使其取代产物获得了良好的成膜性。

TDATA

o-MTDATA，p-MTDATA

②卤基取代修饰。TDAB 在熔化后迅速冷却仍然很容易形成晶体，而其卤基取代产物 XTDAB 具有良好的成膜性和成膜稳定性。其中 BrTDAB 的 T_g 最高（72℃），ClTDAB 和 FTDAB 的 T_g 分别为 64℃和 54℃。这说明重原子的引入增大了分子的分子量，有利于提高成膜性以及薄膜稳定性。

TDAB　　　　　o-，m-，p-XTDAB（X=F，Cl，Br）

③芳基取代修饰。体积较大的芳环取代基的引入能够有效地提高化合物的热稳定性。例如 p-TTA 的 T_g 为 132℃，而 TBA 的 T_g 只有 76℃。在邻、间、对不同位置取代的产物中，p-TTA 的空穴迁移率最高，为 $8.8 \times 10^{-4} cm^2$/（V·s），其次是 o-TTA，$7.9 \times 10^{-4} cm^2$/（V·s），m-TTA 的空穴迁移率最低，只有 $2.3 \times 10^{-5} cm^2$/（V·s）。

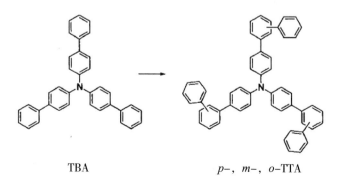

TBA　　　　　p-，m-，o-TTA

④引入稠环结构。稠环取代基具有刚性平面结构，它们的存在有助于提高材料的热稳定性，如 PPD（菲环取代 BPDA）、NPD（萘环取代 BPDA）的 T_g 分别达到 152℃和 98℃。

PPD

⑤引入杂环。1,3,4- 噁二唑类化合物具有很好的耐热性、抗氧化性，是一种良好的电子受体。将它引入空穴传输材料中可增强接受电子的能力，使电子能够很容易进入载流子传输层。王世荣等[①] 设计并合成了集空穴传输基团三苯胺和电子传输基团噁二唑于一体的新型有机空穴传输材料——2,5- 二 {[4-N,N- 二（4- 甲基苯基）氨基] 苯基}-1,3,4- 噁二唑。应用性能研究表明，该种材料具有良好的光导性能。

（2）合成方法。

三芳胺类空穴传输材料的合成主要是芳胺与芳卤化合物的缩合反应，常用的有 Ullmann 缩合法、钯催化法、格氏试剂法和 Suzuki 偶合法等。

① Ullmann 缩合法。这种方法最早是在 1903 年由 FUllmann 报道的二芳胺与芳卤化合物，在缚酸剂碳酸钾和铜催化剂的作用下，于 200℃左右进行的反应。反应通式为：

---

① 王世荣,张利梅,李祥高,等 .2,5- 二 [[4-N,N- 二 (4- 甲基苯基) 氨基] 苯基]-1,3,4- 噁二唑的合成与应用 [J]. 天津大学学报 ,2005(03)：233-237.

其中,R 可为 H、烷基或烷氧基;R^1、R^2 可为 H、烷基、烷氧基或卤素等,R^1、R^2 可以相同,也可以不同;X 可以是 Cl、Br 或 I。这一反应需要在硝基苯、邻二氯苯等高沸点溶剂中进行,反应时间较长,收率受反应物结构影响较大,限制了该法在三芳胺化合物合成中的应用。

Tanaka 小组采用此法合成了一系列具有复杂的非平面结构的三芳胺低聚物,此类物质具有良好的空穴传输能力和较高的玻璃化温度,例如 TPTR 的 T_g 为 95℃, TPTE 的 T_g 为 130℃。为了提高反应的收率,研究者使用了 18- 冠 -6 作为相转移催化剂,以提高非均相反应的效率。

李若华等[①] 合成的新型空穴传输材料 NPN,以萘环为内核,分子具有较高的刚性,并因此获得了良好的热稳定性,T_g 达到 127℃。而且分子结构紧凑,两个氨基更为靠近,减少了陷阱的形成,提高了材料的空穴迁移率。

---

① 李若华, 乔娟, 邱勇, 等. 新型电致发光材料 1,5- 萘二胺衍生物的合成和性质研究 [J]. 影像科学与光化学, 2001, 19(1): 39–42.

（图：NPN 合成反应式）

Yasuhiro 等[①] 以铜为催化剂,以聚乙二醇和它的二甲醚为相转移催化剂,合成了三芳胺二聚体,产率为 32.5% ～ 78%。聚乙二醇及其二甲醚相转移催化剂对强碱稳定,催化效果好,而且比冠醚容易获得。

（图：三芳胺合成反应式）
X=I, Br
R^1, R^2=H, R, OR
Ar=亚苯基, 亚萘基

铜催化剂价廉易得,但催化效果不尽理想。经过研究发现,以铜盐(如 CuCl)为催化剂,1,10- 邻菲啰啉为配体,能够大大加速反应的进行,同时能使反应温度降低至 50 ～ 100℃,在甲苯或二甲苯等溶剂中反应 6h 即可得到较高的收率。[②]

李祥高课题组对这种方法进行了深入研究,并利用该反应合成了 N,N' – 双(3,5- 二甲基苯基)–N,N' – 二苯基 –1,1' – 联苯 –4,4- 二胺[③]、N,N,N',N' – 四(4- 甲基苯基)–(1,1' – 联苯)–4,4' – 二胺(S-100)[④] 和 N,

① Yamasaki Y, Kuroda K. Process for preparing a triarylamine dimer[J]. EP, 2000.

② Maindron T, Wang Y, Dodelet J, et al. Highly electroluminescent devices made with a conveniently synthesized triazole–triphenylamine derivative[J]. Thin Solid Films, 2004, 466(1-2): 209–216.

③ 李楠, 王世荣, 李祥高. 三芳胺类空穴传输材料的合成及光电性能 [J]. 化学工业与工程, 2007, 24(4): 295–298.

④ 吴安树, 李祥高, 王世荣, 等. 空穴传输材料 TTB 的合成及其在有机光导体中的应用 [J]. 功能材料, 2005, 36(5), 708–710.

N' – 二苯基 –N,N' – 二(3– 甲基苯基)–1,1′ – 联苯 –4,4′ – 二胺(m-TPD)[①]
等一系列三芳胺空穴传输材料,产品收率分别为 82.2%、84.6%、93.3%。

有研究者以 1,10- 菲啰啉 / 氯化亚铜作为催化剂,以 4- 溴 –4′ – 碘
联苯为原料,利用碘比溴离去能力强的特点,制备了结构复杂的多芳胺化
合物。

①　薛金强 , 王世荣 , 李祥高,等 . 联苯类三芳胺空穴传输材料的合成及其光电性能研
究 [J]. 功能材料 , 2006, 37(3): 361–363.

此外，Imai[①] 也利用 Ullmann 缩合法合成了具有较高热稳定性和良好光导性的三芳胺空穴传输材料。

②钯催化法。Ullmann 缩合法反应温度高、时间长、产物复杂难分离。为了提高反应的活性，Buchwald 和 Hartwing 报道了以膦钯配合物为催化剂的芳溴或芳碘的胺化反应[②~③]。反应条件温和，收率大大提高，成为合成空穴传输材料的一类新方法。

1998 年，Toshihide[④] 等报道了在邻二甲苯溶剂中以叔丁醇钠为缚酸剂、金属钯（Pd）为催化剂、三叔丁基膦［P（t-Bu）$_3$］为配位体合成三芳胺的方法。芳卤化合物中的 X 可以是 Cl、Br 或 I，反应于 130℃下进行，收率达到 90% 以上。反应方程式如下：

$$\text{(芳卤 X) + HN(二芳基) } \xrightarrow[\text{NaO}t\text{-Bu}]{\text{Pd/P}(t\text{-Bu})_3} \text{ (三芳胺产物)}$$

钯作为催化剂活性较高，但活性温度范围窄，有氧存在时容易造成活性降低甚至失去活性。另外钯类化合物还存在价格昂贵、成本高的缺点，因此工业化生产受到了限制。

③格氏试剂法。Kageyama[⑤] 小组用此方法合成了三（邻三联苯基）胺，该化合物的玻璃化温度为 81℃，且能形成透明的无定形膜。

① Imai K ,Wakimoto T , Shirota Y , et al. Organic electroluminescent device: US, US5487953 A[P]. 1994.

② Wolfe J P , Buchwald S L . Palladium-Catalyzed Amination of Aryl Iodides[J]. J.org.chem, 1996, 61(3): 1133–1135.

③ Wolfe J P , Wagaw S , Buchwald S L .An Improved Catalyst System for Aromatic Carbon-Nitrogen Bond Formation: The Possible Involvement of Bis(Phosphine) Palladium Complexes as Key Intermediates[J]. Journal of the American Chemical Society, 1996, 118(30): 7215–7216.

④ Hong Y , Senanayake C H , Xiang T , et al. Remarkably selective palladium-catalyzed amination process: Rapid assembly of multiamino based structures[J]. Tetrahedron Letters, 1998, 39(20): 3121–3124.

⑤ Hiroshi, Kageyama, and, et al. Negative electric-field dependence of hole drift mobility for a molecular glass of tri(o-terphenyl-4-yl)amine[J]. Chemical Physics Letters, 1997.

④ Suzuki 偶合法。Suzuki 偶合法的实例之一是以联苯为核的药环化合物 FFD 的合成,该化合物的玻璃化温度高达 165℃,具有很好的热稳定性,空穴迁移率也高达 $4.1 \times 1.0^{-3} \mathrm{cm}^2/(\mathrm{V} \cdot \mathrm{s})$。

总之,目前已经开发的空穴传输材料品种很多,好的空穴传输材料应该具有如下特点:①传输速度快,迁移率高;②与电荷产生材料匹配性好,注入效率高;③与树脂的相容性好,不易从树脂中结晶析出;④空穴迁移率对电场的依赖性小,对 Corrin 腐蚀性电流稳定。

4.3 有机电功能材料的应用

4.3.1 聚合物二次电池

电子聚合物具有可逆的电化学氧化还原性能,因而适宜做电极材料,制造可以反复充放电的二次电池。第一个这样的电池是聚乙炔电池,但它稳定性很差,没有实用性。1991年,日本桥石公司推出第一个商品化的聚合物二次电池。它的负极为锂铝合金,正极为聚苯胺,电解质是 $LiBF_4$ 在有机溶剂中的溶液。它是尺寸为 $\phi 20 \times 1.6mm$ 和 $\phi 20 \times 2.5mm$ 的钮扣电池。这一电池的技术特点是:①由于金属锂和聚苯胺的标准电极电位相差较大,它的开路电压在 3.3V 左右,相当于三节镍镉或镍氢电池;②它采用金属锂箔作负极,配以有机电解液,因而是一种新型的锂电池,即聚合物锂电池。

聚合物锂电池的发展,必须克服几个关键的技术障碍:①锂电极在充放电过程中,原子锂和离子锂互相转变,即放电时锂原子失去电子变成锂离子而进入电解液,充电时发生相反的过程,离子锂变成原子锂而沉积在电极表面上。这个过程有两个缺点:一是沉积不均匀,往往形成"枝晶"(Dendrite crystals),枝晶垂直于电极表面生长,有可能穿过电解质层而达到正极,引起短路和燃烧爆炸。二是在反复溶解–沉积中,不断有锂枝晶脱离电极本体而脱落到电解液中,不再发挥电活性物质的作用,使电池的容量下降,降低循环寿命。②导电 PAn 的充放电过程涉及对离子在固体电极中的扩散,因而充放电速率受到限制。在理想情况下,PAn 平均 2 个重复单元携带 1 个电荷单元,因而理论容量约 $146A \cdot h/kg$,与金属锂的理论容量 $3830A \cdot h/kg$ 相比,是很有限的。③液体电解质具有较高的离子电导率,$10^{-3}S/cm$ 或更高,但不能阻止锂枝晶的生长,还带来渗漏、干涸、燃烧、爆炸等问题。

针对以上三个问题,20世纪90年代以来发展了三种相应的电池技术:

①用嵌锂的炭电极代替金属锂电极,电池充放电过程对应锂离子的嵌入和脱出。锂离子本身很稳定。不生成原子锂,也就没有锂枝晶形成,因而从根本上解决了锂电池的安全问题。这类嵌锂炭电极的炭基材,可以是严格的石墨型结构,也可以是有序程度较低的其他结构。这类商品化电极的充放电容量已达到 $300 \sim 400A \cdot h/kg$,文献报道的充放电容量

高达 800~1000A·h/kg。这类电池在 20 世纪 90 年代初商品化的时候，正极材料使用 LiCoO$_2$。它是一种镶嵌结构的复合氧化物，充电时，正极中的 Li$^+$ 脱嵌进入电解液，电解液中的 Li$^+$ 嵌入炭负极；放电时，发生相反的过程，因而人们形象地将它称作"摇椅电池"。现在，这类电池经过几次更新换代，市场占有率已经可以与镍镉或镍氢电池相比。

②在提高聚合物电极的充放电速率和比容量的努力中，聚苯胺（PAn）和聚二巯基噻二唑（PDMcT）复合电极的研究值得注意。聚二巯基噻二唑（PDMcT）作为电极材料，是基于以下氧化还原反应：

因为它的 1 个重复单元得失 2 个电子，理论容量高达 367A·h/kg，是很有吸引力的。但它的充放电过程对应着聚合和解聚反应，聚合物又是绝缘体，所以这个电极反应的动态可逆性较差，表现为氧化聚合峰和还原解聚峰之间的电位相差 1V 左右。在复合电极中，巯基化合物对 PAn 起掺杂作用；PAn 对巯基化合物的聚合与解聚反应有催化作用，也保证在巯基化合物变成聚合物后复合电极还有足够的电导率。

③聚氧乙烯与锂离子形成配位络合物的发现，推动了锂离子聚合物固体电解质（PSE）的研究。在 20 世纪 80 年代，曾将解决锂电池安全问题和不可逆性的希望寄托在 PSE 上，几十种不同结构与性能的 PSE 材料研究成功。但它们的离子扩散速率有限，室温离子电导率一般只达到 10^{-5}S/cm 数量级。解决这个问题的一个办法是采用聚合物凝胶电解质，用液体电解质溶剂增塑聚偏氟乙烯、聚丙烯腈和其他含氟高分子，所形成的凝胶具有固体外观和接近液体电解液的电导率 10^{-3}S/cm，在二次锂电池中已开始获得实际应用。这类电解质材料在导电性和力学性能上的突破，推动了叠层技术的发展，超薄型或异形锂电池开始商品化。在这些电池中，正极、负极活性物质和电解质都制成几十微米厚的薄膜，然后复合压制在一起。沿着这一研究方向，"薄膜电池"的实现可能不是很遥远的事了。

4.3.2　金属防腐和防污

20世纪90年代中期发现聚苯胺和聚吡咯等具有金属防腐蚀功能,在钢铁或铝表面形成均匀致密的聚合物膜,膜下金属得到有效的保护。在系统的腐蚀实验和深入的电化学研究之后,发现导电聚合物的防腐行为有自己的特点,主要表现在:①普适性。在适当条件下,聚苯胺、聚吡咯对各种合金钢和合金铝品种具有防腐蚀能力,本征态和掺杂态聚苯胺都具有这种能力;②除了对氧和水分的隔离作用外,电化学防腐蚀机理起很重要的作用;③由于PAn与金属间的氧化还原反应,在金属表面形成致密透明的氧化物膜,是底层金属获得保护的重要原因。钢铁表面PAn的划痕保护作用,即在涂层上划上1mm宽划痕,露出的金属表面在海水或稀酸中依然受到保护,甚至一块金属板的一部分涂覆PAn后,未涂覆的部分也会受到保护。这些实验现象是形成致密氧化膜的表现,有力地推动人们努力开发导电聚合物防腐涂料。由于纯PAn在金属表面附着力不好,这种涂料要实用化也是很困难的,通常是与已知的涂料聚合物混用,将载体聚合物的黏着力、流平性及与颜料等添加剂的相容性与PAn的防腐性相结合,形成复合防腐涂料。这里值得一提的是长春应用化学研究所开发的两种防腐涂料体系。一是掺杂态PAn与聚氨酯的复合涂料,其中PAn的掺杂剂采用十二烷基苯磺酸;二是本征态PAn与环氧树脂的复合涂料,其中采用脂肪多胺作PAn的溶剂,又作环氧树脂的固化剂,可实现PAn与环氧树脂在分子水平上的混溶。以上两种涂料的综合性能达到国家富锌防腐漆的水平,向PAn防腐涂料的实用化迈出了坚实的一步。

在PAn防腐涂层海上挂片实验过程中,发现PAn具有防污功能,涂有环氧树脂的钢板表面长满了大大小小的海生物,而涂有PAn的钢板表面的海生物却很少。基于这一发现,长春应用化学研究所和有关合作单位已经开发出海上防污涂料,并正在努力提高防污涂层寿命,研究防污机理。这方面理论和技术的突破,对解决舰船和海上设施的海生物附着这一世界性难题,显然会有重要的贡献。

4.3.3　电磁屏蔽和隐身

导电高分子可以在绝缘体、半导体和导体之间变化,在不同条件下呈现各自的性能,因而在电磁屏蔽和隐身中具有实用价值。由于军事应用的可能性,这类研究的实际结果很少公开报道,但可以期望通过下列途径利用导电高分子实现电磁屏蔽和隐身:

①利用掺杂态导电高分子的导电性和半导体性,反射或吸收电磁波。最简单的实例是导电聚吡咯纤维编织的迷彩盖布,可以干扰敌方的电子侦察。

②在电子仪器壳内壁和孔壁上形成导电高分子涂层,并将其导电能力提高到 10^{-1} S/cm 以上,以实现电子仪器壳内外的电磁屏蔽。

③利用导电高分子在掺杂前后导电能力的巨大变化,实现防护层从反射电磁波到透过电磁波的切换,使被保护装置既能摆脱敌方侦察,又不妨碍自身雷达工作。这种可逆智能隐身功能,在迄今发现的各类隐身材料中恐怕是独一无二的。

④导电高分子的电损耗与其他材料的磁损耗相结合,开发复合型电磁隐身材料。

4.3.4　抗静电

高分子材料表面的静电积累和火花放电是引发许多灾难性事故的重要原因。人们开发了许多抗静电技术,其中最常用的是添加抗静电剂,主要有导电炭黑、金属粉、表面活性剂和无机盐。它们具有一定的抗静电效果,但存在用量大、制品颜色深、易逃逸、抗静电性能难持久等缺点。使用无机添加剂,对高分子基体相容性差,常引起力学性能下降。导电高分子的出现,特别是可溶于有机溶剂的聚苯胺和聚吡咯的出现,为"高分子抗静电剂"带来了希望。

导电高分子抗静电剂的使用方法主要有三种。第一种是表面聚合型的,主要用于纤维和织物。将纤维和织物表面浸渍吸附一层吡咯或苯胺单体,然后在酸性条件下氧化聚合,形成表面聚合物层,则会有抗静电效果。对纤维进行表面处理,形成孔状结构,可增加导电聚合物的结合牢度,使用自掺杂 PAn 或较大分子量的掺杂剂,可延长有效抗静电时间。第二种是复合涂料,和前面提到的防腐涂料制造工艺大体相同,但只需要使用 1% 左右的导电聚合物即可,因而 PAn 引起的颜色可以被其他颜料所掩盖,制成浅色或指定颜色的涂料。这类涂料已经用于大型油罐和管道的抗静电。第三种是填充型的,即将导电高分子或它的复合物添加到母体高分子中,与母体高分子一道加工成型。例如掺杂的PAn加入PVC、PMMA、PE、PP、ABS等,或者将掺杂的PAn或PPy先吸附在导电炭黑表面,再加入上述母体高分子中,都可给母体高分子带来抗静电效果。这里的主要困难是如何控制导电高分子在母体高分子中的分散状态。研究结果表明,关键是形成导电高分子本身的导电通道,而不是简单地追求导电高分子与母体高分子的完全相容。事实上,正是利用导电高分子与母体高分子的不相容性形成导电高分子所在相的连续分布,才有可能使导电阀值保持在1%~2%的范围。所以导电高分子填充母体高分子的共混体系的导电渝渗行为有它自身的特点和规律,必须考虑和利用混合物中的相分离效应。这些研究结果反过来推动了炭黑/聚合物抗静电体系的研究,采取某些技术措施,使炭黑集中于共混物中连续的稀相中,可使导电阀值从理论的16%有大幅度下降。

4.3.5 导电高分子电容器

导电高分子成型后,电导率可达到$10 \sim 10^2$S/cm数量级,因而可代替传统的"电解电容器"中的液体或固体电解质,代替传统的"双电层电容器"中的电解质,制成相应导电高分子电容器。这类电容器已经在近年来商品化,因为它们是相应电解电容器的替代品,因而仍被称为"高分子电解电容器",显然名不符实。

导电高分子电容器的原理如图4-3所示。它由三层构成:阳极层是传统电容器的阳极材料,如铝、钽,通常称为"阀金属",它们通过电化学腐蚀(Al)或粉末烧结法(Ta)形成多孔结构;电介质层是阀金属电化学氧化形成的氧化物Al_2O_3和Ta_2O_5,它们的厚度决定电容器的耐压等级,面积决定电容器容量;阴极层就是掺杂的导电高分子,已经商品化的是聚吡咯和聚苯胺。阳极和电介质层采用传统工艺生产,阴极层采用表面吸附聚合和溶液涂覆的方法制备,还可以在化学法形成聚合物膜之后再用电化学聚合法加厚。采用这些单元或组合的工艺,可以形成覆盖率、电导率都很高的阴极层。以上阴、阳极用适当引线(集流体)引出,加上适当的外形设计和成型工艺,就制成商品化的电容器。已经商品化的电容器多为低压等级,额定电压4~25V。相对于传统的电解电容器,导电高分子电容器具有等效串联电阻小、高频特性好、全固体、体积小、耐冲击和耐高温性能好等优点,在现代电器,尤其是手携和高频电器中具有广泛用途。

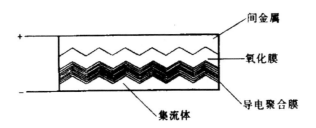

间金属

氧化膜

导电聚合膜

集流体

图 4-3　导电聚合物电容器结构示意图

4.3.6　发光二极管

　　最简单的高分子发光二极管（PLED）的原理如图 4-4（a）所示。它由 ITO 正极、金属负极和高分子发光层组成。从正、负极分别注入正负载流子，它们在电场作用下相向运动，相遇形成激子，发生辐射跃迁而发光。PLED 的发光效率取决于正负极上的注入效率及正负载流子数的匹配程度、载流子的迁移率、载流子被陷阱截获的概率等，这些都与 PLED 的结构和操作条件密切相关。提高发光效率的努力，从器件设计上主要有两个方向：一是由单层结构变成多层结构，如图 4-4（b）所示，即在发光层两侧，各增加一个载流子传输层，它们的作用有三：①与相关电极能级匹配，提高注入效率；②传输相应载流子；③阻挡相反的载流子。采用这种结构，可以确保载流子的复合发生在发光层内或发光层与传输层的界面上，远离电极表面，既改善载流子数的匹配程度，又减少了被电极表面陷阱截获的可能性。这种多层结构设计，弥补了一种高分子材料不能同时与两种电极材料能级相匹配、不能有效传输两种载流子的缺点，使器件效率与单层结构相比，有数量级的提高；另一方面，多层结构在工艺上的复杂性和各层之间的扩散和干扰，也带来了相应的问题。应当指出，在图 4-4 中所画的是三层结构，在实际器件中，如果一种材料同时兼具发光和一种载流子传输功能，相关的两层合二而一，器件则简化为双层结构。第二种努力方向是改变电极材料或进行电极表面修饰，以便减小与相邻有机层之间的注入位垒，提高注入效率。有机 LED 在这方面的经验值得借鉴：用金属酞菁修饰 ITO，可改善正极注入效率；Al 电极表面用 LiF 修饰，可达到 Ca 电极的注入效率。高分子修饰电极的主要报道有：用聚苯胺电极代替或修饰 ITO 电极，可显著改善注入效率；将 PAn 沉积在可翘曲基材上，可制成柔性或可翘曲 PLEDO 在负极方面,用 Ca 电极代替 Al 电极,电子注入效率有大幅度提高; Mg/Ag 合金电极稳定性较好,又有较高的电子注入效率。

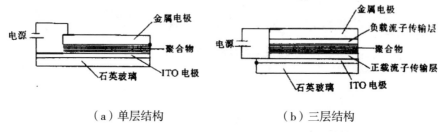

（a）单层结构　　　　　　　　　（b）三层结构

图 4-4　单层和多层结构 PLED 示意图

　　PLED 使用的材料,除了正、负极材料外,还包括发光材料和载流子传输材料。发光材料研究最多的是 PPV 类高分子,包括取代的 PPV、PPV 的共聚物。其中最有名的取代 PPV 是 MEH–PPV,即 2- 甲氧基 –5（2- 乙基）己氧基取代的 PPV,它能够溶解在普通的有机溶剂中,因而可以用旋涂法成膜,比它的母体 PPV 要方便得多。苯环上的烷基取代或烷氧基取代,除了增溶作用外,还有隔离发色团的作用,减少了激基缔合物生成的概率,有利于提高发光效率。CN–PPV,即苯环上双己氧基取代,乙烯上氰基取代的 PPV,发光波长在 710nm（红光）,它与 PPV 组成双层 PLED,发光量子效率高达 4%。除了 PPV 类聚合物外,还研究过取代聚对苯、取代聚吡啶、聚吡啶 – 亚乙烯、聚噻吩 – 亚乙烯、聚吡啶 – 亚乙烯、取代聚乙焕、取代聚芴等品种。连同 PPV 在内,这些聚合物在发光颜色上,覆盖了可见光的各个波段,显示了有机聚合物在发光颜色调节上的灵活性。但在发光效率上,目前仍以 PPV 类聚合物为最佳。但 PPV 类聚合物的发光稳定性尚不能令人满意,主要原因是分子链上的亚乙烯基不够稳定,容易氧化或电化学氧化。基于这种认识,人们对取代聚芴的研究有特别的兴趣,它的基本结构是

$$\left[\!\!\begin{array}{c}\\ \end{array}\!\!\right]_n \quad \underset{\underset{R_1 \quad R_2}{}}{C}$$

不含亚乙烯基,预期有较好的稳定性。适当改变 R_1 和 R_2,可增加聚合物的溶解性,还可引入载流子传输基团。

有机 LED 的研究结果已经表明,1,3,4- 噁二唑和 1,3,4- 三唑结构的化合物具有电子传输和空穴阻挡功能,如 2- 对叔丁苯基 -5- 联苯基噁二唑(PBD)和 1- 苯基 -2- 对叔丁苯基 -5- 联苯基 -1,3,4- 三唑;芳香多胺化合物具有空穴传输与电子阻挡功能,如(N-N′ - 二苯基 -N-N′ - 二间甲苯基)-1,4- 联苯二胺(TPD)。PLED 的载流子传输层,可以是这些小分子在透明高分子中的分散体,也可以是具有相应功能的聚合物。典型的空穴传输高分子有 PPV、聚乙烯基咔唑(PVK)、聚甲基苯基硅烷(PMPS)以及高分子化的芳香多胺。已经合成出多种带噁二唑单元的聚合物,如二苯基噁二唑与全氟丙基、全氟联苯、二苯基乙二酮的共聚物等。高分子化的载流子传输材料不结晶,可自身成膜,比对应的小分子传输材料有更好的耐热性能和稳定性。

采用多层结构可以使发光效率大幅度提高。材料学家同时在朝着另一个方向努力——合成兼具发光和电子、空穴传输功能的聚合物材料。有了这种材料,LED 器件只需要单层或双层结构,免去了多层结构加工的麻烦。已经有一些报道,主要是 PPV 类或其他发光单元与电子、空穴传输单元的共聚,但尚未达到以上目标。这种理想材料的获得,要求化学家在分子设计和分子结构控制及凝聚态结构控制上有新的突破。

在实际器件上常常遇到不同生色团的共聚和共混,在发光颜色和发光效率上往往表现出非常复杂的行为,追究其原因,可归结为两个方面:一是发光基团之间的相互作用和能量传递;二是聚合物的相态。

发色团之间的相互作用,在一般有机荧光中已为人们所熟知,“浓度淬灭”和“激基络合物”(Exciton)是两种常见现象。在高分子条件下,用脂肪链隔开生色基团,可提高发光效率,正是避免或减少了浓度淬灭和激基络合物的生成。但当两种或多种生色团共存时,情况要复杂得多。例如,图 4-5 中,聚合物 B 发蓝光,聚合物 G 发绿光,当两种单体共聚时,在组成范围 $B_{0.7 \sim 0.9}$-$G_{0.3 \sim 0.1}$ 内,虽然 B 单体为主要成分,聚合物却发绿光,且发光效率比纯 G 高出数十倍,这只能归咎为受激发的发色团 B 向基态发色团 G 能量转移,B 起能量转移剂或激活剂的作用,真正发光的是 G 发色团。很多情况下,蓝、绿、红三种生色团共存,却得不到预期的白光,很可能是生色团之间发生能量转移的结果。

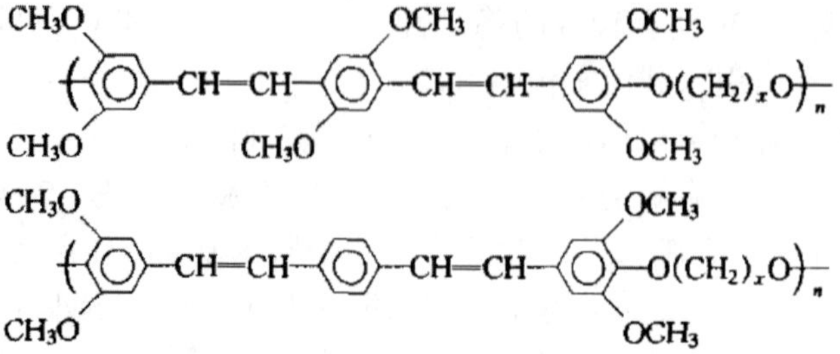

CH₃O 和 OCH₃ 结构图 (B)

CH₃O 和 CH₃O 结构图 (G)

$B_{0.7 \sim 0.9}-G_{0.3 \sim 0.1}$

图 4-5　分子内能量传递举例

另一种相互作用的形式是一种生色团的激发态与另一种生色团的基态形成"激子络合物"（Exciplex）。它与激基络合物一样，都是激发态与基态的"二聚"，但由于涉及两种不同生色团，发光波长大多在两个生色团特征波长之间，有时比长波生色团还要红移，发光峰往往很宽。研究表明，以上"能量转移""激基络合物""激子络合物"，可能发生在同一个分子链上，也可能发生在两个分子链之间，还可能发生在两种不同有机层或有机相的界面上（当然也是分子链间）。

发光层中聚合物的相态是人们尚未足够重视的一个问题。研究表明，三基色发光聚合物混合，发光的颜色随 LED 电极上施加的电压而变化，有时是白色，有时是绿色和红色，有时是其他的颜色。这种"电压调制发光波长"的现象，受电极间距离的影响，其中发光材料微观相区是否贯通两电极起关键作用。所以，这是相态结构发挥作用的有力证据。这里所说的相区和相态，在尺寸上要比通常共混体系小得多，因为一般 LED 的发光层厚度仅 50 ~ 100nm，远小于可见光波长，在可见光尺度上，它们都是透明和均相的，但在发光功能上，它们却是多相的。随着共聚和共混"多功能发光材料"的使用，除了前述不同发光波长的相区外，尚可能有载流子传输的相区，或发光、传输功能兼备的相区，这些相区的分布、相区界面和与电极间界面的情况，将决定 PLED 的最终性能。

4.3.7　发光电化学池

发光电化学池（Light-emitting Electrochemical Cell, LEC）是另一种类型的电子聚合物发光器件，它的基本结构如图 4-6 所示。两个电极之间的导电聚合物与高分子电解质共混,在外电场作用下,靠近正极的导电聚合物发生 p- 型掺杂,变成 p- 型半导体;靠近负极的导电聚合物发生 n- 型掺杂,成为 n- 型半导体;中间有一定宽度的过渡层,外电场所引起的电压降主要施加在绝缘的过渡层上,引起发光。所以,这是一种 p-i-n 结发光。

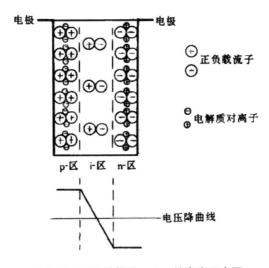

图 4-6　LEC 结构及 p-i-n 结发光示意图

与常规的 PLED 相比, LEC 具有下列特点和优点:①不需要使用 ITO 和活泼金属电极,不要求电极功函数与材料能级的匹配,因而器件制备工艺简单、成本低;②它的有效发光方向与施加的外电场垂直;③启动电压很低,基本上对应于导电聚合物的能隙;④发光效率高;⑤发光行为与电场方向无关,正负偏压都同样发光;⑥器件寿命相对较长。由于这些优点, LEC 引起了广泛的关注和深入的研究,也鼓舞人们继续探索新的发光原理和发光器件。

近年 LEC 的研究,主要在以下三个方面:一是分析和探讨发光的机理及器件各成分的作用,目前 p-i-n 结发光的机理已被普遍接受;二是优化 LEC 的材料和器件结构,不断完善 LEC 器件功能,包括导电和发光聚合物的优选、高分子电解质的优选、器件结构和工艺的优化等;三是克服 LEC 本身固有的一些缺点,主要是施加电场后总有一个掺杂和 p-i-n 结形成的过程,因而发光的响应时间较长,约在秒数量级,外场撤去后, p-i-n 结随之消失,下一次启动时再重新生成。

LEC 的发光材料是电子聚合物与高分子电解质的复合体系。电子聚合物一般是非极性的,高分子电解质一般是强极性的,两者复合,有很复杂的相行为。其中的高分子电解质工作在玻璃化温度(T_g)以上,难免在使用和贮存过程中产生相态结构的变化,改变器件性能。解决以上响应速度慢和相态不稳定问题的一种途径是研制"室温冻结的 LEC",即选用高于室温的高分子电解质,在高温下制成器件,进行极化,形成 p-i-n 结之后冷却到室温,p-i-n 结构被冻结下来,在以后的使用中不需要每次生成,高分子电解质在 T_g 以下工作,弛豫时间很长,器件稳定性相应有所改善。与 PLED 中的"多功能材料"相似,在 LEC 研究中,也有人试图合成兼具导电 / 发光和电解质功能的材料,以消除两者相分离带来的影响。

第 5 章

有机磁功能材料

磁性材料经历了晶态、非晶态、纳米微晶态、纳米微粒与纳米结构材料等发展阶段。传统的磁性材料一般要经过高温冶炼,烧结而成,其密度大,质硬而脆,烧结过程材料的变形程度大,难以制成形状复杂、尺寸精度高的制品,且成品率较低。随着高分子科学的发展,磁功能高分子材料也越来越引起人们的注意。为了克服加工性能上的困难,人们设法把磁粉混炼或填充到合成橡胶和塑料中,制成复合型高分子磁性材料。一般的有机化合物,其组成原子之间以电子对形成共价键,因此不显示磁性(即反磁性)。常见的高分子化合物和磁性材料虽然有很多重要的关系,例如磁带、磁盘、橡胶磁石等,但在这些材料中,高分子化合物只是作为磁性金属的分散基材而被利用。

5.1　有机磁功能材料的性质

本节首先阐述了有机磁功能材料的主要类型,然后重点阐述了几种有机磁功能材料的性质,包括吸波功能复合材料、聚合物基磁性复合材料以及金属有机纳米合金磁性材料。

5.1.1 有机磁功能材料的分类

高分子磁性材料分为复合型与结构型两大类。复合型是指在合成树脂或橡胶等高分子材料中添加铁氧体或稀土类磁体加工成形的一种功能性复合材料,目前已经广泛应用。结构型是指在不添加无机类磁粉的情况下,高分子材料本身就具有强磁性,目前尚处于探索阶段。

5.1.1.1 结构型高分子磁性材料

要使高分子具有磁性,一是分子内要有不成对的电子;二是分子之间要排列着不成对电子。可以通过两条途径:①根据单畴磁体结构,构筑具有大磁矩的高自旋聚合物。②参考 α-Fe、金红石结构的铁氧体,使低自旋高分子的自旋取齐,根据分子设计理论,制得了一些显示磁性的大分子。

（1）铁磁有机高分子材料。

①二炔烃类衍生物的聚合物。这是一类可能形成强磁性的聚合物。例如聚 1,4- 双 2,2,6,6- 四甲基 -4- 羟基 -1- 氧自由基哌啶 - 丁二炔（简称 BIPO）。其单体分子结构具有两个三键和两个具有哌啶环的氮氧自由基。

BIPO 在适当反应条件下通过打开单体中的一个三键进行聚合,聚合后这个三键便成为双链,从而构成聚乙炔主链。另一个三键则存在于侧链,这样在聚合物分子中双键和三键 π 电子布满整个碳链,产生延伸的 π 键系统。因此沿链引入的任何未成对电子都能互相连通,以调整它们的自旋,产生强磁体。在这种情况下,单体中不能显示铁磁性的双自由基在连接成链后,所有的自旋就会重新排列连成一体,形成具有强磁性的聚合物。

②热解聚丙烯腈。在 900～1100℃下热解聚丙烯腈所得黑色粉体中含有结晶相和无定型相,具有中等饱和磁化强度。

③三氨基苯。均三氨基苯与碘反应生成的黑色难熔物具有铁磁性,反应很复杂。碘反应产生的不成对电子使这种化合物很活泼,反应条件偶然的细微变化才使反应向着生成分子自旋方向一致的材料方向移动,但产率只有 2%。材料在高温下也仍具有铁磁性,一直可保持到近 400℃分解为止。

④电荷转移络合物。属于这类化合物的有 2,3,6,7,10,11- 六甲氧基均三联苯（HMT）和 $TCNQF_4$ 生成的电荷转移络合物。具有双阳离子二

线态的 HMT 在 –80℃以上不稳定，但在和 TCNQF4 形成的络合物室温下也是稳定的。[①]

（2）金属有机高分子磁性体。

①聚双 –2,6– 吡啶基辛二腈 – 硫酸亚铁（PPH–FeSO₄）。将 2,6– 吡啶二甲醛的醇溶液和己二胺的醇溶液混合，加热至 70℃左右，就可以发生脱水聚合反应生成聚合物沉淀。将其干燥成为粉状产品，分散于水中，加热到 100℃时加入硫酸亚铁水溶液，即可得到 PPH–FeSO₄ 磁性聚合物。这种 PPH–FeSO₄ 是一种黑色固态磁性聚合物，重量轻，耐热性好，在空气中 300℃不会分解，也不易溶于有机溶剂。它的剩磁小，仅为普通磁铁矿石的 1/500，矫顽力为 795.77A/m（27.3℃）～ 37401.19A/m（266.4℃），是非常好的磁性记录材料。

② 10 甲基二茂铁阳离子和四氰乙烯阴离子对 [Fe（C₅Me₅）₂]⁺[TCNE]⁻ 组成的有机金属盐。在这类盐中，10 甲基二茂铁分子很容易把一个电子转移给四氰乙烯分子，形成一种电荷转移化合物。它在阳离子与 10 甲基二茂铁阳离子和阴离子上部有一个不成对的电子，导致其具有顺磁性和铁磁性。

5.1.1.2　复合型高分子磁性材料

在合成树脂或橡胶中加入铁氧体或稀土类磁粉即可制成复合型高分子磁性材料。包括：铁氧体与橡胶或塑料组成的各向同性或各向异性磁性材料；稀土与热固性树脂（压缩成形）或热塑性树脂（挤压或注射成形）的各向异性磁性材料。

其中，橡胶型所用之材料为天然橡胶、丁腈橡胶、聚丁二烯等，塑料型所用之合成树脂有聚乙烯、聚丙烯、聚氯乙烯、聚酰胺、聚苯硫醚、甲基丙烯酸类树脂等热塑性树脂和环氧树脂、酚醛树脂、三聚氰胺等热固性树脂。

（1）塑料磁体的特点。

塑料磁体是铁磁性粉末与树脂、助剂混合成形而得的，兼有塑料与磁铁的特点，可以借助于普通塑料成形设备及成形方法进行制备，可以制备复杂形状的磁体。烧结磁体硬而脆，塑料磁体与烧结磁体相比质轻、柔韧、富有可挠性。塑料磁体的成形收缩率低，因而具有较高的尺寸稳定性，不必进行二次研磨加工。塑料磁体具有成形工艺简单，能连续批量生产，成

---

① 辛志荣, 韩冬冰. 功能高分子材料概论 [M]. 北京 : 中国石化出版社, 2009.

本低,节约能耗,以及运输方便,再生性好等特点。尽管塑料磁体的磁性不及烧结磁体但由于上述优点,它仍具有广泛的用途。[①]

塑料磁体的主要缺点是:磁性能较烧结磁体差,耐热性差,使用温度低。因此,铁氧体塑料磁体的应用主要是作为一些要求磁性能不太高的小型磁性元件。目前设想使用新的塑料和磁粉来提高性能。

稀土塑料磁体有优异的磁特性,我国是世界上稀土资源最丰富的国家,可为发展稀土塑料磁体提供充足的原料。

塑料磁体由于塑料所占的体积部分不能磁化,磁力差是不可避免的,但由于相关技术的进步,其磁力已能与烧结固体相匹敌,例如金属粉的高填充混炼技术,硅烷和钛酸酯偶联剂之类添加剂的应用,提高了金属微粒和树脂的亲和性,同时提高了流动性,因此金属的填充量可接近90%(质量分数)。

(2)塑料磁体的磁性能。

表5-1列出了各种塑料磁体的磁性能,由表可见,使用稀土类磁粉末比铁氧体粉末的塑料磁体的磁性能更高。

表 5-1　各种塑料磁体的磁性能

类型	种类		剩余磁通密度 $/10^4$B/T	矫顽力 $/10^4$A/m	最大磁面积 $/10^6$T·A/m	密度 $\rho/$ g/cm^3
铁氧体类	橡胶	各向同性	0.14	8	32	3.6
		各向异性	0.23	17.6	1.1	3.5
	塑料	各向同性	0.15	8.8	3.9	3.5
		各向异性	0.26	19.2	13.5	3.5
稀土类	热固性塑料	压缩(1对5型)	0.55	36	56	5.1
		成形(2对17型)	0.89	56	135	7.2
	热塑性塑料	挤出(1对5型)	0.53	5.2	49	6.0
		注射(2对17型)	0.59	33.6	57	5.7

注: 1对5型是$SmCo_5$, 2对17型是Sm_2(Co、Fe、Cu、Co、Ti、Hf)$_{17}$。

① 蓝立文.功能高分子材料[M].西安:西北工业大学出版社,1995.

5.1.2　吸波功能复合材料

吸波材料是指材料可吸收、衰减空间入射的电磁波能量,并减少或消除反射的电磁波。吸波材料特别是微波吸收材料在通信技术、雷达技术、微波暗室、电子器件等多方面有着广泛的用途。

现代隐身技术以吸波材料为主,兼之以合理的结构设计。早期的吸波材料以吸收电磁波为主要目的,经常以涂料的形式涂覆到目标表面,但这种方法会增加目标的质量,并由于涂层的不稳定性而使目标抗环境能力下降,因此逐步向结构内部填充方向发展。这种填充带来了混合工艺上的困难,同时也可能降低结构的强度和抗环境能力。发展集结构与吸波于一体的新型多功能吸波材料成为当前主要的方向之一。[①]

与所有功能复合材料一样,吸波复合材料同样也是由功能体及基体组成的。迄今为止,提出的吸波功能体包括铁氧体、碳粉、碳纤维、碳化硅纤维等。其中铁氧体是一类最主要的吸波功能体,因为铁氧体具有特殊的电、磁特性,而吸波材料正是与电磁特性有着紧密的联系。由吸波功能体组成的吸波复合材料大致有:铁氧体与树脂基体(包括橡胶)组成的复合材料;碳粉与树脂组成的复合材料,有时以碳粉与铁氧体同时存在;碳纤维复合材料及碳化硅纤维复合材料等。

作为吸波复合材料的聚合物基体可以是热固性的树脂,如常用的环氧树脂、不饱和聚酯树脂、酚醛树脂等,也可以是热塑性树脂,如 PPS、尼龙、聚苯乙烯等。

5.1.2.1　吸波功能复合材料的吸波机理

一般认为,复合材料要很好地吸收电磁波,应具备两个基本条件:①当电磁波传播、入射到复合材料表面(表层)时,能最大限度地使电磁波进入到复合材料内部,以减少电磁波的直接反射,这就要求在设计复合材料时,要充分考虑其电匹配特性;②当电磁波一旦进入复合材料内部,并在其中传播时,能够迅速并几乎全部地把它衰减掉,这又要求在制备复合材料时,必须考虑其衰减特性。

(1)关于电匹配特性。

为了使电磁波的能量无反射地被复合材料吸收,要求复合材料的特

---

① 曾黎明.功能复合材料及其应用 [M].北京:化学工业出版社,2007.

性阻抗等于传输线路的特性阻抗。对自由空间中的吸波复合材料平板，其反射系数 Γ 与阻抗间有如下关系

$$\Gamma = \frac{Z - Z_0}{Z + Z_0} \qquad\qquad (5-1)$$

式中，Z 为材料的等效阻抗；Z_0 为特性阻抗，是常用的归一化标准值。

如果复合材料平板的等效阻抗 Z 和 Z_0 匹配，则反射系数 $\Gamma=0$。现在的大多数吸波复合材料都达不到这一条件，即在整个频率范围内难以做到相对介电常数 c 和相对磁导率相等。实际上，人们做的大量研究工作就是如何使材料的表层介质性质尽量接近于空气性质，从而达到复合材料表面反射尽量小的目的。这也是进行电匹配设计的主要原理。通过对宽频带吸波材料的设计，采用几何形状过渡的方法及结构层过渡法，可以获得良好的匹配与吸收，最终使复合材料的输入阻抗与自由空间的波阻抗相匹配，以产生相消干涉。

由于电磁波在多层介质中多次反射和透射，入射波侧某层介质与自由空间界面上的输入波阻抗并不完全由该层材料决定，还与其他各层的电磁波性质、厚度以及反射波侧的情况有关。

（2）关于衰减特性。

吸波复合材料的吸波原理是利用电磁波通过介质时产生不同类型的损耗，使电磁波的能量转变成其他形式的能量而发生衰减。引起电磁损耗衰减的形式有以下几种。

①导电吸波。利用材料的导电性，使电磁波在材料中产生感应电流，在通电时电磁波转变成热能而衰减。而材料的电导率越高，其功率损耗越大，吸波性越好。

②介电吸波。对于介电材料，不仅有导电吸波，而且存在显著的介电吸波。介电吸波分松弛极化损耗和结构损耗两种。对高频弱电场，这两种损耗更为重要。复合材料在电磁波作用下的极化包括电子极化、离子极化、转向极化和界面极化等。极化损耗和导电损耗往往同时存在。因此，高介电常数、高损耗角正切的材料有较好的吸波效果。

结构损耗是由于材料内部结构不同造成的一种损耗，其随频率升高而增大。一般认为结构损耗是由于介质内部缺陷、孔隙对电磁波产生反射干涉造成的。频率越高，这种干涉作用越强、损耗也越大。

③磁化吸波。磁性体在受到高频磁场时，会反复磁化，同样存在着磁化的滞后效应而产生矫顽力（图5-1）。为克服矫顽力，导致了电磁波能量的损耗。显然，矫顽力越大，对电磁波的衰减即吸收性越好。就吸波材料

的吸波原理看,可以分为吸波型和谐振型。不管哪种类型,材料的衰减特性是复合材料的吸波关键。[①]

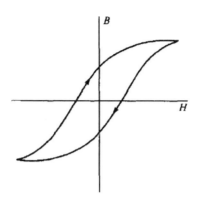

图 5-1　磁化滞后曲线

评价吸波材料的指标是以吸波材料的特性参数–电磁波反射系数 I_s来表示,往往也称为反射衰减,其单位为分贝(dB)。当电磁波入射材料表面时,反射衰减每达 10dB,即为原入射波强降低一个数量级。

5.1.2.2　吸波功能复合材料的分类及组成

（1）根据损耗机理分类。根据损耗机理可分为电损耗型吸波功能复合材料和磁损耗型吸波功能复合材料。

①电损耗型吸波功能复合材料。电损耗型吸波复合材料是在基体中添加电损耗介质而构成的功能复合材料。电损耗介质具有较高的电损耗正切角和介电常数,依靠介质的电子极化、离子极化、分子极化或界面极化等机理吸收、衰减电磁波。电损耗介质一般常用导电性石墨粉、烟墨粉、碳化硅粉、碳化硅纤维、特种碳纤维、碳粒、金属短纤维、钛酸钡陶瓷及各种导电性或半导电性高聚物等。基体材料或黏结剂多用环氧树脂、聚氨酯树脂等热固性树脂或聚酰亚胺、聚酰醚酮等热塑性树脂基体。

②磁损耗型吸波功能复合材料。磁损耗型吸波功能复合材料是在基体中添加磁损耗介质而构成的功能复合材料,磁损耗介质具有高的磁损耗正切角,依靠磁滞损耗、畴壁共振、自然共振损耗、后效损耗、涡流损耗

① 曾黎明 . 功能复合材料及其应用 [M]. 北京：化学工业出版社,2007.

等机制衰减、吸收电磁波。[①] 磁损耗介质以铁氧体为代表,羰基铁粉、超细金属粉或纳米材料是有效的磁损耗介质。

电损耗型吸波功能复合材料对高频电磁波具有较好的吸收能力,磁损耗型吸波功能复合材料对低频电磁波具有较好的吸收能力,因此开发兼具电、磁损耗的吸波功能复合材料是吸波功能复合材料的重要研究方向。

(2)根据结构承载分类。从结构承载的角度,吸波功能复合材料又可分为两类。

①非结构型吸波功能复合材料。最早的非结构型吸波功能复合材料是由电磁吸收介质、黏结剂和填料组成的涂层型吸波材料。涂层型吸波功能复合材料的关键在于选用具有高电磁损耗的吸波介质。

②结构型吸波功能复合材料。结构型吸波功能复合材料是在非结构型吸波功能复合材料的基础上,为克服非结构型吸波功能复合材料的缺点而发展起来的。它具备结构复合材料的质量轻、强度高、刚性好的优点,同时也具有良好的吸波特性,是集承载与吸波于一体的多功能复合材料。结构型吸波功能复合材料一般为高性能纤维增强树脂基复合材料,为了提高其吸波性,往往在基体中混入电磁损耗吸收剂。

5.1.2.3　吸波功能复合材料的特性

(1)吸波功能复合材料的吸波特性。复合材料的吸波特性与材料的电磁参数、雷达散射截面(RCS)及复合材料组分、铺层方式、厚度、改性、工艺参数等有关系。

在增强材料不变时,基体树脂的类型对反射系数有明显影响。通常情况有以下几个方面。

①虽然多官能度环氧树脂的介电常数 ε 和损耗角正切 $\tan\delta$ 高于双官能度环氧树脂,但各类环氧树脂的吸波性能没有显著区别。即使采用橡胶增韧、引入极性基团,对吸波性能影响也很小。

②在环氧树脂、酚醛树脂、聚氨酯树脂、热塑性树脂等多种树脂中,酚醛树脂的吸波性最好,比其他类型树脂的反射衰减高 $2\sim4dB$。

③树脂的分子结构会直接影响材料的电参数。其中以分子极性、极性基团所处位置及物理状态的影响最明显。分子极性大,通常电参数也

---

① 吴瑜,周胜,徐增波.碳纤维集合体材料吸波性能研究进展 [J]. 扬州职业大学学报,2010,14(4):37–41.

大。由于主链上的极性基团取向将伴随主链构象变化,故对电参数影响较小。虽然极性基团位于侧基,但是与主链硬性连接,且处于玻璃态,则电参数也很小。

④树脂基体与功能体是物理结合还是化学结合对材料的电参数及吸波性能有明显影响。通常以物理结合可以取得更好的效果。

⑤由树脂性质而决定的成型工艺也会明显地影响材料的吸波性能。

对于蜂窝结构的复合材料,研究表明:

①在其他条件相同时,玻璃纤维与 Kevlar 纤维两种夹层结构的吸波性接近。

②在单层蜂窝结构中,以含有电磁混合作用的功能体较好。在多层蜂窝结构中,除在 12GHz 频率时的吸波性能较好外,其余均不如电损耗功能体的吸收性。

③功能体的分布以加入泡沫吸收体中效果为好。空白蜂窝芯或蜂窝壁浸渍吸波功能体的蜂窝结构的吸波性比泡沫芯的差。

④蜂窝结构的吸波性随蜂窝泡沫吸收体的层数增加而提高。

（2）涂覆型吸波功能复合材料。

①单层型铁氧体及其复合体的吸波功能复合材料。

众所周知,铁氧体是电子领域广泛应用的磁性材料。铁氧体在很多情况下应用时要求元器件的损耗小,如通信用变压器、天线用磁芯及磁性记录和存贮元件等。但同样铁氧体材料适用于希望有损耗大的元件,如电磁波吸收体和衰减体。表征铁氧体特性的参数有相对磁导率,其实数部分值与电感大小有关,而虚数部分表示损耗部分。如果频率逐渐升高,一般先达到某一最高值,然后在此过程中逐渐减小。若在某一频率时最大,此后频率升高则减小。

构成电磁波吸收体的必要因素是物质的磁导率、物质的电导率和介电常数损耗项,都是很重要的因素。如图 5-2 所示的电波吸收体结构中,如材料有均一厚度,则称为单层型结构。

设入射电磁波频率为 f,材料的相对介电常数为 ε_r、相对磁导率为 μ_r,根据最简单的理论得到归一化波阻抗 Z。

$$Z = \sqrt{\frac{\mu_r}{\varepsilon_r}} th\left(\frac{2\pi f j}{c}\sqrt{\varepsilon_r \mu_r}t\right) \qquad (5-2)$$

式中, c 为真空中的光速; t 为入射平面波的波长; h 为厚度。

当 Z 为 1 时,则无电磁波反射。以上即是单层型电波吸收体原理。

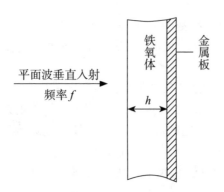

图 5-2 单层型电波吸收体

从一般设计看,当电磁波频率已给定时,希望采用某种方式获得可以应用的材料,并求出材料的厚度。但应用铁氧体的电波吸收体时,式(5-2)中的 μ_r 具有图 5-2 的频率分布是困难的,所以应采用某种方法确定厚度 h 再确定频率 f。在介绍铁氧体吸收体时,要区别烧结铁氧体和橡胶铁氧体复合材料这两种材料。前者是硬质固体型的,不易进行二次加工,后者是烧结的铁氧体粉末与橡胶复合而得的柔性复合材料,常简称橡胶铁氧体。两者间不仅机械特性不同,而且电气特性也不同。橡胶铁氧体复合材料是一种很有价值的吸波材料,很多情况下以涂覆层使用。

按单层吸波体模型(图 5-3),在某个频率 f 和一定的厚度 h 时,阻抗 $Z=1$,则电磁波无反射。此时,f 和 h 分别称为匹配频率(f_m)和匹配厚度(h_m)。

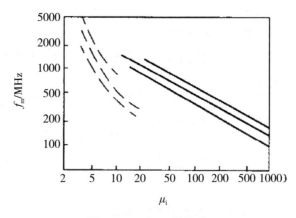

图 5-3 μ_i 和 f_m 的关系

—— 烧结铁氧体; —— 橡胶铁氧体

　　从图 5-3 可知,在低于 500MHz 左右时,可使用 μ_i 较大的烧结铁氧体;在高于 500MHz 时,宜选用橡胶铁氧体复合材料。需要注意的是,铁氧体粉末量不能掺得太多,否则复合材料会失去柔软性,同时这类复合材料也不适用于 f_m 大于 7GHz 左右。如果应该吸收的电磁波频率 f_m 是确定的,则根据图 5-4 可以求出 μ_i,然后制成不等厚度的复合涂覆层,并确定反射系数最小的结构,最后确定 h 值。

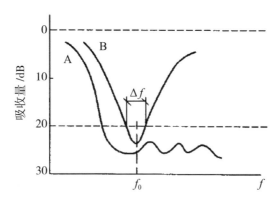

图 5-4　电波吸收体的吸收特征

　　②新型两层型吸波复合材料。

　　由铁氧体、金属短纤维和聚合物基体得到的一种新型两层型复合材料,是雷达和微波通讯的有效的电波吸收体,这种两层结构的复合材料在金属板上可以制成薄形平板结构,其电波吸收频率很宽,吸收频带对于中心频率可得到 40% ~ 50%。这里所指的铁氧体是指含有二价金属的亚铁酸盐的结构总称,它与尖晶石有相同的晶体结构。通常使用的二价金属是 Mn、Zn、Ni、Co 等。所用的铁氧体为粉末料。

　　从电波吸收特性方面考虑,吸波体可分为 A、B 两种类型,如图 5-4 所示。A 型吸波体在某一频率以上具有 20dB 以上的衰减量。铁氧体及其橡胶复合材料对波的吸收属于另一类型(B 型),一般来说,吸收频带很窄,但可以在电视频带 100 ~ 300MHz 下使用。

　　在 1GHz 以上的频率时,能使衰减达 20dB 以上的橡胶复合材料的频带非常窄,如图 5-5 所示。原因是铁氧体的磁导率在 1GHz 附近较高,高于这一频率时,磁性减弱。

　　新型两层型吸波复合材料的结构不同于单层吸波体,其构造及吸波原理见图 5-6 和图 5-7。在结构上由电性能完全不同的"吸收层"和"变换层"所构成。吸收层作为低阻抗谐振器,可很好地吸收、衰减通过变换层的入射电磁波。变换层为 1/4 波长匹配器,进行吸收层之间的阻抗匹配。这两层的结合,即成为宽频带电磁波吸收体。

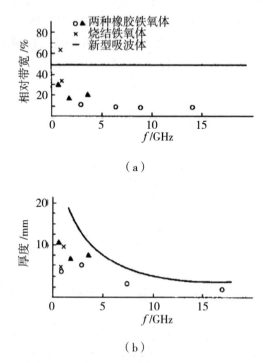

（a）

（b）

图 5-5　薄形吸收体的相对带宽和厚度与频率的关系（衰减 20dB）

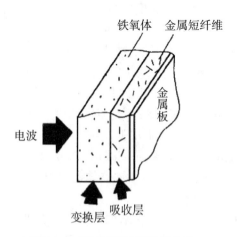

图 5-6　新型两层吸波体的构造

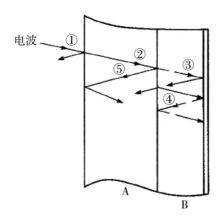

图 5-7　新型两层型吸波原理的模型图

根据模型图 5-7,电磁波由外界入射到吸波体时,在①面(外界与交换层的界面)有一部分反射,其余进入交换层 A,其后达到②面(交换层和吸收层的界面)后,又有一部分反射回来,大半进入吸收层 B,入射波在金属面③全反射到④面,分为入射到 A 内的波和 B 内的反射波。假设在②面向 A 内反射的波和经过 B 在③面向 A 的入射被不能传到①面的外界在 A 内反射,同时通过 B 时电磁波能量被吸收,所以封闭在 A 和 B 内的电波能量逐渐被损耗。实际上,B 变成谐振器构造,在④面向 B 反射的波是主要的,可以有效地吸收电波。当入射波的频率和谐振器频率不同时,由于①点向 A 入射,电波一旦进入 A,就不易出去,结果能量损失在 A 和 B 内,变成宽频带特性的电磁波吸收体。[①]

根据用途的不同,复合材料的组成有所不同。吸收层由平均粒径约为 1nm 的铁氧体和金属短纤维及环氧树脂等组成,质量比可为 7∶3∶2;变换层可以是铁氧体与树脂组成的复合材料。所用基体选择主要根据用途确定,如由电磁波吸收体的强度、软硬度、耐久性、耐候性和耐寒耐热性等来确定,可以有聚苯乙烯树脂、酚醛树脂、丁腈橡胶等橡胶系列、环氧树脂等。可以是直接制备固体吸波复合材料,也可以制成涂料来加以使用。

10GHz 附近的以 PS 为基体的新型吸波复合材料的吸收特性见图 5-8,这些特性和主要材料的吸收特性见表 5-2。

---

① 　曾黎明.功能复合材料及其应用 [M].北京:化学工业出版社,2007.

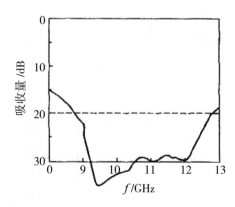

图 5-8　以 PS 为基体的新型吸波体的吸波特性

表 5-2　吸波体特性（中心频率 10GHz 时）

项目	新型吸波体	单层吸波体
使用频率 /GHz	8.7～12.7	9.6～10.1
频带宽 /GHz	4.0	0.5
相对带宽 /%	40	5
吸收量 /dB	20 以上	20 以上
组成	铁氧体、金属纤维、聚合物	铁氧体、聚合物
结构形式	两层型	单层型
质量 /（kg/m）	6.3	4.6
厚度 /mm	4	4
使用温度 /℃	–40～150	–40～150

③橡胶 – 铁氧体 – 碳吸波复合材料。

各种铁氧体对应其固有频率（匹配频率 f_m）的电磁波,只有在固有厚度（匹配厚度 h_m）的情况下才具有无反射特征。而且 h 几乎与材料无关,大致为 8mm 左右。但匹配厚度 L 与铁氧体的磁特性有密切关系,改变这个磁特性是很困难的,为此,这里讨论新型的铁氧体 – 碳 – 橡胶复合体的特性。

对单层吸波平板,当平面波垂直入射时,波阻抗可用真空平面波波阻抗归一化,则铁氧体完成吸波的条件是 $Z=1$。

以匹配频率 f_m 和厚度 h_m 的乘积和相对介电常数为参数,按 $Z=1$ 的条件的复数相对磁导率的计算结果可以用图 5-9 表示出来。因为实际橡胶铁氧体的介电损耗很小,几乎可以忽略,因此假定为 0。吸波体用铁氧体的各个频率可从图中绘出,求出它与铁氧体相对介电常数的交点,该点即为匹配条件(匹配频率、匹配厚度)。

在橡胶铁氧体中,随铁氧体加入量的变化,不仅试件的磁导率变化,对波的吸收特性也在变化,图 5-10 为对应的铁氧体含量与吸波体的厚度变化的关系。在固定频率下,铁氧体为橡胶的 3 倍量时,吸波体的厚度几乎不变。以橡胶铁氧体中加碳量为参数,吸波体的厚度对应的变化见图 5-11。当橡胶与铁氧体的体积比为 1∶3 时,加碳量对于橡胶的体积比由 0 变到 0.7,可见在各频率下,碳的加入量增加时,吸收体厚度减小。在图 5-12 中,频率为 1600MHz 时,采用不加碳的橡胶铁氧体,要求厚度为 8.0mm,而加入橡胶体积的 0.5 倍的碳时,厚度为 5.6mm。厚度的减小意味着吸波体质量的减轻,便于应用。此外,在图 5-12 中还表示,反射功率为 -20dB 以下时,带宽也可达到 100MHz 以上。如果再增加碳量,在此频率附近反射功率就不在 -20dB 以下。实验表明,如果大量加碳,试件的磁特性与原来的橡胶铁氧体有很大的变化,于是不存在匹配点。一般以橡胶∶碳 =1∶0.7 为界限,超过这个界限,反射功率就不在 -20dB 以下。很明确,碳的加入使橡胶铁氧体的介电常数增大,从而使吸波复合材料厚度降低。

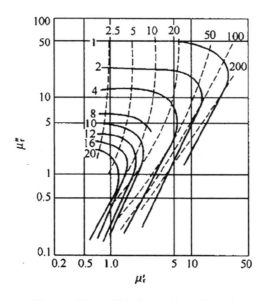

图 5-9　满足匹配条件的 μ_r' 和 μ_r'' 的关系

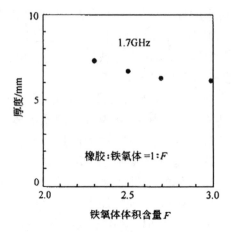

图 5-10　铁氧体体积含量对吸波体厚度的影响

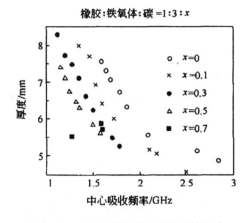

图 5-11　中心吸收频率 f 对厚度的影响

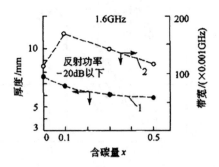

图 5-12　加碳量与吸波体厚度及吸波带宽的关系

1—厚度 – 含碳量；　2—带宽 – 含碳量

（3）结构型吸波功能复合材料。

①以碳化硅纤维为吸波功能体的结构型功能复合材料。以碳化硅纤维为吸波功能复合材料的功能体，所得的材料在强度、耐热性和耐化学腐蚀性方面是极好的，并且能得到满意的宽频带吸收性能。[①] 所采用的碳化硅纤维的电阻率应为 $1 \sim 10^5 \Omega \cdot cm$ 之间，若在 $10 \sim 10^3 \Omega \cdot cm$ 之间则更好。碳化硅纤维的电阻率可以通过改变惰性气体的热处理条件来控制（处理温度及处理时间的控制）。在应用时可将碳化硅纤维制成编织布、网或毡，在不同层中把它平行排列，然后分层再与树脂结合，形成波吸收层。所用的树脂可以是热固性的，也可以是热塑性的。

图 5-13 是两种以碳化硅为功能体的复合材料的吸波特性。其中对波的吸收以波的衰减来表示。波频率在 $8 \sim 16GHz$ 之间时，这种波的衰减至少要比金属板引起的反射高 10dB（金属板反射量的 1/10）。这种吸波体用于军用飞机特别有效。材料 1 是将相对分子质量为 $2000 \sim 20000$ 的硅聚碳硅烷熔融拉丝，再氧化处理后进行烧结得碳化硅纤维。以此纤维制得 $0 \sim 5mm$ 厚、8 层光泽的纺织品，以树脂黏结在金属铝板面。由金属板引起的波衰减称为"固有衰减"，并以此为基准。对 $8 \sim 16GHz$ 频段，其衰减量比固有衰减高 10dB。材料 2 是与材料 1 相同方法拉成丝后，预氧化处理，然后在惰性气氛中 1400℃热处理 10min，所得碳化硅纤维电阻率为 $10^2 \Omega \cdot cm$，拉伸强度为 1200MPa。然后在铝板正面黏结制成纤维体积分数为 60% 的碳化硅 / 环氧树脂纤维复合材料，材料在 $8 \sim 16GHz$ 频段的衰减量比固有衰减至少高 10dB，而且纤维方向的拉伸强度达到 750MPa。

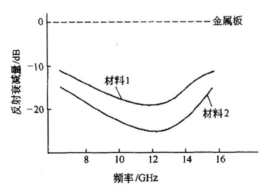

图 5-13　反射衰减的频率特性

① 童慧,胡正飞,张振,等 .SiC 改性及其在铝基复合材料中的应用 [J]. 金属功能材料 ,2015,22(1)：53-60.

②多种纤维－聚合物结构吸波功能复合材料。制作吸波体,为不使电磁波反射,并使之在吸波体内迅速衰减,要在吸波体结构上做到同时满足匹配效果和吸收效果。利用多种纤维与聚合物制得的吸波复合材料就是为了解决吸波特性问题,提高在微波段吸收效果大、吸波频带宽的效果,同时保持高强度的结构。所设计的多种纤维树脂吸波复合材料的结构如图 5-14 所示,在导电基体Ⅰ上,用纤维 1 和树脂 2 组成内层吸波复合材料Ⅱ,由纤维 3 和树脂组成外层吸波复合材料Ⅲ。使用时外层对着电磁波的入射方向。①

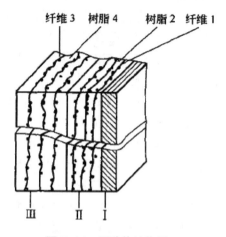

图 5-14　吸波体结构图

在这结构中,导电性金属基体可使通过Ⅱ层、Ⅲ层复合材料的电波反射,再次在Ⅰ层内吸收。外层主要使入射到吸波体的电磁波受到电损耗而被吸收,为此,频率在 10GHz 时,需根据要求调整复数相对介电常数。当相对介电常数不符合要求时,在微波频段不可能在宽频带内获得高的吸收效果。

外层复合材料Ⅲ主要起与空气的匹配作用,使电磁波吸收体的输入阻抗等于 1 或接近于 1,防止波的反射。

要满足第Ⅱ层、第Ⅲ层的复数相对介电常数,不仅要随使用纤维的种类不同而改变,而且随树脂种类不同也要有变化。但主要支配因素是纤

① 付绍云,刘献明,刘鑫,等. 磁性玻璃纤维在隐身技术中的应用前景 [A]. 中国化学会. 中国化学会第二届隐身功能材料学术研讨会论文集 [C]. 中国化学会:中国化学会,2004:9.

维,因此可以选择铝纤维、聚乙烯纤维、聚丙烯纤维、玻璃纤维、氧化铝纤维、氧化铝 – 二氧化硅纤维、氧化锆纤维、500℃以上氧化烧成的碳纤维、1300℃以下烧成的碳化硅纤维来调整相对介电常数的要求。

　　以碳化硅纤维为吸波功能体的结构型功能复合材料的吸波体的结构如图 5–15 所示。内层用聚丙烯脂低温烧成的碳纤维织物,外层用铝纤维织物,基体为环氧树脂,纤维体积分数约为 50%。吸波体的反射衰减量在 –80dB 以下的频带为 8 ～ 12GHz,约有 4GHz 频带宽度,是很宽的频带。内层厚约为 1.5mm,外层厚约为 3mm,用 1mm 厚的铝板为导电性基体。

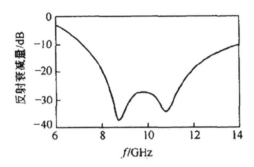

图 5–15　以碳化硅纤维为吸波功能体的结构型功能复合材料的反射衰减频率特性

　　多种纤维 – 聚合物结构吸波功能复合材料的吸波体,其内、外层厚度分别约为 1mm 和 5mm,结构配合及其他方面与以碳化硅纤维为吸波功能体的结构型功能复合材料相同。所得材料的反射衰减频率特性见图 5–16。吸波体的反射衰减在 –20dB 以下的频带宽度约为 0.6GHz,与以碳化硅纤维为吸波功能体的结构型功能复合材料相比,频带范围非常窄。

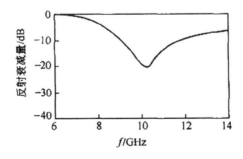

图 5–16　多种纤维 – 聚合物结构吸波功能复合材料的反射衰减频率特性

由此可见,用多种纤维和树脂制得的复合材料的两层结构吸波体在微波段有高的吸波效果,并且吸收频带可以很宽。同时该吸波结构耐候性好,并具有质量轻、强度高的特点。

5.1.2.4 吸波性能的表征与影响因素

(1)吸波性能的表征。

RCS 是针对具体目标而言的,材料吸波性能的表征不是 RCS,而是材料的特性参数——电磁波反射率。根据电磁场理论 Maxwell 方程,如果外界发射来的电磁波的入射率为 P_i,透射到材料上经过衰减后又反射出来的功率为 P_r 则功率反射率为 $R_p = P_r / P_i$,且 $R_p = \Gamma^2$,Γ 为电压反射率。以分贝(dB)为单位的反射率为: $R = 10\log|R_p| = 20\lg|\Gamma|$。

(2)吸波性能的影响因素。吸波复合材料的反射率主要受各组分材料自身的电学性质、几何形状以及结构形式的影响,另外还受入射波的频率、极化方向及入射角度等因素的影响。下面将主要介绍不同组分对吸波性能的影响。

①基体对吸波性能的影响。表 5-3 列出了常用复合材料基体树脂的电性能。从表中可看出,热固性树脂环氧、BMI 和 PI,以及热塑性树脂 PEI、PEEK、PEK 和 PPS 等都具有比较好的介电透射特性。目前,这些树脂基已广泛用于制造吸波复合材料。DOW 化学公司研制的聚异氰酸酯树脂与碳纤维混合后可制得具有优良雷达传输和介电透射特性的高度编织物预浸料,还具有优良的高温性,抗湿度性能比 BMI 高 10 倍。这种树脂的介电损耗随频率和温度而变化,用它制成的吸波复合材料,在很宽的频率范围内都具有优良的吸透波性能。

表 5-3 常用复合材料基体树脂的电性能

基体树脂类型	介电常数(E_1/E_0)	损耗角正切 / 损耗因子($\tan\delta$)
聚酯	2.7～3.2	0.005～0.020
环氧	3.0～3.4	0.010～0.030
聚异氰酸酯	2.7～3.2	0.004～0.010
酚醛	3.1～3.5	0.030～0.037
聚酰亚胺(PI)	2.7～3.2	0.005～0.008
双马来酰亚胺(BMI)	2.8～3.2	0.005～0.007
硅树脂	2.8～2.9	0.002～0.006

续表

基体树脂类型	介电常数（E_1/E_0）	损耗角正切/损耗因子（$\tan\delta$）
聚醚酰亚胺（PEI）	3.1	0.004
聚碳酸酯（PC）	2.5	0.006
聚苯醚（PPO）	2.6	0.0009
聚砜	3.1	0.003
聚醚砜（PES）	3.5	0.003
聚苯硫醚（PPS）	3.0	0.002
聚醚醚酮（PEEK）	3.2	0.003
聚四氟乙烯（PTFE）	2.1	0.0004

注：在 20℃、10GHz 频率下测定的数据。

②纤维对吸波性能的影响。吸波复合材料中常用的纤维有碳纤维、玻璃纤维、石英纤维、芳纶纤维、陶瓷纤维等。采用环氧 648/ 三氟化硼单乙胺树脂体系作基体，用相同的成型和固化工艺，制备了一系列不同厚度的 CFRP、KFRP、GRRP 层板，并测试了其吸波性能，试件参数见表 5-4。

表 5-4　单一纤维复合材料层板结构参数及测试波段

铺层	厚度 /mm	测试波段
K_2	1.26	X
K_4	2.52	X
K_6	3.78	X
K_8	5.04	C、X、Kv
G_2	0.5	X
G_4	1.0	X
G_8	2.0	X
G_{12}	3.0	X
G_{17}	4.25	X
G_{20}	5.0	C、X、Kv
C_2	0.54	C、X、Kv
C_4	1.08	C、X、Kv
C_8	2.16	C、X、Kv
C_{12}	3.24	C、X、Kv

注：角标表示纤维层数。

结果表明，CFRP 复合材料层板表现出良好的电磁波反射性，对电磁波几乎无吸收作用；GFRP 和 KFRP 复合材料层板则有较好的吸透波特性，且在厚度相同的情况下具有相似的特性图线。图 5-17 给出了厚度均为 5mm 的 KF 和 GF 单一复合材料层板在 C、X、Kv 三个波段的反射率（SLL）曲线。

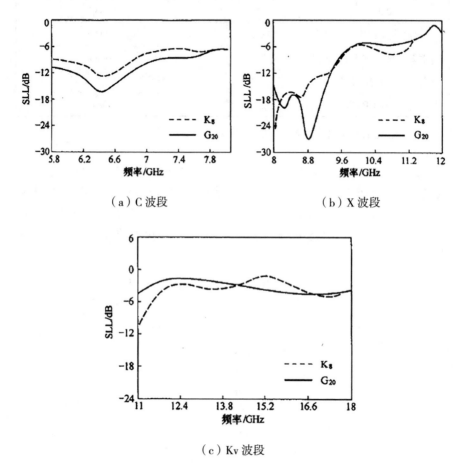

（a）C 波段 （b）X 波段

（c）Kv 波段

图 5-17　K_8 与 G_{20} 的反射率曲线比较

分析认为，以上规律是三种纤维本征电特性的宏观表现。三种纤维织物复合材料的本征电特性见表 5-5。

表 5-5　三种纤维织物复合材料的本征电特性

电参数	GF/ 环氧树脂	KF/ 环氧树脂	CF/ 环氧树脂
ε	4.2～4.7	3.2～3.7	—
$\tan\delta$	0.007～0.014	0.010～0.070	—
$\rho/\Omega \cdot cm$	10^{15}	10^{15}	$10^{-6}～10^{-3}$

注：$\tan\delta$、ε 的数据均在 20℃，10GHz 频率下测定。

由表 5-5 可见，CFRP 具有比 GFRP、KFRP 低得多的体积电阻，接近于导体（电阻率约 $10^{-6}～10^{-3}\Omega \cdot cm$），在电磁场作用下可以形成明显的电 – 磁耦合激励，在材料内形成传导电流，从而建立起较强的电磁波二次辐射，具有与金属相似的强反射特性，使入射的电磁波在材料表面即被反射；GFRP、KFRP 较高的体积电阻率阻止了电 – 磁耦合激励，不能在材料中形成传导电流，电磁波可较好地进入材料内部，它们的吸波能力来自于介质极化，包括界面极化、转向极化、离子极化及电子极化等多种极化方式。如图 5-18 所示，随频率升高，具有更高反应时间的极化将被抑制，通过极化而耗散的电磁波能量随之减少，因此 KFRP、GFRP 的吸波特性随频率升高而降低。

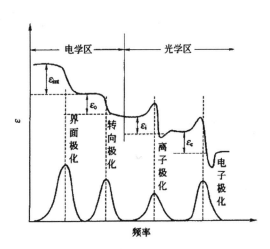

图 5-18　介质材料 ε 随频率变化规律

近几年，先后开发了一系列陶瓷纤维，主要包括 SiC 纤维、Al_2O_3 纤维和 Si_3N_4 纤维等，其中 SiC 纤维是发展得最快的耐高温陶瓷纤维。连续 SiC 纤维不仅具有优良力学特性与耐高温性能，且电阻率可调。有报道指出,当 SiC 纤维的电阻率为 $10 \sim 10^3 \Omega \cdot cm$ 时具有最佳吸波性能。几种碳化硅纤维特性见表 5-6。SiC 纤维表面组成和表面电阻对反射性具有明显影响,表面沉积 C 的 SiC 纤维表现为与 CF 相似的反射效果。

表 5-6　碳化硅纤维特性

性能 纤维种类	拉伸强度 /MPa	拉伸模量 /GPa	电阻率 /$\Omega \cdot cm$
Nicalon（NL-400）	2.8	180	$10^3 \sim 10^5$
Nicalon（NL-500）	3.0	220	$0.005 \sim 0.05$
国产 SiC 纤维	2.0	170 ± 10	$10^3 \sim 10^5$

另外,石英纤维、芳酰胺纤维、高硬度聚乙烯（UHSPE）纤维、UHMWPE 纤维和 PTFE 纤维等都具有很低的介电常数。这几种纤维对电磁波透过率高,而且抗温度性能极好,即使在水中浸泡后,仍能保持优良的介电性能。

对纤维进行表面改性可提高其吸波性能。在玻璃纤维编织物上沉积 Fe 后,从理论上讲,可以降低玻璃纤维的电阻率并在材料中引入磁损耗机制,从而扩展频带、增加损耗。对碳纤维进行改性包括在高性能碳纤维表面镀金属镀层、表面沉积碳以及用卤素化合物处理等方法。

此外,复合材料的吸波性能还取决于纤维在基体中的排布方式和纤维直径及其分布。

综上所述,选择合适的纤维类型、结构、直径及其排布方式可以有效地提高材料的吸波性能。

5.1.2.5　常用吸波复合材料的结构形式与特点

目前设计出的吸波复合材料的主要形式有混杂纤维增强复合材料、多层吸波复合材料和夹芯结构复合材料三种。

（1）混杂纤维增强复合材料。

通过不同纤维最有效吸收频段的相互匹配,得到具有较强吸收能力的宽频段吸波复合材料。如将碳纤维和碳化硅纤维以不同比例,通过人工设计的方法,控制其电阻率,便可制成耐高温、抗氧化,具有优异力学性能和良好吸波性能的碳化硅 - 碳纤维复合纤维。碳化硅 - 碳纤维复合纤维和接枝酰亚胺基团与环氧树脂共聚改性为基体组成的结构材料,具有优异的吸波性能。

（2）多层吸波复合材料。

为扩展材料的吸波频带,提高吸波性能,通常采用多层复合吸波材料。多层复合吸波材料的电磁波吸收率取决于各层材料的磁导率 μ、介电常数 ε、导电率 σ、厚度以及复合层的组合结构。多层复合的组合结构或各层的排列次序对吸收率大小与吸收峰位置均有影响。复合层的表面层尤为重要,应采用 μ、ε 值高且 $\mu \approx \varepsilon$ 的材料,使之尽可能地对电磁波进行衰减;否则若第一层反射很大,后面几层即使衰减能力很强也不可能降低总的反射率。另外,各层的磁导率与介电常数应当尽量接近,否则将增大各交界面上的反射率而使吸收率减小。一般最外层为透波材料;中间层为电磁损耗层,可设计成各种几何形状并可填充吸收剂等;而最内层则由具有反射电磁波性能的材料构成。根据所使用的频段及现有的材料合理选取电磁常数和厚度,并采用多层的最佳组合结构,就可最大限度地降低微波反射率,提高吸波性能。

（3）夹芯结构复合材料。

夹芯结构复合材料是用透波性好、强度高的复合材料作面板和底板,而夹芯结构可以是蜂窝结构、波纹结构或角锥结构。在这些夹芯结构上浸透或涂敷吸收剂或在夹芯结构中填充带有吸收剂的泡沫塑料。一方面蜂窝夹芯结构可以获得最低的介电常数,另一方面可在蜂窝芯材内壁涂抹沉积剂,以增强其吸波能力,亦可填充带有吸波剂的泡沫。隐身飞机的机身和机翼蒙皮通常由碳纤维、玻璃纤维、芳酰胺纤维增强聚合物制成。吸波结构通常使用非金属蜂窝芯。根据需要,在蜂窝网格内充填吸波物质,如磁性微球、空心球、短切纤维等。这样,电磁波首先由具有损耗性能的芯格薄壁部分吸收,剩余的电磁能量经蜂格薄壁多次反射吸收,展宽了吸收频率。

为进一步提高材料的吸波性能,可将上述三种形式结合使用,如混杂纤维增强多层复合材料,混杂纤维增强夹芯结构复合材料或多层夹芯结构复合材料。

5.1.2.6　发展方向与新思路

（1）新的要求。

理想的吸波复合材料应当具有吸收频带宽、吸收能力高、密度低、物理力学性能好、易于成型和不会由于电磁波的入射而影响其化学稳定性等特点,但目前尚未作到这一点。为了获得性能优异的吸波复合材料,世界各国都在致力于开发新型吸波机制、高性能吸收剂、高性能吸波树脂和纤维及发展多功能吸波复合材料等。新型吸波机制主要包括电路模拟吸收机制、等离子体吸收机制、智能材料吸收机制等。吸波复合材料的多功能化主要表现在耐高温、抗烧蚀、智能化、多频谱兼容等。

（2）电路模拟吸波结构复合材料。

含电路屏的电阻渐变结构复合材料，即电路模拟吸波结构复合材料是一种新型而有效的吸波复合材料结构形式。电路模拟吸波结构由栅格单元与间隔层构成，其作用与频率选择表面相似，能反射一个或多个频率，而对其他频率是透明的。栅格单元的有效电阻由材料类型、栅格尺寸、间距、几何形状等决定。[①] 电路屏在吸波复合材料中能引起入射电磁波与反射电磁波的干涉，起到又一反射屏的作用；而且由于电路屏是由导电金属箔或导电纤维制成的周期结构，无论入射的电磁波呈现什么样的极化方式，其对电路屏的作用都相当于施加电压激励，因此能在电路屏上引起谐振电流，当形成自适应极化条件时，在损耗介质中会产生耗散电流，耗散电流在复合材料中逐渐衰减从而产生电磁能的损耗，因而电路屏能使外场的电磁波能量感应成耗散电流能量，而吸波复合材料中的损耗介质则使电流能量转化为热能，从而增加吸波复合材料的吸波性能；同时电路屏的加入能够增大吸波复合材料的表面输入阻抗模，从而提高吸波复合材料的吸波性能。

（3）多频谱吸波复合材料。

现代军事侦察技术，除应用传统的光学和雷达技术外，已迅速发展了红外、厘米波、毫米波等多种先进探测手段。因此，对隐身技术的要求也越来越高，单一频段的隐身技术已远不能满足现代战争需要，未来隐身材料必须具有宽频带特性。我国研究者从各功能层多层复合结构出发，研究了可见近红外层、红外低辐射层和雷达波吸收层之间的相互影响规律、电磁参数的匹配特性及其各材料层的工艺参数控制，从而解决了可见光、近红外、中远红外隐身材料与雷达波吸收材料相互兼容的难题，实现了材料的多频谱综合隐身。

（4）超宽频透明吸波复合材料。

美国信号产品公司（Signature Products Company）开发了一种新型的雷达吸波材料，主要针对工作在 5～200GHz 的雷达。这种吸波材料以高分子聚合物为基体，用氧酸酯晶须和导电高聚物聚苯胺的复合物作吸波体，氧酸酯晶须具有极好的吸收雷达波特性，并极易悬浮于聚合物基体

---

① 邢丽英，蒋诗才，李斌太.含电路模拟结构吸波复合材料[J].复合材料学报,2004(6):27-33.

中。这种吸波材料具有光学透明特性,可以喷涂在飞机座舱盖、精确制导武器和巡航导弹的光学透明窗口上,以减小目标雷达的散射截面。

5.1.3 聚合物基磁性复合材料

20 世纪 70 年代,日本首先研制出以聚合物为基体的磁性复合材料。这种聚合物基磁性复合材料一般由磁性组分材料和聚合物基体复合而成,其主要优点有:①密度小;②材料机械性能优良,具有很好的冲击强度和拉伸强度;③加工性能好,既可制备尺寸准确、收缩率低、壁薄的制品,也可以生产 1kg 以上的大型形状复杂制品,并不需二次加工,但若需要也可以方便地进行二次加工。

聚合物基磁性复合材料主要由磁性功能体(磁粉)、聚合物基体(黏结剂)和加工助剂三大部分组成。强磁粉的性能对复合材料的磁性能影响最大;基体性能的好坏对复合材料的磁性能、力学性能及成型加工性能有很大影响;加工助剂主要用于改善材料的成型加工性能,也有利于提高其磁性能。

5.1.3.1 磁性功能体

磁性功能体又称磁性材料。根据磁功能特性,常用的磁性材料可分为软磁材料和硬磁材料。软磁材料的特点是低矫顽力和高磁导率;硬磁材料则具有高矫顽力和高磁能积。磁性复合材料中的磁性功能体一般为粉状,即称磁粉,主要包括铁氧体和稀土类两类。磁粉性能的好坏是直接影响磁性复合材料性能的关键因素之一。磁粉性能的优劣与其组成、颗粒大小、粒度分布以及制造工艺有关。

铁氧体(ferrite)是以氧化铁和其他铁族或稀土族氧化物为主要成分(如 $BaO \cdot 6Fe_2O_3$ 或 $SrO \cdot 6Fe_2O_3$)的复合氧化物,是一种新型非金属磁性材料,是含铁的磁性陶瓷(magnetic ceramics)。软磁铁氧体是一种容易磁化和退磁的铁氧体,1935 年荷兰人 Snock 首次将其研制成功,以后发展极为迅速。20 世纪 30 年代以后,高磁导率、低损耗、高稳定性、高密度、高饱和磁通密度的软磁铁氧体相继问世,使用铁氧体制作的感应器体积缩小到原来的 1/100 以下,并被广泛地应用于航天、航空、通讯等高科技领域。与稀土类磁粉相比,铁氧体磁粉本身磁性能较差,因此所得的磁性复合材料的磁性能也较差,其最大磁能积仅为 0.5～1.4MGOe,但由于价格低廉,仅为稀土类复合磁粉的 1/60～1/30,而且性能稳定、成型比较容易,所以仍占整个磁粉总量的 90% 左右。

稀土类(RE)磁粉的发展经历了以下几个阶段。

第一阶段为 $SmCo_5$ 类磁粉。这是 20 世纪 60 年代以 $SmCo_5$ 为代表的 1∶5 型 RE-Co 永磁材料,一般由粉末冶金法制取,其复合永磁性能比铁氧体复合永磁优异得多,最大磁能积达到 8.8MGOe,其最大缺点是磁性的热稳定性差,成型中易氧化,其复合永磁长期使用温度低,长期使用性能不稳定。

第二阶段为 Sm_2Co_{17} 类磁粉。即 20 世纪 70 年代为改善第一代稀土复合永磁的热稳定性和提高磁性能,通过对 $SmCo_5$ 掺杂改性发展的以 $Sm(Co、Fe、Cu、Zr)_x$(x=7.0～8.5)为代表的 2∶17 型 RE-Co 系列。其磁性能与热稳定性比第一代优异得多,各向异性 Sm_2Co_{17} 复合永磁的最大磁能积高达 17MGOe,最高长期使用温度可达 100℃。其优异的耐腐蚀性能的主要原因是 Sm_2Co_{17} 磁粉晶粒内部具有畴壁钉扎结构,磁性表面受氧和湿气侵蚀时远不如 $SmCo_5$ 敏感。但 Sm_2Co_{17} 类复合永磁仍存在着价格昂贵的问题,推广应用困难。

第三阶段为稀土类复合永磁。20 世纪 80 年代以不含 Sm、Co 等昂贵稀有金属的 $Nd_2Fe_{14}B$ 为代表的 NdFeB 第三代稀土类复合永磁的出现,很快以其优异的磁性能、低廉的价格备受人们青睐。烧结 NdFeB 永磁的最大磁能积已高达 50MGOe。NdFeB 永磁的问世使稀土类复合永磁的发展速度大大加快,其价格也大幅下降,比杉钴类便宜 1/3～1/2。NdFeB 类复合永磁现已占整个稀土类复合永磁市场的 1/3 左右。由于其价格便宜,性能优异,在推广应用方面有巨大潜力。

第四阶段为复合磁粉。近年来,多元复合黏结磁体的研究开始引起国内外学者的注意,多元复合黏结磁体是指磁体中含有两种以上的不同磁粉;由于黏结 NdFeB 具有较高的性能价格比,因此将其他磁粉与 NdFeB 磁粉混合后制成复合黏结钕铁硼磁体备受关注。复合体系有:快淬 NdFeB 磁粉与铁氧体磁粉的复合,快淬 NdFeB 磁粉与 SmCo 粉的复合,各向同性与各向异性 NdFeB 粉的复合等。复合黏结 NdFeB 有希望在低价位、低温度和磁性能设计系数方面获得突破。利用复合黏结磁体中不同磁粉的温度补偿作用和各向异性磁粉与各向同性磁粉的温度补偿作用,可以有效地降低温度系数。通过成分设计,可以制备出磁能积在 2～12MGOe 范围内连续可调的黏结磁体。

5.1.3.2　磁性材料黏结剂

磁性复合材料的聚合物基体主要起黏接作用,也称磁性材料黏结剂,可分为橡胶类、热固性树脂类和热塑性树脂类三种。橡胶类基体包括天然橡胶与合成橡胶,以后者为主。这类基体主要用于柔磁基体复合材料,特别在耐热、耐寒的条件下用硅橡胶作基体最合适。但与树脂类基体相比,一般橡胶成型加工困难,因此随着磁性复合材料的发展,橡胶在基体中所占的份额有所降低。热固性基体中,由于环氧树脂具有良好的耐腐蚀性能、尺寸稳定性及高强度等特点,所以常被作为磁性复合材料的基体材料。

5.1.3.3　加工助剂

为了改善复合体系的流动性,提高磁粉的取向度和磁粉含量,在成型时通常加入一些如润滑剂、增塑剂与偶联剂等助剂。对于钕铁硼磁性材料,助剂在很多情况下是不可缺少的,特别是偶联剂。NdFeB 粉属亲水的极性物质,而基体如环氧树脂、酚醛树脂属疏水的非极性物质,它们之间缺乏亲和性,它们直接接触后磁粉与基体界面结合不好,力学性能差。为增强它们之间的亲和性,采用偶联剂处理 NdFeB 粉的表面,使它由亲水变为疏水性,从而促进无机物 NdFeB 与有机黏结剂之间的界面结合。同时偶联剂对提高磁功能体的抗氧化能力还可起到一定的作用。

5.1.4　金属有机纳米合金磁性材料

在过去二十年中,金属有机聚合物通过改变其金属中心、侧链基团和连接单元,实现对其分子结构和性质的灵活调控,从而作为功能材料得到广泛应用,如发光材料、光伏响应材料、光限幅材料、大分子催化剂、人工合成酶和应激响应等。最近,利用金属有机聚合物的溶液可加工性,以及其金属中心种类和比例在分子水平可调控等优势,金属有机聚合物作为前驱体被用于合成具有特殊形貌和化学组成的磁性金属或合金纳米粒子,该研究方向引起了科研人员的极大关注。通过该方法合成出来的纳米粒子通常粒径分布较窄且组分比和面密度精确可控。此外,由于金属有机聚合物良好的成膜性能,通过该方法还可以在不同衬底上实现大面积图案化纳米粒子的制备,这对基于金属微纳结构的应用领域来说非常重要。例如,图案化的铁磁相(或 $L1_0$ 相)FePt 合金纳米粒子直接快速制备在信息存储体系中非常关键。通过将铁铂芳炔聚合物的溶液可处理性和纳米压印光刻(nanoimprint lithography, NIL)技术的优势相结合,纳米图案化的铁铂芳炔聚合物可以一步大面积生成。随后,图案化的金属聚合物经高温可控退火处理直接原位形成基于 $L1_0$-FePt 纳米粒子图案化定义的纳米点阵列,使得该方法成为一种制备比特图案化介质(bit patterned media,BPM)和下一代纳米级超高密度磁存储器件的新平台。由于 NIL 技术可以大面积实现 5nm 以下的光刻分辨率,因此含 FePt 聚合物与 NIL 结合起来可以生产出存储密度几倍于当前硬盘技术的比特图案化介质,而不需要借助于一些尖端复杂的设备和技术。

为了克服大多数异核双金属聚合物在溶解度、合成难度等方面的一些局限性问题,可将含 Fe 和含 Pt 单金属聚合物进行物理混合,以所形成的混合体为前驱体,经高温可控分解同样可以一步实现 $L1_0$-FePt 合金纳米粒子的制备。而绝大多数的单金属聚合物在常规有机溶剂中具有良好的溶解度,且合成简便,从而使得该方法在大批量制备特定相图案化金属或合金纳米粒子方面更加现实可行。

另外,大多数金属有机聚合物可直接作为负性光刻胶,通过电子束光刻和紫外光刻制备纳米图案化的磁性金属纳米粒子。同时金属有机嵌段共聚物依次经过自组装和高温可控分解可以大面积低成本地在原位实现几纳米周期的阵列结构制作,在半导体器件、光刻、数据记录、膜等领域具有广阔的应用前景。

5.2　有机磁功能材料的制备

5.2.1　磁性橡胶的制备

根据磁性橡胶的应用需要,选择合适的磁粉类型 / 颗粒尺寸及添加量。磁粉的性能与添加量决定着磁性橡胶的磁性能。在添加量少的情况下,磁粉含量越高,剩余磁感应强度越高,而矫顽力基本不变。磁粉添加量的增加导致磁性橡胶力学性能下降。

橡胶体系采用常规的混炼工艺,即将磁粉作为填料加入生胶,混合并压成胶片后再模压硫化成型。

5.2.2　磁性塑料的制备

塑料磁体的制备与普通塑料制品的制备类似,可以通过注射、挤出、压制和压延等成型方法制成所需形状的制品。

不管用哪种成型方法制备塑料磁体,都需要经过混合、塑炼工序。混合的目的是使树脂、磁粉及助剂等组分所形成的多相不均态转变为多相均态体系的混合料。混合工序可以通过捏合机或高速混合器来完成。为使混合料进一步均匀混合并使其塑化,需要将混合料通过双辊塑炼机混炼,混合料通过两辊间的剪切摩擦力和热的作用,进一步塑化均匀。混炼塑化后的片状料,可直接通过造粒机或破碎机制成颗粒料;也可以将混合后的粉状料直接送入挤出机,通过挤出机螺杆的旋转和机筒外加热,将混合料均匀塑化成熔体挤出成型为粒状料。粒状料可以作为各种塑料成型的原料来使用。[①]

根据制品的形状、要求、用途和现有设备情况,塑料磁体的制备可以通过注射、挤出、压制和压延等成型方法制成所需形状的制品。例如,小型电动机、传感器及行程开关等零部件采用注射成型法生产,冷藏车和电冰箱及冷柜的密封条多用挤出成型法来制备,而板、片状制品多选用压制成型或挤出成型法生产。

通过各种成型方法生产的各向同性塑料磁体磁性能较低,为提高其制品的磁性能,需进行充磁。也就是在塑料磁体成型时,通过使用特殊结构的模具并施加磁场,当混合料处于熔融状态、磁性粒子能够自由转动时,在外磁场作用下,磁性粒子便按磁场方向取向,冷却、固化后即得到磁性能较高的各向异性塑料磁体。

---

① 　孙酣经 . 化工新材料 [M]. 北京:化学工业出版社,2004.

5.2.3 磁性高分子微球的制备

制备磁性高分子微球的方法多种多样,从早期的简单乳化交联法到随后的原位合成法再到常规单体聚合法(乳液聚合、分散聚合等)及活性聚合法(如基团转移聚合等)。磁性微球的核心部位是磁核,也称磁性颗粒,它赋予微球磁功能。当颗粒尺寸介于 $1 \sim 100nm$ 时,便形成表面可修饰且具有超顺磁性的磁性纳米颗粒。对于包含超顺磁性纳米粒子的微球来说,其制备方法从磁粒子和聚合物合成先后的角度可以划分成磁粒子和聚合物组合法、单体聚合法、磁性纳米粒子原位生成法几种类型。

(1)磁粒子和聚合物组合法。

磁粒子和聚合物组合法是指分别制备磁性纳米粒子和聚合物,然后通过以下四种方法来实现两种组分复合的方法,这四种方法分别是:①聚合物长链分子包埋磁性纳米粒子,简称包埋法;②聚合物微球溶胀吸收磁性纳米颗粒;③溶剂挥发法;④磁性纳米粒子在聚合物微球表面层层组装法,简称层层自组法。

(2)单体聚合法。

单体聚合法是在已制备得到的无机磁性纳米粒子和有机单体存在的条件下,根据不同的聚合方式加入引发剂、表面活性剂、稳定剂(包括超分散剂、明胶)等物质聚合得到磁性复合微球。单体聚合法主要包括悬浮聚合、分散聚合、乳液聚合、微乳液聚合及细乳液聚合等方法。采用单体聚合法的优点在于,可以制备核壳型、反核壳型、夹心型、弥散型和中空型共五种磁性聚合物的复合结构,而且近年来人们还利用原子转移自由基的方法(ATRP),成功地制得尺寸在几十纳米左右、以单颗磁性粒子为核的复合微粒。[①]

(3)磁性粒子原位生成法。

该方法是先制备单分散的致密或多孔的聚合物微球,此微球含有可与铁盐形成配位键或离子键的基团,然后采用不同的方法在聚合物微球表面或者内部,实施原位还原,将铁离子变为 FeO 纳米颗粒,从而制备出磁性复合微球。此外,制备磁性聚合物微球还有一些其他的方法,如自由基聚合法、溶剂挥发法、喷雾法、高压静电法和表面印迹技术等。

目前制备磁性聚合物微球的方法越来越趋向以小尺寸、单分散、强磁性及易功能化和生物相容性为目标。

---

① 何领好,王明花.功能高分子材料[M].武汉:华中科技大学出版社,2016.

5.2.4　磁性离子交换树脂

　　磁性离子交换树脂是用聚合物黏稠溶液与极细的磁性材料（如 $\alpha-Fe_2O_3$）混合，在选定的介质中经过机械分散，悬浮交联成为微小的球状磁体。包埋材料若是功能性聚合物，则可得磁性离子交换树脂；如果是惰性的高分子材料，还需要经过化学改性或接枝聚合使之具有离子交换功能。除此之外，也可以用单体或预聚体在磁粉表面聚合成型。

5.2.5　磁性聚合物膜的制备

　　磁性聚合物膜的磁性来源于无机磁性物。制造无机磁性填料－聚合物复合膜的比较成熟的物理方法有真空沉积、离子镀、溅射等方法，化学方法有共混、电镀、化学镀、液相外延等方法，近年来还发展了离子交换－化学沉积、仿生合成、模板合成等方法。

5.2.6　金属有机磁性金属或合金纳米粒子的制备

　　近年来，研究人员尝试利用金属聚合物为模板，通过高温分解或者光解合成金属或合金纳米粒子。人们发现该方法所制得的纳米粒子尺寸分布较窄，组分和面密度精确可控。此外，由于金属聚合物良好的溶液可加工性以及成膜性能，从而实现在不同衬底上制备大面积金属或合金纳米粒子图案化阵列。

5.2.6.1　铁磁相铁铂（$L1_0$-FePt）合金纳米粒子

　　近十年来，FePt 合金纳米粒子由于其独特的晶体结构和磁性质引起了科研人员的广泛关注。通常来讲，FePt 合金纳米粒子具有两种晶相：一是化学高度有序的具有铁磁性质的面心四面体（fct 或 $L1_0$）晶相；二是化学低有序的具有顺磁性质的面心立方（fcc 或 A）晶相。通常 A 相经过热处理后可以转变成 $L1_0$ 相。

L1$_0$铁磁相FePt合金纳米粒子因其高化学稳定性和超高单轴磁晶各向异性值Ku（高达$7 \times 10^7 erg/cm^3$）逐渐成为制备超高密度信息磁存储介质的理想候选材料之一。L1$_0$相FePt合金纳米粒子最常见的合成方法是通过将含Fe化合物和含Pt化合物在高沸点有机溶剂中回流后首先生成A$_1$相（或者fcc相）FePt纳米粒子，然后再将生成的A$_1$相FePt纳米粒子通过后退火热处理转变成L1$_0$相。然而在后退火处理当中，一些不可避免的缺陷如烧结、团聚、尺寸分布过宽等往往会伴随而生。产生这些问题的主要原因可归结于Fe元素和Pt元素位于不同的化合物中，而这些化合物具有不同的起始分解温度。此外，图案化L1$_0$相FePt合金纳米粒子的直接快速制备是实现超高密度信息磁存储体系的关键性技术之一，而现有光刻技术难以将合金纳米粒子直接图案化。

鉴于绝大部分异核双金属聚合物存在合成难度高、溶解性差等缺点，为了克服这个瓶颈问题，可以将含Fe聚合物和含Pt聚合物按照金属原子摩尔比1∶1的比例进行物理混合，再将混合体进行高温可控分解后同样一步生成L1$_0$-FePt合金纳米粒子，其平均粒径为4.9nm，且粒径分布较窄。该方法中虽然Fe元素和Pt元素位于不同的聚合物中，但由于高温分解过程中产生的有机小片段作为负自由基可以将金属离子还原从而形成零价态金属，同时这些有机片段在加热裂解后转变成陶瓷化碳基质可以支撑L1$_0$-FePt合金种子的形成，从而实现一步生成L1$_0$铁磁相FePt合金纳米粒子。一般来说，均核金属聚合物比异核双金属聚合物容易合成且在有机溶剂中普遍具有良好的溶解性。

5.2.6.2 铁钴（FeCo）合金纳米粒子

Manners课题组长期致力于设计合成茂金属番类化合物[如PFS，钴原子簇修饰的PFS（Co-PFS）]和以这些茂金属番类化合物为前驱体制备磁性金属或金属合金陶瓷薄膜方面的研究。例如，他们以聚合物为前驱体，经高温分解后直接生成FeCo合金纳米粒子含量高的陶瓷材料。同时，通过改变分解参数可灵活调控所生成的FeCo纳米粒子的磁性质，即在600℃分解温度下所生成的陶瓷材料为超顺磁性，而在900℃分解温度下所合成的材料为铁磁性且阻挡温度大于355K。

Manners课题组发现利用高度金属化的聚合物作为前驱体，在还原性气氛下（含N$_2$92%，H$_2$8%）高温可控分解可生成含FeCo纳米粒子的磁性陶瓷薄膜。同时，他们还发现分解温度越高，产生的纳米粒子平均粒径越大且粒径分布较宽，而当分解温度高于600℃时，FeCo纳米粒子的磁性由超顺磁性变为铁磁性。

5.2.6.3 铁或钴纳米粒子

PFS 经高温分解后可生成含 α-Fe 纳米粒子的磁性陶瓷且产率很高。如果先对 PFS 前驱体进行纳米图案化,再进行高温可控分解,便可以复制前驱体的纳米图案结构原位直接生成纳米图案化的磁性陶瓷体。Manners 课题组利用一系列聚二茂铁硅烷及其衍生物 [Fe（n^5-C$_5$H$_4$）$_2$（SiRR′）]$_n$（R, R′ = Me, Ph, H）为前驱体,经高温可控分解合成了含 α-Fe 纳米粒子的磁性陶瓷材料,同时这些纳米粒子都是软铁磁性质。其中在 600℃分解温度下合成的 α-Fe 纳米粒子为无定形,而在 1000℃分解温度下生成的 α-Fe 纳米粒子却具有高度结晶性。

2004 年,唐本忠院士等通过将 hb-PY-Co 聚合物高温分解得到了 Co 纳米粒子,这些 Co 纳米粒子具有很强的磁感应性 [饱和磁矩 M_s 达 118emu/g（1emu/g=1A·m^2/kg）] 以及低磁滞损耗(矫顽力 H_c 低至 0.045kOe)。此外,利用 hb-PFP-Co 聚合物为前驱体,在 1000℃下高温分解后可生成同时含 Fe 纳米粒子和 Co 纳米粒子的磁性陶瓷体。同时,他们还发现引入 Co 纳米粒子到陶瓷中可使陶瓷体的磁化率大幅提高,而矫顽力却从 0.35kOe 降到 0.07kOe。

5.2.6.4 其他金属纳米粒子

2011 年,Thomas 与其合作者通过将乙酰丙酮钯或 Pd 纳米粒子掺杂到聚二茂铁乙基甲基硅烷 [poly（errocenylethylmethysilane）, PFEMS] 后,在氩气氛围和 1000℃条件下高温分解后合成了铁磁性 FePd 合金纳米粒子。随着 FePd 合金纳米粒子的形成,该方法所产生的陶瓷体其矫顽力、剩磁强度以及饱和磁化强度均得到提高。

5.3 有机磁功能材料的应用

由于聚合物基磁性复合材料具有成型方便和有复杂精密构形的特

点,目前已大量用于各种门的密封条和搭扣磁块,如铁氧体填充橡胶磁性材料被大量用于制造冷藏车、电冰箱、电冰柜门等的垫圈。用于信息记录的磁记录材料,如磁带软盘,要求较高的剩磁和矫顽力,同时为了使材料满足记录密度高、噪声低及有高强度、柔韧性和表面光滑的要求,必须采用聚合物基永磁性复合材料。一般是用超细粉铁氧体磁粉和聚合物基体复合后再涂覆在聚酯薄膜及基片上制成。

软磁性材料要有低矫顽力和高磁导率,并尽量减少磁导率随频率提高而迅速降低的效应,因此要求软磁性片材厚度低而电阻率高。这正是聚合物基磁性复合材料发挥特长之处。

因为聚合物基复合材料容易压延成强度好的薄片;同时聚合物基体是电绝缘材料,与导电的无机磁性材料复合后能大大提高电阻率。另外由于绝缘的聚合物包裹了磁体颗粒,电涡流损耗大大降低。用这种材料制造低频(或工频)中小型变压器铁芯,不仅效率高,而且温升很低。

此外聚合物基磁性复合材料还用于永磁电动机、微波铁氧体器件、磁性开关、磁浮轴承和真空电子器件等高技术领域和各种磁性玩具等。

用纳米磁性复合材料制成的磁记录材料不仅音质、图像和信噪比较好,而且记录密度比 $\gamma-Fe_2O_3$ 高几十倍,在高密度信息存储、磁制冷等领域有着重要的应用价值。

磁流变体是一种能在调节外界磁场的情况下迅速改变黏度,甚至由液态变为固态的磁性复合材料。利用这种功能,磁流变体可在机械传动以及自动化控制系统中,特别是在机敏和智能系统中用做智能阻尼执行结构的关键材料。目前已经试用于车辆的刹车、传动耦合机构中,它与原有的机械摩擦式刹车和离合器相比,传动效率大大提高,而且操纵平稳、精确。特别是正在实验中的车辆智能阻尼,可以使车辆在崎岖不平的道路上行驶时根据路况自动调节阻尼,使之不发生颠簸。磁性复合材料更广泛的用途正在开发中。[①]

5.3.1 磁性橡胶的应用

磁性橡胶用途相当广泛,随着科技的不断进步,磁性橡胶的应用也呈现日新月异的变化,在密封条、密封圈、电磁屏蔽、减震等领域得到广泛的

---

① 童忠良.新型功能复合材料制备新技术 [M]. 北京:化学工业出版社,2010.

应用,如电冰箱密封条、计算机存储及记忆装置、电磁屏蔽装置、电视音响、教具玩具及医疗器械等。

把磁性粉末材料掺入橡胶和塑料等高聚合物中制成的磁性材料不易碎裂且加工性能好、柔软性好、质量轻、分子结构变化多样,是无机材料无法取代的。

5.3.2　磁性塑料的应用

作为复合型高分子磁性材料——磁性塑料,其在国外已经形成工业化生产能力,国内也在相继开发、研制和生产此类新技术新材料。随着电子工业的扩大和发展,机电产品小型化、轻量化、高精度化已经变成必然趋势,同时小型电动机、钟表等方面的磁应用也正在出现。铁氧体塑料磁体主要用于家用电器和日用品(如电冰箱、冷藏库的密封件),作为磁性元件用于电动机、电子仪器仪表、音响器械及磁疗等领域。稀土类塑料磁体,可应用于小型精密电动机、自动控制所用的步进电动机、通信设备的传感器、微型扬声器耳机、流量计、行程开关及微型电机等领域。[1]

作为磁性塑料今后的发展方向,主要有以下几个方面:①在利用磁体的吸附、弹斥等方面,有磁性轴、磁性指示器和磁铁滚子等;②在旋转机器等方面,有步进电动机、无铁芯电动机和小型发电机等;③在音响设备应用方面,有膜型扩大器、电子蜂鸣器和耳机受话器等;④在磁疗保健方面,有各种磁化杯、梳、缶、鞋和各种日用品、保健品;⑤在其他方面,有磁铁传感器、限制开关和液面极化感应器等。

5.3.3　磁性高分子微球的应用

磁性高分子微球作为新型的磁性高分子复合材料,其独特的性质主要体现在:

①比表面积效应,即表面效应与体积效应,随着微球的细化,其粒径达到微米级甚至纳米级时,比表面积激增,促使微球官能团密度变大,选

---

① 何领好,王明花.功能高分子材料[M].武汉:华中科技大学出版社,2016.

择吸收能力增强,进而缩短吸附平衡的时间,提高其稳定性;②磁效应,当有外加磁场的存在时,该性质使微球易分离,并可定向流动;③生物相容性,微球外层的多糖、蛋白质等安全无毒的高分子材料,可在人体内降解;④表面功能基团,磁性高分子微球具有—OH、—COOH、—SH 等功能基团,可连接免疫蛋白、生物酶等生物活性物质。

5.3.4　磁性离子交换树脂的应用

　　磁性离子交换树脂主要用于水处理领域。溶解性有机物(DOC)是水源水中最为常见的天然有机物,MIEX 树脂对 DOC 的去除能力较强,MIEX 树脂对原水中的 DOC 的去除率约为 40%～70%,比任何形式的单体工艺的去除效果都要好;MIEX 树脂在去除水中的天然有机物的同时,对无机阴离子(Br⁻等)也有一定的去除效果,无机阴离子的去除效果取决于树脂投加量;水中的溶解性有机物是消毒副产物的前体物,MIEX 树脂能降低水中 DOC 的浓度,有效控制消毒副产物的生成;MIEX 树脂对地表水和污水中广泛存在的微量污染物也有一定的去除能力,包括杀虫剂、天然或合成的人工激素及活性药理产品等。

　　MIEX 与混凝剂联用,能够有效地去除浊度和部分有机物;MIEX 树脂与臭氧联用能有效去除原水中的 DOC 和 Br⁻,明显改善出水水质。

5.3.5　磁性聚合物膜的应用

　　磁性塑料薄膜既具有磁记录、磁分离、吸波、缩波等磁特性,又具备质量轻、柔韧性好、加工性能优异等高分子特性,可将其用作高磁记录密度的磁膜、分离膜、电磁屏蔽膜,从而在功能性记忆材、膜分离材料、隐身材料、微波通信材料等多种军用、民用领域得到广泛应用。

　　随着人们对磁性理论和高分子材料研究的深入,将合成出更多的具有实用价值的磁功能高分子材料,这些有机高分子磁功能材料的应用将在航天、航空、军工、信息、超导等领域引发一系列重大的技术革新。

第6章

有机化学功能材料

有机化学功能材料是具有化学反应功能的材料,它是由以高分子链为骨架并连接有具有化学活性的基团构成的,如离子交换树脂、高吸水性树脂等。

6.1　有机化学功能材料的性质

6.1.1　离子交换树脂

离子交换膜化学组成与离子交换树脂几乎是相同的,但形态不同,作用机理不一样,如图6-1所示。离子交换树脂是在树脂上的离子与溶液中的离子进行交换,间歇式操作,需要再生。而离子交换膜则是在电场的作用下对溶液中的离子进行选择性透过,可连续操作,不需再生。

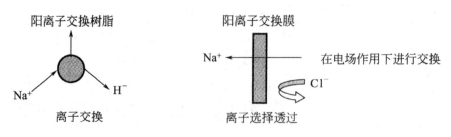

图 6-1　离子交换树脂和离子交换膜的作用机理

6.1.1.1　离子交换树脂的分类

离子交换树脂种类,可按功能基特性、高分子基体的制备原料、物理结构多种方法分类。

（1）按功能基特性。带有酸性基团(即可解离的反离子是 H^- 或金属阳离子)能与阳离子进行交换反应的称作阳离子交换树脂。带有碱性基团(即可解离的反离子是 OH^- 或其他酸根离子)能与阴离子进行交换反应的称作阴离子交换树脂。因此离子交换树脂实际上是不溶的高分子酸、碱或盐。根据解离程度的不同,它们又分为强酸性、弱酸性、强碱性、弱碱性。此外还有一些特种功能基团的特种离子交换树脂(图 6-2)。

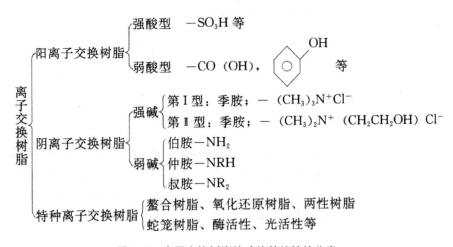

图 6-2　离子交换树脂按功能基特性的分类

①强酸型阳离子交换树脂。这类树脂的大分子骨架上带有硝酸基

（—SO₃H），如以 R 代表高分子骨架，这种树脂可用 R—SO₃H 来表示，它在水溶液中可按 $R-SO_3H \Leftrightarrow R-SO_3^- + H^+$ 式解离。如典型的强酸性苯乙烯系阳离子交换树脂，其酸性与硫酸、盐酸相近，它在碱性、中性甚至酸性溶液中都能解离。

②弱酸型阳离子交换树脂。带有羧酸基（—COOH）、磷酸基（—PO₃H₂）、酚基的离子交换树脂是弱酸性阳离子交换树脂，其中以含羧酸基的树脂用途最广。这些功能基酸性弱，因而只能在中性或碱性溶液中才能解离而显示离子交换功能，如弱酸性丙烯酸系阳离子交换树脂，反应解离式为 $R-COOH \Leftrightarrow R-COO^- + H^+$。

③强碱型阴离子交换树脂。交换基团为季胺基（—NR₃OH），带三甲基氨—（CH₃）₃N⁺Cl⁻ 的称 I 型，带二甲基乙醇基胺—（CH₃）₂N+（CH₂CH₂OH）Cl⁻ 的称 II 型。它在水中的离解反应式为 $R-NR_3'OH \Leftrightarrow R-NR_3' + OH^-$，脂碱性较强，能在酸性、中性甚至碱性溶液中进行离子交换。

④弱碱型阴离子交换树脂。这类树脂的交换基团是伯胺（—NH₂）、仲胺（—NHR'）或叔胺（—NR₂'），解离反应式为 $RNH_2 + H_2O \Leftrightarrow RN^+H_3 + OH^-$，它们在水中解离程度较小。只能在中性及酸性溶液中进行离子交换反应。[1]

⑤特种离子交换树脂。包括螯合树脂、氧化还原树脂、两性树脂、蛇笼树脂、酶活性树脂、光活性树脂、热再生树脂等。

螯合树脂在交联大分子链上带有螯合基团的离子交换树脂，它对特定离子具有特殊的选择能力。其中主要是亚胺羧酸类树脂，它对铜离子的选择吸附性强。其他如胺类树脂对 Ni^{2+} 等金属离子有特殊的选择性，氨基磷酸树脂则对 Ca^{2+}、Mg^{2+} 的选择性很高。此外，各种多胺类弱碱性离子交换树脂也可与铜、锌等许多金属离子络合，也可作为螯合树脂使用。

两性树脂将阳离子交换基团（—SO₃H）和阴离子交换基团（—（CH₃）₃N⁺Cl⁻）连接在同一高分子骨架上，就构成典型的带有强酸性和强碱性基团的两性树脂。两性树脂中最有意思的是"蛇笼树脂"，它是在同一树脂颗粒中包含各带有阴、阳两种离子交换功能的两种聚合物，一种是交联的阴树脂（或阳树脂）为"笼"，另一种是线型的阳树脂（或阴树脂）为"蛇"，其分子结构恰似笼中之蛇而得名，这种树脂的两种交换基团可以互相接近，几乎相互吸引中和。普通的两性树脂是将两种性质相反的阴、阳离子交换功能基于共价键连接在同一高分子骨架上。而这里则是两种不同聚

① 张骥华.功能材料及其应用[M].北京：机械工业出版社，2009.

合物静电相吸及机械缠绕的混合物。在处理盐溶液时,"蛇笼树脂"可以吸附与交换基团相反电荷的离子,使溶液脱盐,使用后只需大量水洗即可恢复交换能力,如图 6-3 所示。

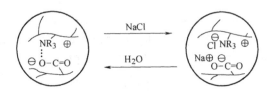

图 6-3　蛇笼树脂的交换与再生

热再生树脂是具有特殊结构的弱酸性和弱碱性离子交换树脂的复合物。它在室温下能交换、吸附 NaCl 等盐类,交换后用热水而无需用酸、碱即可使其再生。

（2）根据基体的制备原料（或聚合反应类型），可分为四类（或两种体系）。

加聚体系:苯乙烯体系树脂、丙烯酸、甲基丙烯酸体系树脂。

缩聚体系:苯酚 – 间苯二胺体系树脂、环氧氯丙烷体系树脂。

（3）按物理结构将离子交换树脂分为凝胶型、大孔型及载体型三类。

①凝胶型离子交换树脂。外观透明的均相高分子凝胶结构的离子交换树脂,这类树脂的球粒内没有毛细孔,离子交换反应是离子透过被交联的大分子链间距离扩散到交换基因附近进行的（图 6-4）。由于大分子链间距离决定于交联程度,因此离子交换树脂合成时交联剂的用量对树脂性能影响很大,这种树脂只能在水中的溶胀状态下使用。

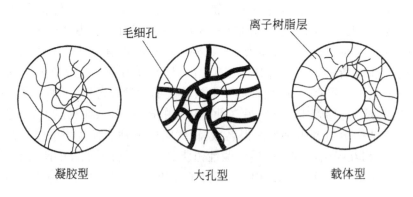

图 6-4　按物理结构分类

②大孔型离子交换树脂。在树脂球粒内部具有毛细孔结构的离子交换树脂,因为毛细孔道的存在,树脂球粒是非均相凝胶结构(图 6-4)。由于这样的孔结构,使其适宜于交换吸附分子尺寸较大的物质及在非水溶液中使用。

③载体型离子交换树脂。这类树脂是将硅胶球或玻璃等非活性材料作为载体核心,在表面覆盖一薄层离子交换树脂构成的(图 6-4)。它能承受较高的压力,因而能作为液相色谱及离子色谱固定相用树脂。

6.1.1.2　离子交换树脂的命名

离子交换树脂的型号由三位数构成,对大孔型树脂,则在型号前再冠以字母"D"。对于凝胶型离子交换树脂,往往还需在三位数字后面用"×"与一个阿拉伯数字相连,表示树脂的交联度。具体编号为:

001—099　　强酸型阳离子交换树脂

100—199　　弱酸型阳离子交换树脂

200—299　　强碱型阴离子交换树脂

300—399　　弱碱型阴离子交换树脂

400—499　　螯合型离子交换树脂

500—599　　两性型离子交换树脂

600—699　　氧化还原型离子交换树脂

编号中第一位数字代表产品分类(表 6-1)。第二位数字代表树脂的骨架组成,表 6-2 列出了骨架组成与第二位数字的关系。第三位数字是树脂的顺序号,通常表示了树脂中特殊官能团、交联剂、致孔剂等的区别。由各生产厂自行掌握和制定。[①]

表 6-1　离子交换树脂产品分类代号

代号	骨架分类编号	代号	骨架分类编号
0	强酸型	4	螯合型
1	弱酸型	5	两性型
2	强碱型	6	氧化还原型
3	弱碱型		

---

① 王国建,刘琳 . 功能高分子材料 [M]. 上海:同济大学出版社,2010.

表 6-2　离子交换树脂骨架分类代号

代号	骨架类型	代号	骨架类型
0	聚苯乙烯系	4	聚乙烯吡啶系
1	聚丙烯酸系	5	脲醛树脂系
2	酚醛树脂系	6	聚氯乙烯系
3	环氧树脂系		

6.1.1.3　离子交换树脂的功能

（1）离子交换。这是离子交换树脂的最基本功能，溶液内离子扩散至树脂表面，再由表面扩散到树脂内功能基所带的可交换离子附近，进行离子交换，之后被交换的离子从树脂内部扩散到表面，再扩散到溶液中。

评价离子交换树脂的性能指标有：交换容量、选择性、交联度、孔度、机械强度和化学稳定性等。交换容量是指一定数量（克或毫升）的离子交换树脂所带的也可以说是储存的可交换离子的数量（一般用毫克当量、克当量表示）。由于离子交换树脂的交换容量常随进行离子交换反应条件的不同而改变，因此常把交换容量又分成总交换容量、工作交换容量和再生交换容量。总交接容量是指单位量（质量或体积）离子交换树脂中能进行离子交换反应的化学基团总数；工作交换量则表示离子交换树脂在一定工作条件下对离子的交换吸附能力，它不仅受树脂结构的影响，还受溶液组成、流速、溶液温度、流出液组成以及再生条件等因素影响；再生交换量是指在指定再生剂用量的条件下的交换容量。[①]

离子交换树脂的选择性是指离子交换树脂对溶液中不同离子亲和力大小的差异，可用选择性系数表征。选择系数受许多因素影响，包括离子交换树脂功能基的性质、树脂交联度的大小、溶液浓度及其组成和温度等。离子交换树脂对不同离子的选择性有一些经验规律，如在室温下稀水溶液中，强酸性阳离子树脂优先吸附多价离子，对同价离子而言，原子序数越大，选择性越高，弱酸性树脂和弱碱性树脂分别对 H^+ 和 OH^- 有最大亲和力等。

离子交换树脂的再生是使用过程中的一个重要步骤。再生条件是评价

---

① 张骥华，施海瑜.功能材料及其应用 [M].北京：机械工业出版社，2017.

离子交换树脂的重要指标,不同类型的树脂应选择不同再生剂进行再生。再生剂种类、再生剂浓度、用量、流速、温度和再生方式都会影响再生效率。[①]

（2）吸附功能。离子交换树脂与溶液接触时,有从溶液中吸附非电解质的功能,这种功能与非离子型吸附剂的吸附行为有些类似。由于树脂结构中的非极性大分子链与醇中烷基的作用力随烷基增长而增大,因此烷基越大的醇吸附越好。

用适当的溶剂使其解吸,无论是凝胶型或大孔型离子交换树脂,还是吸附树脂,均具有很大的比表面积,具有吸附能力。吸附量的大小和吸附的选择性,取决于诸多因素共同作用,其中主要决定于表面的极性和被吸附物质的极性。吸附是分子间作用力,因此是可逆的,可用适当的溶剂或适当的温度使之解吸。

由于离子交换树脂的吸附功能随树脂比表面积的增大而增大,因此大孔型树脂的吸附能力远大于凝胶型树脂。大孔型树脂不仅可以从极性溶剂中吸附弱极性或非极性物质,而且还可以从非极性溶剂中吸附弱极性物质,也可对气体进行选择吸附。

（3）催化作用。离子交换树脂相当于多元酸和多元碱,也可对许多化学反应起催化作用,如阳离子交换树脂可应用于催化配化反应、缩醛化反应、烷基化反应、酯的水解、醇解、酸解等,阴离子交换树脂则对醇醛缩合等反应有催化作用。与低分子酸碱相比,离子交换树脂催化剂具有易于分离、不腐蚀设备、不污染环境、产品纯度高、后处理简单等优点。

（4）脱水功能。离子交换树脂具有很多强极性的交换基团,有很强的亲水性,干燥的离子交换树脂有很强的吸水作用,可作为脱水剂用。好交换树脂的吸水性与交联度、化学基团的性质和数量等有关。交联度增加,吸水性下降,树脂的化学基团极性越强,吸水性越强。[②]

（5）脱色反应。离子交换树脂和大孔型吸附树脂还具有脱色、作载体等功能。色素大多数为阴离子物质或弱极性物质,可用离子交换树脂除去它。特别是大孔型树脂具有很强的脱色作用,可作为优良的脱色剂。如葡萄糖、蔗糖、甜菜糖等的脱色精制,用离子交换树脂效果很好。与活性炭比较,离子交换树脂脱色剂的优点是反复使用周期长以及使用方便。

---

① 张骥华. 功能材料及其应用 [M]. 北京：机械工业出版社,2009.

② 张骥华,施海瑜. 功能材料及其应用 [M]. 北京：机械工业出版社,2017.

6.1.2 高吸水性树脂

20世纪60年代末期,美国首先开发成功高吸水性树脂。这是一种含有强亲水性基团并通常具有一定交联度的高分子材料。问世20多年来,发展极其迅速,应用领域已经渗透到各行各业。

高吸水性树脂是在1968年由美国农业部北方研究中心的范特(Fanta)等人首先开发成功的,目的是用作土壤改良剂。它是淀粉和丙烯腈接枝共聚物的水解产物。而最早将高吸水性树脂商品化的是日本三洋化成公司。我国对高吸水性树脂的研究开发工作始于20世纪80年代初期。经过十几年的研究工作,已经取得了很大的成就。并在林业育苗、农业植保、卫生用品、化妆品、医用材料等方面得到广泛应用。

6.1.2.1 高吸水性树脂的种类

高吸水性树脂种类很多,可以从不同角度进行划分。根据原料来源、亲水基团引入方式、交联方法、产品形状等的不同。高吸水性树脂可有多种分类方法,如表6-3所示。但一般最常见的是按原料组成分类,分为淀粉类、纤维素类及合成树脂类。

表 6-3 高吸水性树脂分类

分类方法	类别
按原料来源分类	(a)淀粉类; (b)纤维素类; (c)合成聚合物类: 聚丙烯酸盐系; 聚乙烯醇系; 聚氧乙烯系等
按亲水基团引入方式分类	(a)亲水单体直接聚合; (b)疏水性单体羧甲基化; (c)疏水性聚合物用亲水单体接枝; (d)腈基、酯基水解
按交联方法分类	(a)用交联剂网状化反应; (b)自身交联网状化反应; (c)辐射交联; (d)在水溶性聚合物中引入疏水基团或结晶结构
按产品形状分类	(a)粉末状; (b)颗粒状; (c)薄片状; (d)纤维状

（1）淀粉类。

①淀粉接枝共聚物。主要有淀粉接枝丙烯腈的水解产物（由美国农业部北方研究中心开发成功）、淀粉接枝丙烯酸、淀粉接枝丙烯酰胺等。这里以淀粉接枝丙烯腈类为例说明其合成原理及制造工艺。

这种树脂的合成多采用自由基型接枝共聚。由于产生自由基的方式不同，接枝原理也有差别。美国科学家们对使用硝酸铈胺和 H_2O_2/Fe^{2+} 等氧化还原引发剂的接枝共聚，对于 Fe^{2+}/H_2O_2 引发体系，能进行以下反应：

$Fe^{2+} + HO - OH \rightarrow Fe^{3+} + \cdot OH + OH^-$; $Fe^{3+} + HO - OH \rightarrow Fe^{2+} + H^+ + \cdot OH$; $Fe^{3+} + \cdot O - OH \rightarrow Fe^{2+} + O_2 + H^+$ ，产生的 $\cdot OH$ 和 $\cdot O—OH$ 自由基能夺取淀粉上的 H，使淀粉引发成初级自由基，然后再引发单体丙烯腈成为淀粉 – 丙烯腈自由基，继续与丙烯腈进行链增长聚合，最后发生链终止。Ce^{4+} 作引发剂的原理是 Ce^{4+} 与淀粉配位，使淀粉链上葡萄糖环 2、3 位置上两个碳原子之一被氧化，碳键断裂，未被氧化的羟基碳原子上产生初级自由基，再引发丙烯腈单体进行聚合。

②淀粉羧甲基化产物。将淀粉在环氧氯丙烷中预先交联，将交联物羧甲基化，得到高吸水性树脂。淀粉改性的高吸水性树脂的优点是原料来源丰富，吸水倍率较高（通常在千倍以上）。缺点是吸水后凝胶强度低，长期保水性差，在使用中易受细菌等微生物分解而失去吸水、保水作用。

（2）纤维素类。纤维素改性高吸水性树脂有两种形式。一种是纤维素与一氯醋酸反应引入羧甲基后用交联剂交联或再经加热进行不溶化处理而成，另一种为纤维素与亲水性单体接枝共聚产物。

纤维素类高吸水性树脂的吸水能力比淀粉类树脂低，同时亦存在易受细菌分解失去吸水、保水能力的缺点。但在一些特殊用途方面，如制作高吸水性织物等，是淀粉类树脂所不能取代的。制作高吸水性织物，用纤维素类树脂与合成纤维混纺以改善其吸水性。

由天然产物改性的高吸水性树脂除了上述淀粉类和纤维素外，还有由海藻酸钠、明胶等交联的产物，均已获得应用性的成果。

（3）合成树脂类。合成的高吸水性树脂原则上可由任何水溶性高分子经适度交联而得，主要有以下几种类型。

①聚丙烯酸盐类。由丙烯酸或其盐类与具有二官能度的单体共聚而成，通过溶液聚合和悬浮聚合制成。这类产品吸水倍率较高，达 400 倍以上，在高吸水状态下仍具有很高的强度，对光和热有较好的稳定性，并具有优良的保水性。

②聚丙烯腈水解物。将聚丙烯腈用碱性化合物水解，再经交联剂交联，即得高吸水性树脂。由于氰基的水解不易彻底，产品中亲水基团含量

较低,故这类产品的吸水倍率不太高,在500～1000倍左右。

③醋酸乙烯酯共聚物。将醋酸乙烯酯与丙烯酸甲酯进行共聚、产物用碱水解后得到乙烯醇与丙烯酸盐的共聚物,不加交联剂即可成为不溶于水的高吸水性树脂。这类树脂在吸水后有较高的机械强度,适用范围广。

④改性聚乙烯醇。用聚乙烯醇与酸酐反应制备改性聚乙烯醇高吸水性树脂。其将顺酐溶解在有机溶剂中,然后加入聚乙烯醇粉末进行非均相反应,使聚乙烯醇上的部分羟基酯化并引入羧基,然后用碱处理得到。这类产品的吸水倍率为150～400倍,初期吸水速度较快,耐热性和保水性都较好,适用面较广。

⑤非离子型合成树脂。以羟基、醚基、酰胺基为亲水基的非离子型高吸水性树脂,如聚环氧乙烷系、聚乙烯醇水溶液辐射交联产物等。这类树脂吸水能力较小(为自重的几十倍),但耐盐性强,通常不作为吸水材料用,而是作为水凝胶用于人造晶体和酶的固化等方面。[①]

6.1.2.2　高吸水性树脂的基本特性

从前面讨论不难看出,影响高吸水性树脂特性的主要因素有树脂的化学组成、链段结构、交联程度以及外部环境条件等。下面对高吸水性树脂的基本特性作一简单分析。

(1)高吸水性。作为高吸水性树脂,高的吸水能力是其最重要的特征之一。考察和表征高吸水性树脂吸水性的指标通常有两个:一是吸水率。二是吸水速度。

①吸水率。吸水率是表征树脂吸水性的最常用指标。物理意义为每克树脂吸收的水重量。

②吸水速度。在树脂的化学组成、交联度等因素都确定之后。高吸水性树脂的吸水速度主要受其形状所影响。一般来说,树脂的表面积越大,吸水速度也越快。为了提高树脂的吸水速率,可将其制成薄膜状、多孔状、鳞片状或较粗大的颗粒状。

(2)加压保水性。高吸水性树脂的吸水能力是由化学作用和物理作用共同贡献的。即利用分子中大量的羧基、羟基和羧酸氧基团与水分子之间的强烈范得华力吸收水分子,并由网状结构的橡胶弹性作用将水分子牢固地束缚在网格中。

(3)吸氨性。高吸水性树脂一般为含羧酸基的阴离子高分子,为提高吸

---

① 马如璋.功能材料学概论[M].北京:冶金工业出版社,1999.

水能力,必须进行皂化,使大部分发酸基团转变为羧酸盐基团。但通常树脂的水解度仅 70% 左右,另有 30% 左右的羧酸基团保留下来,使树脂呈现一定的弱酸性。这种弱酸性使得它们对氨那样的碱性物质有强烈的吸收作用。

(4)增稠性。许多水溶性高分子,如聚氧乙烯、发甲基纤维素、聚丙烯酸钠等,均可作为水性体系的增稠剂使用。高吸水性树脂吸水后体积可迅速膨胀至原来的几百倍到几千倍,因此增稠效果远远高于上述增稠剂。[①]

6.2　有机化学功能材料的制备

6.2.1　离子交换树脂的制备

6.2.1.1　凝胶型离子交换树脂的制备

凝胶型离子交换树脂的制备过程主要包括两大部分:合成一种三维网状结构的大分子和连接上离子交换基团。合成方法可视具体情况采用连锁聚合法或逐步聚合法。在目前的实际生产中,较大量采用的是聚苯乙烯系骨架。

(1)强酸型阳离子交换树脂的制备。强酸型阳离子交换树脂绝大多数为聚苯乙烯系骨架,通常采用悬浮囊合法合成树脂,然后磺化接上交换基团。聚苯乙烯系骨架的合成见图 6-5。

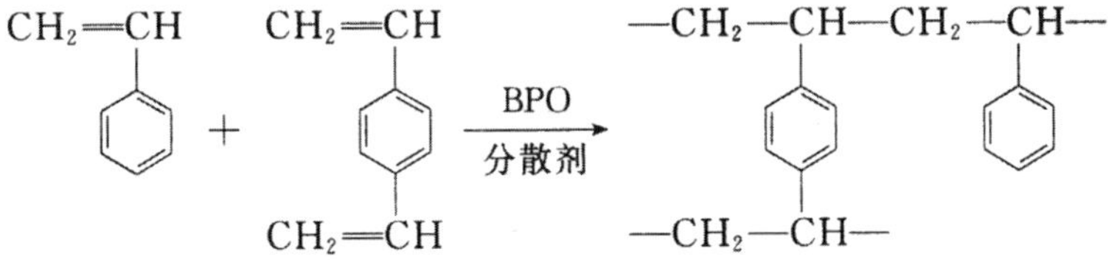

图 6-5　聚苯乙烯骨架的合成

---

① 王国建,刘琳. 特种与功能高分子材料 [M]. 北京:中国石化出版社,2004.

（2）弱酸型阳离子交换树脂的制备。弱酸型用离子交换树脂大多为聚丙烯酸系骨架，因此可用带有功能基的单体直接聚合而成。图6-6为聚丙烯酸系骨架的合成。其中，—COOH即为交换基团。

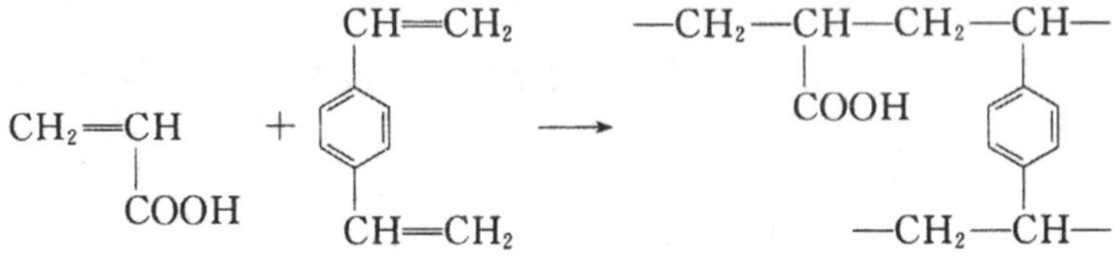

图 6-6　聚丙烯酸系骨架的合成

由于丙烯酸或甲基丙烯酸的水溶性较大，聚合不易进行，故常采用其酯类单体进行聚合后再进行水解的方法来制备。

用这种方法制备的树脂，酸性比用丙烯酸直接聚合所得的树脂弱，交换容量也较小。此外，用顺丁烯二酸酐、丙烯腈等与二乙烯基苯共聚，也可制备类似的离子交换树脂。

（3）强碱型阴离子交换树脂的制备。强碱型阴离子交换树脂主要以季胺基作为离子交换基团，以聚苯乙烯作骨架。制备方法是：将聚苯乙烯系白球进行氯甲基化。然后利用苯环对位上的氯甲基的活泼氯，定量地与各种胶进行胺基化反应。

苯环可在路易氏酸如 $ZnCl_2$、$AlCl_3$、$SnCl_4$ 等催化下，与氯甲醚氯甲基化。反应方程式见图6-7。

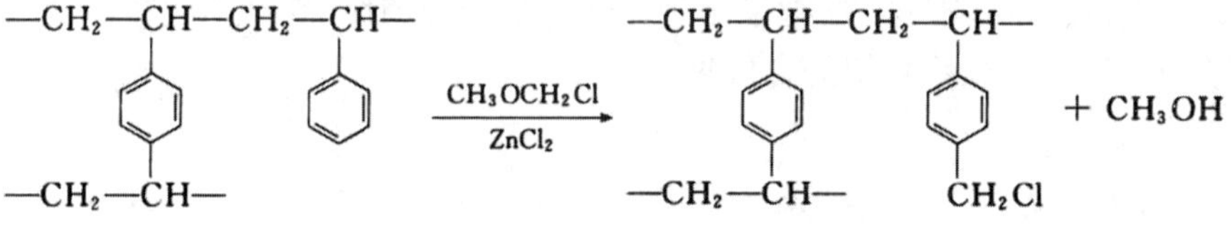

图 6-7　聚苯乙烯的氯甲基化反应

所得的中间产品通常称为"氯球"。用氯球可十分容易地进行胺基化反应，见图6-8。

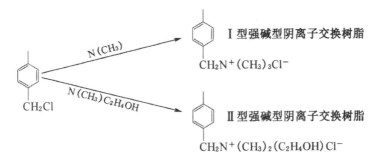

图 6-8 强碱型阴离子交换树脂的合成

（4）弱碱型阴离子交换树脂的制备。

用氯球与伯胺、仲胺或叔胺类化合物进行胺化反应，可得弱碱离子交换树脂（图 6-9）。但由于制备氯球过程的毒性较大，现在生产中已较少采用这种方法。

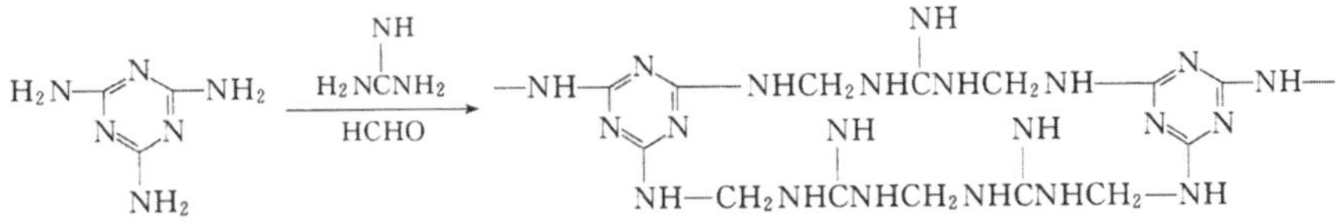

图 6-9 弱碱型阴离子交换树脂的合成

6.2.1.2 大孔型离子交换树脂的制备

大孔型树脂的制备方法与凝胶型离子交换树脂基本相同。重要的大孔型树脂仍以苯乙烯类为主。与离子交换树脂相比，制备中有两个最大的不同之处：一是二乙烯基苯含量大大增加，一般达 85% 以上；二是在制备中加入致孔剂。

6.2.1.3 其他类型的离子交换树脂的制备

（1）螯合树脂。为适应各行各业的特殊需要，发展了各种具有特殊功能基团的离子交换树脂，螯合树脂就是对分离重金属。下面介绍一些最常用的品种。

①胺基羧酸类（EDTA类）。乙二胺四乙酸（EDTA）是分析化学中最常用的分析试剂。它能在不同条件下与不同的金属离子络合，具有很好的选择性。例如，下列结构的树脂就是一种应用十分成功的螯合树脂。

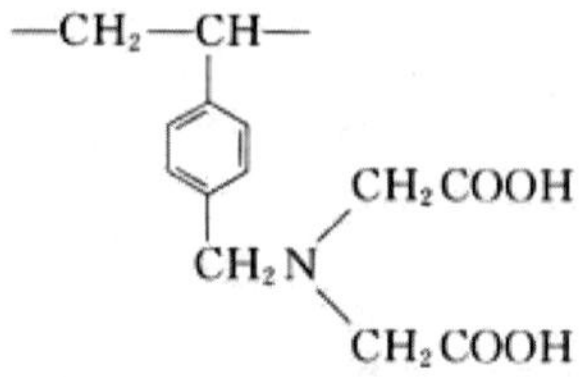

$$-CH_2-CH-$$

EDTA类树脂可通过许多途径制得。图6-10是它们的主要制备方法。

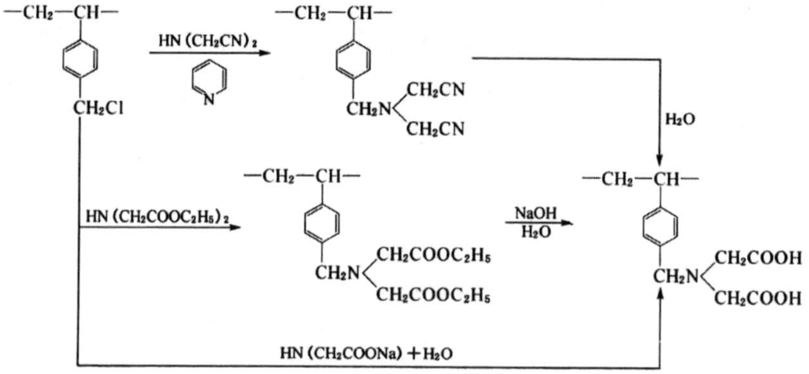

图6-10　EDTA类螯合树脂的制备路线 [①]

②肟类。肟类化合物能与金属镍（Ni）形成络合物。在树脂骨架中引入二肟基团形成肟类螯合树脂，对Ni等金属有特殊的吸附性。

用类似方法制得的肟类螯合树脂还有以下品种：

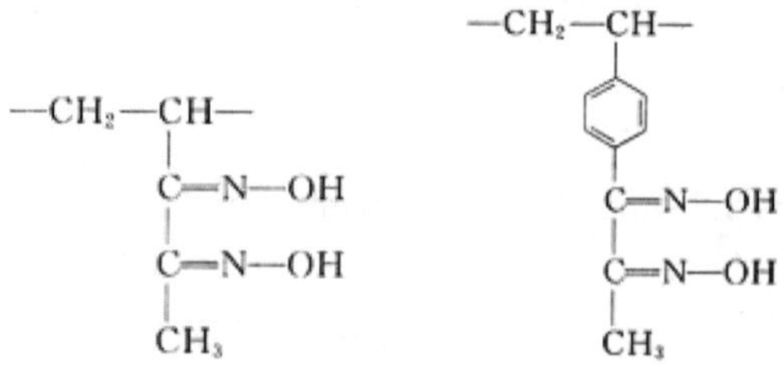

---

①　王国建,王公善. 功能高分子 [M]. 上海：同济大学出版社,1996.

肟基近旁带有酮基、胺基、羟基时,可提高肟基的络合能力。因此,肟类螯合树脂常以酮肟、酚肟、胺肟等形式出现,吸附性能比单纯的肟类树脂好得多。

肟类螯合树脂与 Ni 的络合反应如图 6-11 所示。

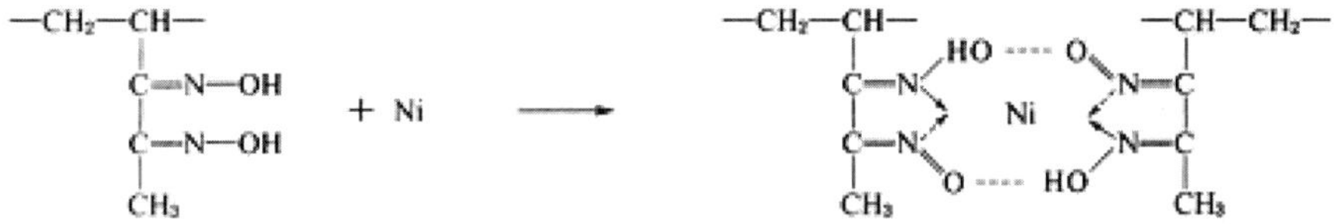

图 6-11　肟类螯合树脂与 Ni 的结合反应

③ 8- 羟基喹啉类。8- 羟基喹啉是有机合成和分析化学中常用的络合物。将其引入高分子骨架中,就形成具有特殊络合能力的 8- 羟基喹啉螯合树脂。这类树脂有许多合成途径,例如:

a. 由含 8- 羟基喹啉的烯类单体聚合获得,如图 6-12 所示。

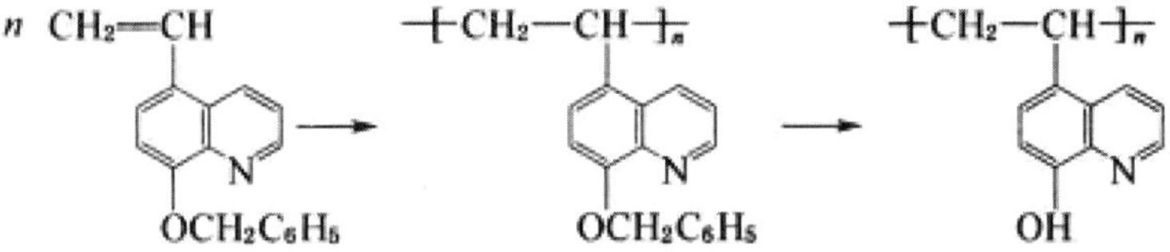

图 6-12　通过烯类单体聚合制备 8- 羟基喹啉类螯合树脂

b. 利用聚苯乙烯的高分子反应获得,如图 6-13 所示。

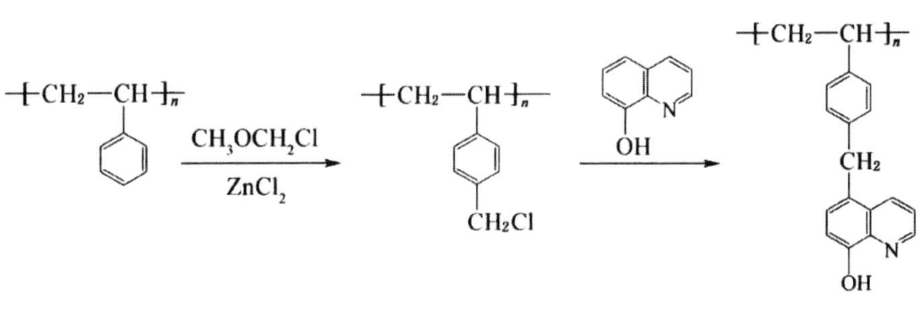

图 6-13　通过聚苯乙烯的高分子反应制备 8- 羟基喹啉螯合树脂

这种树脂对 Hf^{4+}，Zn^{4+}，Co^{2+} 等贵金属离子有特殊的选择吸附作用。

④吡咯烷酮类。在聚合物骨架中引入吡咯烷酮基团，对铀（U）等金属离子有很好的选择分离效果。其结构例子如下：

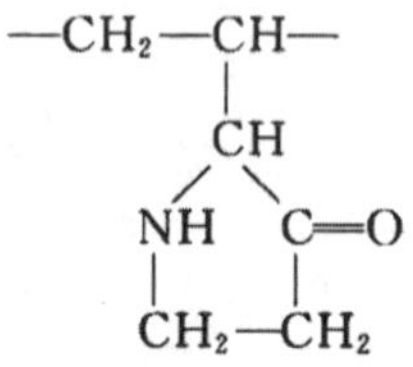

$$
\begin{array}{c}
-CH_2-CH- \\
| \\
CH \\
\diagup \quad \diagdown \\
NH \quad C=O \\
| \quad\quad | \\
CH_2-CH_2
\end{array}
$$

（2）氧化还原树脂。氧化还原树脂也称电子交换树脂，指带有能与周围活性物质进行电子交换、发生氧化还原反应的一类树脂。典型例子如图 6-14 所示。

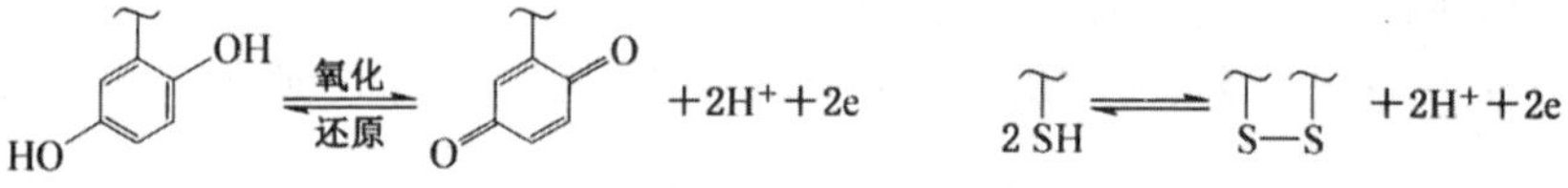

图 6-14　氧化还原树脂的氧化还原反应

重要的氧化还原树脂有氢醌类、疏基类、吡啶类、二茂铁类、吩噻嗪类等多种类型，下面简单介绍它们的制备方法。

①氢醌类。氢醌、萘醌、蒽醌等都可通过与醛类化合物进行聚合而得到氧化还原树脂，也可通过本身带酚基的乙烯基化合物聚合得到氧化还原树脂，如图 6-15 所示。

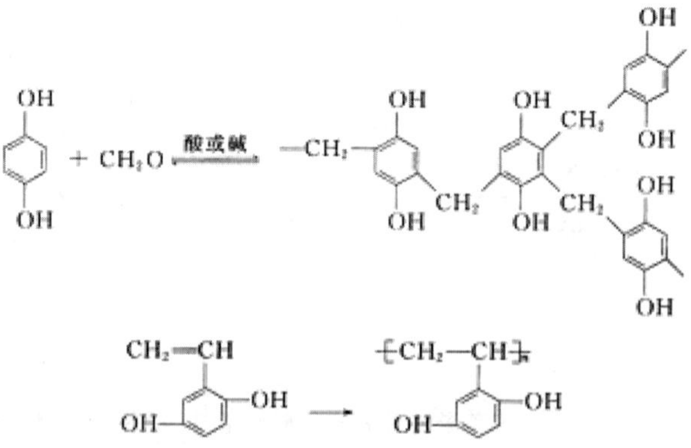

图 6-15　氢醌类氧化还原树脂的制备

②巯基类。巯基类氧化还原树脂一般是以苯乙烯 – 二乙烯基苯共聚物为骨架,通过化学反应引入巯基得到的,如图 6-16 所示。

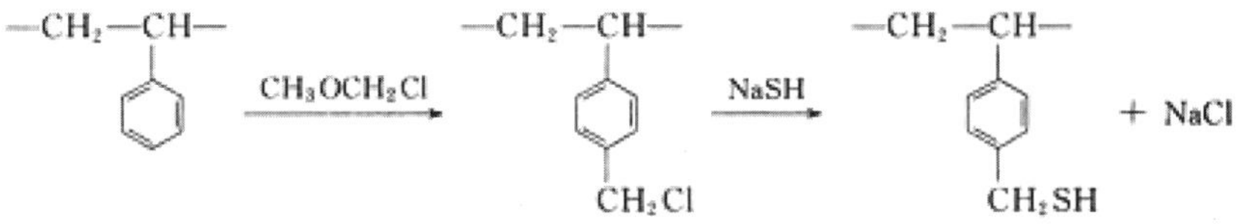

图 6-16　巯基类氧化还原树脂的制备

③吡啶类。吡啶类氧化还原树脂是通过氧甲基化聚苯乙烯与烟酰胺反应得到的,如图 6-17 所示。

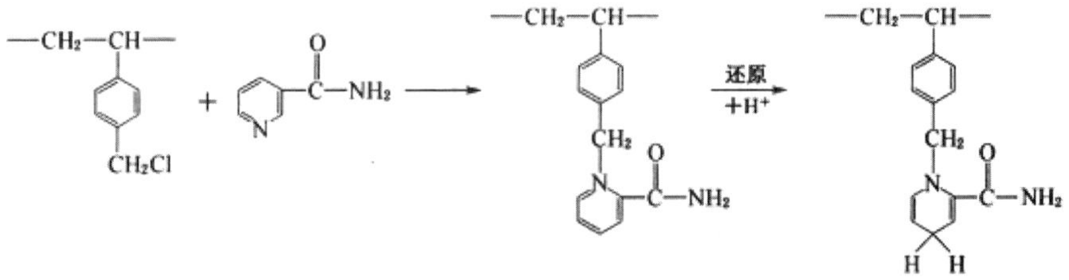

图 6-17　吡啶类氧化还原树脂的制备

④二茂铁类。二茂铁类化合物是良好的氧化还原剂。将乙烯基引入二茂铁,再通过自由基聚合,即可得到氧化还原树脂。如图 6-18 所示。

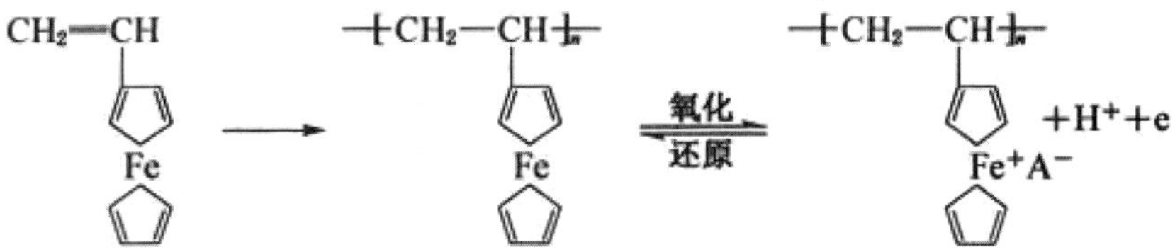

图 6-18　二茂铁类氧化还原树脂的制备

⑤吩噻嗪类。次甲基兰的变色是吩噻嗪基团氧化还原性质的表现。将乙烯基引到吩噻嗪类化合物上,再经聚合即可得到氧化还原树脂。如图 6-19 所示。

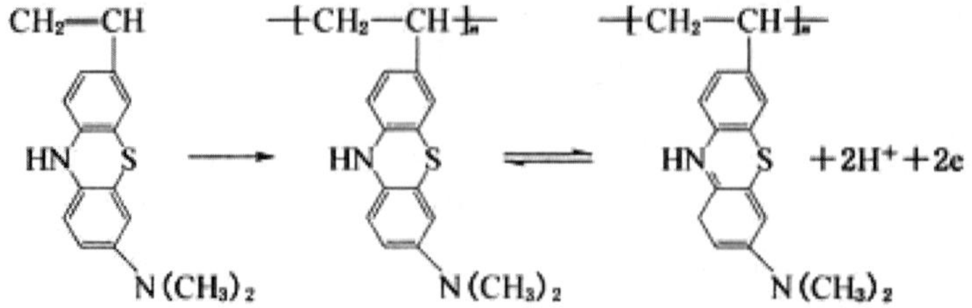

图 6-19　吩噻嗪类氧化还原树脂的制备 [①]

6.2.1.4　吸附树脂的制备

（1）非极性吸附树脂的制备。非极性吸附树脂主要是采用二乙烯基苯经自由基悬浮聚合制备的。为了使树脂内部具有预计大小和数量的微孔，致孔剂的选择十分关键。

致孔剂一般为与单体互不相溶的惰性溶剂。常用的有汽油、煤油、石蜡、液体烷烃、甲苯、脂肪醇和脂肪酸等。将这些溶剂单独或以不同比例混合使用，可在很大范围内调节吸附树脂的孔结构。

（2）极性吸附树脂的制备。极性吸附树脂主要含有氰基、砜基、氨基和酰胺基等，因此它们的制备可依据极性基团的区别采用不同的方法。

①含氰基的吸附树脂。含氰基的吸附树脂可通过二乙烯基苯与丙烯腈的自由基悬浮聚合得到。致孔剂常采用甲苯与汽油的混合物。

②含砜基的吸附树脂。含砜基的吸附树脂的制备可采用以下方法：先合成低交联度聚苯乙烯（交联度 <5%），然后以二氯亚砜为后交联剂，在无水三氯化铝催化下于 80℃下反应 15h，即制得含砜基的吸附树脂，比表面在 $136m^2/g$ 以上。

③含酰胺基的吸附树脂。将含氰基的吸附树脂用乙二胺胶解，或将含酰氨基的交联大孔型聚苯乙烯用乙酸酐酰化，都可得到含酰氨基的吸附树脂。

④含氨基的强极性吸附树脂。含氨基的强极性吸附树脂的制备类似于强碱性阴离子交换树脂的制备。即先制备大孔性聚苯乙烯交联树脂，然后将其与氯甲醚反应，在树脂中引入氯甲基—CH_2Cl，再用不同的胺进行胺化，即可得到含不同氨基的吸附树脂。这类树脂的氨基含量必须适当控制，否则会因氨基含量过高而使其比表面积大幅度下降。

---

① 　王国建 . 功能高分子材料（第 2 版）[M]. 上海：同济大学出版社,2014.

6.2.2　高吸水性树脂的制备

6.2.2.1　淀粉类高吸水性树脂的制备

美国农业部北方研究中心最早开发的淀粉类高吸水性树脂是采用接枝合成法制备的。图6-20为丙烯腈接枝淀粉制备高吸水性树脂的示意图。即先将丙烯腈接枝到淀粉等亲水性天然高分子上,再加入强碱使氰基水解成羧酸盐和酰胺基团。

除了四价铈盐引发剂外,亚铁盐、过氧化氢、焦磷酸锰、高锰酸钾等氧化剂均可用作上述反应的引发剂。

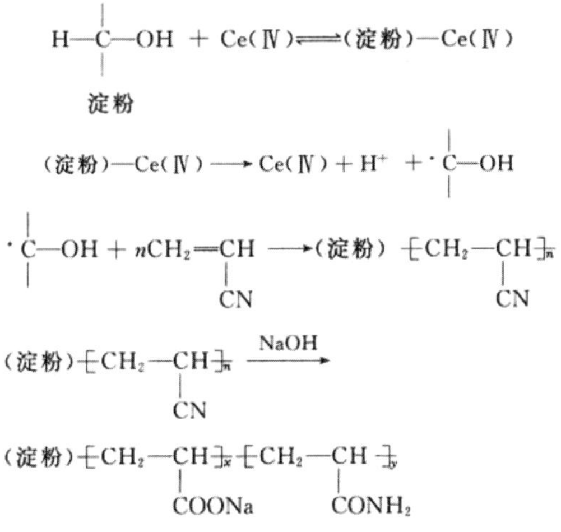

图 6-20　通过丙烯腈接枝淀粉制备高吸水性树脂的过程

以下为硝酸铈铵法的制备实例:

在 500mL 反应器中放入 10g 玉米淀粉,167mL 水,加热至 85℃,搅拌使之完全溶解。然后冷却至 25℃,加入 14.3g 丙烯腈,2.93g 2- 丙烯酰胺基 2- 甲基丙烷磺酸,搅拌后加入引发剂 3mL。引发剂是 0.338g 硝酸铈铵溶于 3mL N 硝酸溶液中的混合物。反应 2h,温度控制在 25℃ ～ 30℃。然后滴加 NaOH 溶液,调节至 pH 为 7,再加入 200mL 乙醇,使接枝共聚物沉淀析出。洗涤分离后,按 1g 接枝聚合物加 20mL0.5N NaOH 溶液的比例进行皂化。接枝聚合物与 NaOH 溶液混合后先预热至混合液变黏稠,再加热至 90℃ ～ 100℃,反应 2h 后取下冷却。用 400mL 水稀释,并用蒸馏水渗析至 pH 为 6.3～7.1。在 30℃空气中干燥,即得成品。产品的吸水率为每克树脂 2880g 水,吸尿能力为每克树脂 62g 尿液。[①]

6.2.2.2 纤维素类高吸水性树脂的制备

纤维素分子中含有许多可反应的活性羟基。在碱性介质中,同时有多官能团单体作为交联剂存在下,用卤代脂肪酸(如一氯醋酸)或其他醚化剂(如环氧乙烷)进行醚化反应和交联反应,可得到在水中溶胀的纤维素醚类化合物。变更醚化反应和交联反应的条件,可得不同吸水率的高吸水性树脂。

以下为制备实例:

(1)醚化法。

在反应器中加入 100g 羧甲基纤维素,219g12.7%NaOH 水溶液,670g 异丙醇,于 20℃下混合均匀。然后加入 75mL 环氧乙烷和 1.44g 双丙烯酰胺乙酸,于 70℃下搅拌反应 1h,滤出沉淀物并干燥,即得吸水率达每克树脂 2645g 水的高吸水性交联羧甲基纤维素(CCMC)。

(2)$C_0^{60}-\gamma$ 射线激活法

将干燥的甲基纤维素 20g,用 γ 射线以 4.5mrad/h 的剂量辐照 49h,然后将照射后的纤维素投入含有 50g 丙烯酰胺、2g N,N 重甲基二丙烯酰胺、10g 水的溶液中,反应 30h。反应产物用甲醇沉淀、洗涤、过滤并干燥,得到接枝率为 92.5% 的高吸水性树脂,吸水率达 1800gH_2O/g 树脂。

6.3　有机化学功能材料的应用

6.3.1　离子交换树脂的应用

离子交换树脂可用于物质的净化、浓缩、分离、物质离子组成转变、物质脱色以及催化剂等方面。以水处理为例,采用离子交换树脂净化水的

---

① 王国建,刘琳. 特种与功能高分子材料 [M]. 北京:中国石化出版社,2004.

效率很高,如用一种新的丙烯酸系阴离子水处理用树脂,工作交换量可达 $800 \sim 1100 kg/(mol \cdot m^3)$。离子净化水的质量也很高,如一次离子交换净化水的电阻率可达 $2 \times 10^7 \Omega \cdot cm$,这相当于自来水经 28 次重复蒸馏的结果。目前用离子交换树脂处理水的技术已广泛应用于原子能工业锅炉、医疗、宇航等各个领域。

6.3.1.1 水处理

水处理包括水的一般软化和水的脱碱软化。

(1)水的一般软化。经过几十年的发展。国产水处理用离子交换树脂的生产和应用都得到了很大发展,基本上可满足我国工业、农业生产的需要,特别是电力工业。

发电厂等工厂所用的高压钢炉必须采用软化水,即将 Ca^{2+}、Mg^{2+} 等离子去除的水。最方便、最经济的方法就是使用钠型阳离子交换树脂。其反应如下

$$2R-SO_3Na + Ca^{2+} \Leftrightarrow \left(R-SO_3\right)_2 Ca + 2Na^+$$

水在软化过程中仅硬度降低,而总含盐量不变。当树脂交换饱和后,可加入 NaOH 使之再生,见下式。再生后的树脂可重复使用。

$$\left(R-SO_3\right)_2 Ca + NaOH \Leftrightarrow 2R-SO_3Na + Ca\left(OH\right)_2$$

(2)水的脱碱软化。当原水中含有碱土金属和碱金属的重碳酸盐、碳酸盐成分时,水的碱度较高,使原水通过 H^+ 式阳离子交换树脂,在阳离子、包括硬度成分离子被除去的同时,水的 pH 值下降。重碳酸根与 H^+ 离子形成的碳酸很容易变成 CO_2 被除去,达到部分除盐的效果。可采用弱酸性阳离子交换树脂,这种树脂具有很高的交换容量,且再生容易。

含盐原水经过 H 型强酸性阳离子交换树脂时发生如下的交换反应

$$2RSO_3^- H^+ + \begin{matrix} Ca^{2+} \\ Mg^{2+} \\ 2Na^+ \end{matrix} \begin{Bmatrix} 2HCO_3^- \\ SO_4^{2-} \\ 2Cl^- \end{Bmatrix} \Longrightarrow 2RSO_3^- \begin{Bmatrix} Ca^{2+} \\ Mg^{2+} \\ 2Na^+ \end{Bmatrix} + \begin{Bmatrix} 2H_2O + 2CO_2 \\ H_2SO_4 \\ 2HCl \end{Bmatrix}$$

图 6-21 为强酸性 H–Na 并联离子交换软化和脱碱系统示意图。

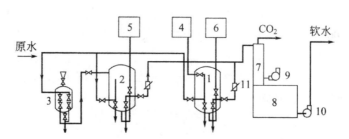

图 6-21　H-Na 并联离子交换软化和脱碱系统示意图[①]

1—H 型离子交换器；2—Na 型离子交换器；3—盐溶解器；
4—稀酸溶液箱；5，6—反洗水箱；7—除 CO_2 器；8—中间水箱；
9—离心鼓风机；10—中间水泵；11—水流量表

图 6-22 为强酸性 H-Na 串联离子交换软化和脱碱系统示意图。

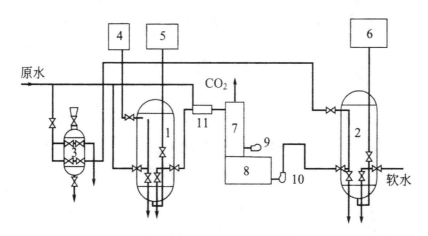

图 6-22　H-Na 串联离子交换软化和脱碱系统示意图[②]

1—H 型离子交换器；2—Na 型离子交换器；3—盐溶解器；
4—稀酸溶液箱；5，6—反洗水箱；7—除 CO_2 器；
8—中间水箱；9—离心鼓风机；10—中间水泵；11—混合器

6.3.1.2　冶金工业

对超铀元素、稀土金属、重金属、轻金属、贵金属和过渡金属的分离、提纯和回收。如金矿内的少量金、工业废物中的重金属铜、镍、铬、钴等以

①　陈立新,焦剑,蓝立文.功能塑料 [M].北京:化学工业出版社,2004.

②　陈立新,焦剑,蓝立文.功能塑料 [M].北京:化学工业出版社,2004.

及天然气田的卤水中含有的碘都可用离子交换树脂进行分离和回收。贫铀矿的铀多数是用季胺型强碱性阴树脂提取的。稀土元素通过离子交换树脂提纯可达到光谱级的纯度。有些稀有金属如锆－铪、铌－钽、钼－铼等的分离只能用离子交换树脂。铂族金属的分离纯化如图6-23所示。

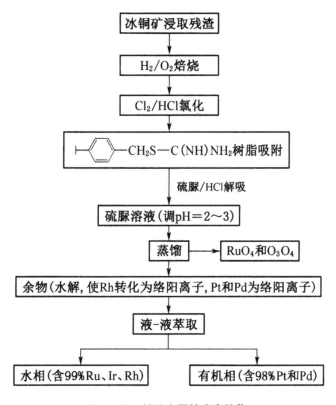

图 6-23　铂族金属的分离纯化

选矿方面,在矿浆中加入离子交换树脂可改变矿浆中水的离子组成,使浮选剂更有利于吸附所需要的金属,提高浮选剂的选择性和选矿效率。

6.3.1.3　海洋资源

从海洋生物中提取碘、溴、镁,海水制淡水。在海水中,溶解着总数约42亿吨以铀酰三硫酸盐形式存在的铀,在400m深海处每升海水的铀盐含量为3×10^{-3}mg,如何有效地提取这些铀是确保未来能源的重大课题,一种显示出对铀有高度选择吸附性的螯合树脂的研究开发给人们展现了光明的前景。

6.3.1.4 环保

工业废气,电镀、造纸、矿冶工业废水,放射性废水,生活、影片冲洗污水含有各种有毒有害的重金屑(如汞、铬、铜等),离子交换法处理很有效。

(1)处理汞废水。汞在过量氯离子存在下能生成稳定的络阴离子$[HgCl_4]^{2-}$,所以可采用离子交换法,选用强碱性阴离子树脂来吸附它。交换吸附了汞的强碱性阴树脂可用浓盐酸、碱金属硫化物、亚硫酸氢钠等再生。处理后的含汞废水中仍可能有3×10^{-8}的汞泄漏。为完全除去废水中的汞,可使用交换吸附能力更强的螯合树脂进行后期精处理。

(2)处理重金属铬。铬是毒性较大的重金属,规定废水中铬含量在5×10^{-8}以下才能排放。含铬酸的废水通过Cl^-式强碱性阴离子交换树脂,铬酸被树脂交换吸附,后用再生剂 NaOH 溶液脱附,生成 Na_2CrO_4 再生废液,它的铬酸浓度比原废水中铬酸含量高了几百倍。将再生废液通过 H^-式强酸性阳离子交换树脂柱,变成纯度很高的铬酸返回应用。

(3)离子交换树脂还可用于处理含镉、锌、铝的废水等。

6.3.1.5 在其他行业的应用

(1)原子能工业。核燃料的分离、精制、回收,反应堆水的净化,放射性水的处理。

(2)化学工业。无机、有机物的分离、提纯、浓缩、回收,反应催化剂、高分子试剂、吸附剂、干燥剂。

(3)食品工业。糖类生产的脱色,酒脱色、去浑、去杂质,乳品组成的调节。

(4)医疗卫生。药剂的脱盐、吸附分离、提纯、脱色、中和,中草药有效成分的提取。

6.3.2 高吸水性树脂的应用

高吸水性树脂问世以来,它的奇特性能引起了人们极大的兴趣,应用领域迅速扩大到日常生活、工业、农业、医疗卫生等各个行业。下面简要介绍高吸水性树脂在各个领域内的应用。

6.3.2.1 在日常生活中的应用

用高吸水性树脂制作的日常卫生用品有婴儿一次性尿布、宇航员尿巾、妇女卫生用品、餐巾、手帕、脱脂棉等。其中尤以一次性尿布和妇女卫生巾受到消费者极大欢迎。这类制品的制作方法大体为：将高吸水性树脂粉末均匀撒在两层透水、透气性良好的无纺布之间，再通过蒸汽使树脂糊化面与无纺布牢固黏结，干燥后即得成品。图6-24为卫生巾的结构示意图。

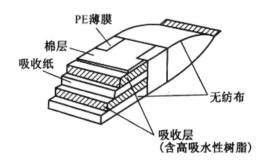

图6-24 卫生巾结构示意图

近年来，制作工艺逐步改进为将高吸水性树脂掺入纸浆中造纸，或与其他树脂一起混纺织布，可得到吸水性良好、生产成本较低的卫生用品。

6.3.2.2 农用保水剂

高吸水性树脂可充当保水剂，若在土壤中混入0.1%～0.3%（质量分数）的高吸水性树脂，可使土壤的干湿度得到很好的调节，已在阿拉伯沙漠中应用。在移植树苗时，只需将其根在1%（质量分数）的树脂的凝胶中浸泡一下或将树脂掺在泥团中，则移植的成活率可大幅度地提高，如烟草在移栽过程中使用淀粉吸水树脂可提高成活率30%左右。另外，若将高吸水树脂凝胶涂布于蔬菜、高粱、大豆、灌木等种子上，可以提高发芽率5%～10%，增产5%～30%。在干旱地区播种时成活率也有显著提高，如树脂与草籽拌种，会大大提高飞机播种植草的成活率。

6.3.2.3　在工业中的应用

高吸水性树脂在工业部门中已有多方面的应用。

利用高吸水性树脂的增稠性和润滑性,将其混入水泥浆或灰浆中。可改善水泥浆和灰浆的运输状况,提高土建工程的效率。

在城市河水处理和河道疏浚工程中,用高吸水性树脂将淤泥增稠固化,从而改善挖掘条件,并有利于运输。

高吸水性树脂对水溶性溶剂,如甲醇、乙醇、丙酮等也有吸收作用,因此不适用于水溶性溶剂的脱水。

通常用的农用聚烯烃薄膜,存在容易结水滴、易发雾、平行光线透过率太大,容易引起农作物烧焦、容易互相黏连等缺点。但如果在薄膜制备过程中加入高吸水性树脂,则上述缺点都可得到一定的克服,而且扩散光线透过率大大提高、保温性增加、被认为是农用薄膜的发展方向之一。

高吸水性树脂分子中含有大量羧酸盐基团,从结构上看,类似于弱酸性离子交换树脂,因此具有一定的离子交换能力。另一方面,作为高分子电解质,高吸水性树脂又类似高分子絮凝剂。因此,在环境保护、防止工业废水污染方面,也有其独特的功效。

6.3.2.4　用作医疗卫生材料

高吸水性树脂在亲水性表面上形成的水膜具有良好的润滑作用。因此,将含有高吸水性树脂的水凝胶涂在导尿管、胃镜导管、肠镜导管等表面上,可十分容易地插入人体,减少病员的痛苦。患食道癌的病人需将食道切除,用涤纶纤维编织的人工食道代替。

将聚乙烯醇系高吸水性树脂水凝胶用于人工骨关节的滑动部位以代替软骨,可收到十分满意的效果(图6-25)。水凝胶在受压时,渗出的水形成水膜,具有润滑作用。因此,在人工骨关节的应用中,水凝胶的弹性、应力变形、复原性、润滑性等诸多功能都得到了充分发挥,并避免了发生血栓的危险。高吸水性树脂用作人造皮肤,也是其较为成功的应用。大面积皮肤创伤的病人在进行正常皮肤移植之前,有一段养护期。在养护期间,需作保水性处理,以防止体液的损耗和盐分的损失。用高吸水性树脂制成的人造皮肤,能有效地达到这一目的。

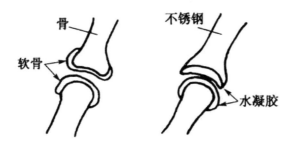

图 6-25　使用高吸水性树脂的人工关节

6.3.2.5　在食品工业中的应用

高吸水性树脂在食品工业中的应用,近年来不断得到开发。例如,用作包装材料、保鲜材料、脱水剂、食品增量剂等。

在食品包装材料方面,"接触脱水薄板"技术的开发是十分出色的。将高吸水性树脂的高吸水性和渗透压较高的蔗糖溶液的吸水力结合起来,就可得到脱水能力很强的脱水薄板材料。图 6-26 是接触脱水薄板的构造示意图。图中半透膜的上面是渗透压发生源——蔗糖溶液层。蔗糖层的上面是高吸水性树脂层。需要脱水处理的鱼、肉、蔬菜等物质放在用这种脱水薄板制成的包装盒中,仅一夜时间即可吸干水分,成为很好的加工品,有利于鱼、肉、蔬菜等物质的保存和运输。

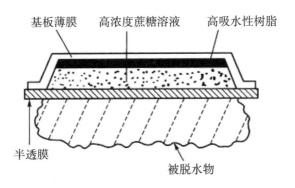

图 6-26　接触脱水薄板的构造示意图

此外,用高吸水性树脂进行食品脱水处理、果汁饮料的澄清、酒类中有害金属离子的去除以及食品工业废水的处理,都已得到实际的应用。

高吸水性树脂的应用领域几乎涉及各行各业,并且还在不断扩大它的应用范围。虽然其发展历史不长,但已充分显示了强大的生命力。我国对高吸水性树脂的研究起步较晚,并且由于成本价格的原因和传统习惯势力的影响,应用尚不普遍。但随着研究工作的不断深入,应用领域将不断拓宽,预计今后能得到进一步的发展。

第7章

有机生物功能材料

生物医用药用功能材料的应用从高分子医疗器械到具有人体功能的人工器官,从整形材料到现代医疗仪器设备,几乎涉及医学的各个领域。生物传感器是由固定化的细胞、酶或其他生物活性物质与换能器(如电极、热敏电阻、离子敏场效应晶体管)相配合组成的传感器。它是近年来生物医学和电子学、工程学相互渗透而发展起来的一种新型信息技术。本章重点就这两部分内容展开分析。

7.1　有机生物功能材料的性质

7.1.1　生物医用药用功能材料概述

7.1.1.1　生物医用药用功能材料的基本性能要求

生物医用药用功能材料在使用的过程中常常与生物肌体、体液、血液等相接触,有些还长期在体内放置,因此要求其性能较为出色。生物医用药用功能材料的要求比普通工业用材料的要求要高得多,尤其对植页性材料的要求更高。对于在人体内应用的高分子材料一般要求如下：

（1）化学性能稳定，对人体的血液、体液等无影响，不形成血栓等不良现象。

（2）材料与人体的组织相容性良好，不会引起炎症或其他排异反应。

（3）无致癌性，耐生物老化，长期放置体内的材料的物理机械性能不发生明显变化。

（4）不因高压蒸煮、干燥灭菌、药液等消毒措施而发生质变。

7.1.1.2　生物相容性

生物相容性是指材料在特定的生理环境中引起的宿主反应和产生有效作用的综合能力，主要包括血液相容性以及组织相容性。

血液相容性主要是指生物医用药用功能材料与血液接触时，不引起凝血及血小板黏着凝聚，不产生破坏血液中有形成分的溶血现象，即溶血和凝血。医用材料与体液、血液的接触主要是在材料的表面，所以在考虑机械性能之外，在材料表面结构的合成与设计中，应考虑材料的抗凝血性，该工作主要包括惰性表面、亲水性表面、亲水–疏水微相分离结构表面及其表面修饰。表面修饰除了化学官能团修饰，还应有溶解或分解血栓的线熔体、透明质酸等生理活性物质的固定。用来改善材料的亲水性的单体有丙烯酰胺及其衍生物、甲基丙烯酸–β–羟乙酯等。在侧链上具有寡聚乙二醇的丙烯酸酯类可以防止血浆蛋白的沉积，负电荷型聚离子复合物能有效地降低血小板的黏着和凝聚。

组织相容性是指活体与材料接触时，材料不发生钙沉积附着，组织不发生排拒反应。组织相容性也是基于亲水性、疏水性以及微相分离的高分子的表面修饰，特别是细胞黏附增殖材料更为引人注目。材料与组织能浑然成为一体是当今组织相容性研究的热点课题。对于细胞培养来说，黏附增殖是我们所期望的，但在组织相容性中材料的黏附增殖还有另外的意义。如白内障手术后植入的人工晶体应是组织相容而又能排斥纤维细胞在晶面上的黏附增殖，以避免白内障复发。硅橡胶（聚二甲基硅氧烷）是使用得最多的组织相容性材料，常常用作导管、填充材料等。但在长期动态下使用时，会引起异物反应，其机械性能仍不能满足要求。

7.1.1.3　生物降解吸收材料

有些外科内植用的材料作为永久性材料植入体内时，希望材料的组织相容性良好,在体内保持稳定,耐生物老化性良好。但有些材料期望它能在发挥作用后降解,被组织吸收,通过正常的循环被排出体外。如可降解的手术缝合线,被用来缝合内脏的手术口,避免了二次手术拆线;可降解的骨丁、骨板经过一定的时间后被正常的组织所填充覆盖吸收,避免了拆除的痛苦。生物降解医用高分子的研究目前主要集中在以下几个方面。

（1）以形状、表面积以及不同的链节比例等控制合适的降解速度,以保证材料在正常的使用期限中具有良好的性能而在活体康复后尽快降解。

（2）在大分子链上引进功能基团,引进抗体、药物活性物质,进行官能团修饰以增进材料的亲水性,加快材料的水解速度。

（3）通过嵌段共聚控制缓释药物的释放速度,改善药物通过膜的透过性。

由于可降解高分子材料不需二次手术移出,因此其特别适合于一些需暂时性存在的植入场合。根据其临床中的应用,可分为以下几类:①外科手术缝合线;②骨固定材料;③人造皮肤;④药物释放体系。

7.1.2　医用高分子材料的发展及生物相容性实验

众所周知,生物体是有机高分子存在的最基本形式,有机高分子是生命的基础。动物体与植物体组成中最重要的物质——蛋白质、肌肉、纤维素、淀粉、生物酶和果胶等都是高分子化合物。因此,可以说,生物界是天然高分子的巨大产地。

高分子材料血液相容性的检验方法有很多种,大致可分为体外试验和体内试验两类。体外试验是体内试验的基础准备,因此也是十分重要和必要的。下面简要分述。

7.1.2.1　体外试验

体外试验又可分为两种:一种是从材料表面性能测定来判断其血液相容性;另一种是直接在血液中测定其相容性。

（1）间接试验。材料表面的 Zeta 电位,与液体的界面自由能、润湿接触角、固体材料表面自由能中极性力和色散力的大小与比值等数据,均与血液中蛋白质在材料表面的吸附机理有关。通过这些数值的测试,对于筛选抗血栓材料,并从理论上探讨材料的抗血栓机理,都有十分重要的意义。

（2）直接试验。

①凝血试验。这种试验的仪器如图 7-1 所示,它由一个圆筒和一个圆柱所组成。试验时,圆筒和圆柱的表面涂上被测材料,浸入天然健康的血液中。另取一套仪器,圆筒和圆柱表面都不涂被测材料,浸入同样的天然健康血液中,作为参比表面。当两套仪器以同样的剪切速率转动（$0.1s^{-1}$）。开始时,圆管转动而圆柱不动,当血液开始凝固时,圆柱慢慢跟着一起转动。被测材料和参比材料的血栓产生过程由光学系统连续记录下来。将所得的三个参数：凝血时间（T）、记录曲线斜率（S）和振幅（A）,与参比表面的三个参数（T_0, S_0, A_0）比较,可排除由于血液采样不同及血液质量变化引起的差异,因此可用来判断材料抗血栓性能的优劣。

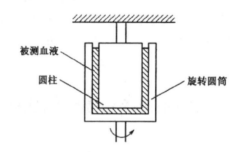

图 7-1　凝血试验仪器示意图

②蛋白质吸附速率测试。研究表明,易于吸附血清蛋白的材料表面不易形成血栓,而易于吸附 γ- 球蛋白和纤维蛋白肮的表面则容易凝血。因此,将材料浸渍于健康血液中一定时间后,测定其表面对这三种蛋白吸附速率,即可判别材料的抗血栓能力。测试结果一般用单位面积单位时间的血清蛋白吸附量表示,也有用血清蛋白与纤维蛋白肮的吸附比值来表示的。

7.1.2.2　体内试验

体内试验常采用动脉 - 静脉分流法进行,以牛、狗等动物为对象。试验时,将试验材料制成管道状,一端接动脉,一端接静脉,形成一个血流回路。血液以 1L/min 的速度通过。然后测定流过被测材料后血液成分的变化,以确定材料的抗血栓性。

7.1.3　药用功能材料的分类及基本性能要求

低分子药物进入人体后,往往在较短的时间内药剂的浓度大大超过治疗所需浓度,而随着代谢的进行,药剂浓度很快降低。疾病的药物治疗需要药物在体内有比较理想的浓度和作用时间,药物浓度过高会给人体带来毒副作用以及过敏急性中毒,浓度过低则药物不能发挥作用。为了保证疗效,药物有效浓度往往需要在体内维持一个时期,有些药物作用的发挥还取决于特定部位的吸收。因此使用可控释放的、可以持久释放的药物以及定向给药,使药物到达体内指定部位,在特定部位被吸收,就可以降低药物总剂量、避免频繁用药,在体内保持恒定的药物浓度,使药物的药理活性提高,从而降低毒副作用,这是具有重要意义的。

目前高分子药物的研究尚处于初始阶段,对它们的作用机理尚不够明确,应用也不够广泛。但高分子药物具有高效、缓释、长效、低毒等优点,与血液和生物体的相容性良好。另外,还可以通过单体的选择和共聚组分的变化来调节药物释放的速率,从而达到提高药物活性、降低毒性和副作用的目的。合成高分子药物的出现大大丰富了药物的品种,改进了传统药物的一些不足,为人类战胜某些严重疾病提供了新的手段。

高分子药物的种类很多,其分类也有很多方法。有人按照水溶性将高分子药物分为水溶性高分子药物和不溶性高分子药物。也有人将药用高分子材料按照应用性质的不同分为药用辅助材料和高分子药物两类。

药用高分子辅助材料指的是在将具有药理活性的物质制备成各种药物制剂中使用的高分子材料。药用高分子辅助材料按其来源可分为天然药用高分子辅助材料、生物高分子药用材料和合成药用高分子辅助材料。其中,天然药用高分子辅助材料主要有淀粉、多糖、蛋白质和胶质等;生物药用高分子辅助材料主要有右旋糖酐、质酸、聚谷氨酸、生物多糖等;常用的合成药用高分子辅助材料有聚丙烯酸酯、聚乙烯基吡咯烷酮、聚乙烯醇、聚乙烯、聚丙烯、聚氯乙烯、聚苯乙烯、聚碳酸酯和聚乳酸等。此外,还有利用天然或生物高分子的活性进行化学反应引入新基团或新结构产生的半合成高分子。

高分子药物指的是在聚合物分子链上引入药理活性基团或高分子本身能够起到药理作用,能够与肌体发生反应,产生医疗或预防效果。高分子药物按照功能进行分类可以分为三大类,一是具有药理活性的高分子药物,这类药物只有整个高分子链才显示出医药活性,它们相应的低分模型化合物一般并无药理作用。二是高分子载体药物,大多为低分子的药物,以化学方式连接在高分子的长链上。三是微胶囊化的低分子药物,它是以高分子材料为可控释放膜,将具有药理活性的低分子药物包裹在高分子中,从而提高药物的治疗效果。

高分子药物通过注射、口服等方式进入循环系统或消化系统,作用于生物活体,因此高分子药物本身及其分解产物都应是无毒副作用、不引起炎症和组织病变,能在生物体内水解为具有药理活性的基团;对于口服高分子药物来讲,聚合物主链应不产生水解,以便高分子残骸排出体外。如果是进入循环系统的高分子药物,其主链应为易于分解的,以便于吸收或排出,其本身或分解产物应具有抗凝血性,不形成血栓。

7.1.4 医用聚合物基复合材料的基本性能要求

目前已合成出的医用高分子材料在临床或动物试验中均得到应用,医用聚合物基复合材料在医用材料中逐步占有重要的地位。长期的研究和实验表明,尽管用于置换不同生物组织的生物材料所应具备的条件各不相同,但作为生物体材料必须具备以下条件。

(1)要有良好的物理、化学和力学性能,能满足医用设计和功能的要求,如硬度、弹性、强度、疲劳、蠕变、磨耗、吸水性、分离性等。如作为人工髋臼的材料,就要求摩擦系数小,耐磨和蠕动变形小。作为人工心脏,一年至少要连续搏动三千万次以上,这就要求材料挠曲、耐疲劳强度特性好;作为人工肾的透析膜和人工肺的气体交换膜,就要求有特殊的分离透析功能。

(2)耐生物老化。人体既有像胃那样的酸性环境,也有像肺那样的碱性环境。血液和体液内含有诸如 K^+、Na^+、Ca^{2+}、Mg^{2+}、Cl^- 等离子,也有 O_2、CO_2 及各种蛋白质和酶等物质。复合材料植入后,由于上述生理环境和体液中的离子和酶的作用,会导致复合材料中基体材料的降解、交联或形态变化,从而导致性能改变。对于长期植入的材料,就要求有良好的耐生物老化性能,不因血液、体液及人体组织的影响而引起性能的显著变化。

(3)生物相容性好,要求与周围组织相适应,不产生炎症和异物反应,无致癌、致畸和致突变性,不干扰机体的免疫机理。

(4)与血液接触的材料,更要求具有抗凝血性能,不引起溶血,不造成血中蛋白质的变性,不破坏血液的有效成分。此外,还必须易于加工成型和能经受各种消毒灭菌过程而不改变或很少改变其基本性能。

7.1.5　重要的药用高分子化合物

药用高分子化合物属于特殊功能性高分子,它必须安全无毒,化学稳定性高,具有生物功能性,组织相容性和血液相容性,不致癌、不溶血、不凝血、不过敏、不引起炎症以及长期植入体内不会丧失原有的机械性能。下面介绍几种常用的药用高分子化合物。

7.1.5.1　聚乙烯

聚乙烯(PE)是由乙烯聚合而成,结构式为:

$$\left[CH_2 - CH_2 \right]_n$$

聚乙烯无臭,无毒,手感似蜡,具有优良的耐低温性能(最低使用温度可达 $-70 \sim -100℃$),化学稳定性好,能耐大多数酸碱的侵蚀(不耐具有氧化性的酸)。常温下不溶于一般溶剂,聚乙烯不溶于水,大部分呈半透明状。电绝缘性能优良。

聚乙烯化学稳定性高,拉伸强度大。聚乙烯塑料可作人工关节,整形材料,其纤维可作缝合线,也是药品包装和食品包装的常用材料,是用途极为广泛的高分子化合物。

7.1.5.2　聚氯乙烯

聚氯乙烯(PVC)是以氯乙烯为单体加成聚合而成,结构式为:

$$\left[CH_2 - CH \right]_n$$
$$\quad\quad\quad | $$
$$\quad\quad\quad Cl $$

聚氯乙烯是白色或微黄色粉末,密度 $1.4g/cm^3$,含氯量 $56\% \sim 58\%$。它具有阻燃、耐酸、碱,成形性好,机械强度及电绝缘性良好的优点。但其耐热性较差。具有稳定的物理化学性质,不溶于水、酒精、汽油;对盐类相当稳定,但能够溶解于醚、酮、氯化脂肪烃和芳香烃等有机溶剂。由于聚氯乙烯的光、热稳定性较差,因此,在实际应用中必须加入稳定剂以提高对热和光的稳定性。

聚氯乙烯可分为卫生级和普通级,因为残存单体氯乙烯是致癌物质,所以卫生级聚氯乙烯一般要求单体含量小于 10^{-5}。

在医学上一次性医疗器械产品大多采用卫生级聚氯乙烯,用作注射制品,如输血袋、输液袋、血导管等。

7.1.5.3 聚乳酸

聚乳酸(PLA)是以乳酸为主要原料经聚合反应而制得,结构式为:

$$H \left[O - \overset{\overset{\displaystyle CH_3}{|}}{\underset{\underset{\displaystyle H}{|}}{C}} - \overset{\overset{\displaystyle O}{\|}}{C} \right]_n OH$$

聚乳酸属聚酯类。可发生水解而使高聚物降解,其制品废弃后在土壤或海水中经微生物作用可分解为二氧化碳和水,燃烧时不会散发毒气,不会造成污染,实现在自然界中的循环,因此是理想的绿色高分子材料。

聚乳酸无毒,无刺激性并有良好的生物相容性。聚乳酸可作医用手术的缝合线及注射用微球、微囊、埋植剂等制剂的材料。药物的释放速度可通过选择不同的分子量,不同光学活性的乳酸共聚或不同种类的聚乳酸相混合以及添加适当的相混溶成分加以调节。

7.1.5.4 聚四氟乙烯

聚四氟乙烯(PTFE)是由四氟乙烯加聚而成,结构式为:

$$\left[CF_2 - CF_2 \right]_n$$

聚四氟乙烯具有极高的稳定性,能够耐受 400℃ 的高温且不易老化,并耐强酸和强碱,有着“塑料王”之美称。它无毒,有自润滑作用,是一种非常理想的医用塑料。它可用作人工心脏瓣膜、整形材料和人造血管等。

7.1.5.5 聚甲基丙烯酸甲酯

聚甲基丙烯酸甲酯（PMMA）由甲基丙烯酸甲酯加聚而制得,结构式为:

$$\left[\!\!CH_2\!-\!\!\underset{\underset{\displaystyle O}{\overset{\displaystyle |}{\underset{\displaystyle C=O}{|}}}}{\overset{\displaystyle CH_3}{\overset{|}{C}}}\!\!\right]_{\!n}$$

聚甲基丙烯酸甲酯具有良好的透光性,是目前塑料中透光度最好的,俗称有机玻璃。它的机械加工性能优良,耐冲击、不易破碎,化学稳定性优良。临床上用作口腔材料、隐形眼镜、人工关节和人工颅骨等。

7.1.5.6 聚乙烯醇

聚乙烯醇（PVA）的结构式为:

$$\left[\!\!CH_2\!\!-\!\!\underset{\underset{\displaystyle OH}{|}}{CH}\!\!\right]_{\!n}$$

聚乙烯醇是一种水溶性高聚物,为白色、淡黄色粉末或颗粒。聚乙烯醇水溶液的黏度随溶解度的增加而迅速上升,温度升高黏度下降。

聚乙烯醇对眼、皮肤无毒,是一种安全的外用辅料,在药品和化妆品中应用非常广泛,可用于糊剂、软膏、面霜、面膜及定型发胶等的制备。聚乙烯醇也可用作药液的增黏剂,是一种良好的水溶性成膜材料,可用于制备缓释剂和透皮给药制剂。

7.1.5.7 聚乙二醇

聚乙二醇（PEG）的结构式为:

$$HO \!-\!\!\left[CH_2 \!-\!\! CH_2 \!-\! O \right]_{\!n}\!\! H$$

聚乙二醇是一类分子量相对较低的水溶性聚醚。分子中含有化学性质不活泼的醚的结构,故其性质稳定,耐热,不会酸败,不易发霉,无毒性,对皮肤无刺激性和敏感性,但能与许多物质形成不溶性配合物。

聚乙二醇可作软膏、栓剂的亲水性基质,常以固态及液态聚乙二醇混合使用以调节稠度、硬度及溶化温度;用于液体给药的助悬剂、增黏剂和增溶剂。聚乙二醇是中国药典及美、英等许多国家药典收载的药用辅料。

7.1.5.8 聚丙烯酸和聚丙烯酸钠

聚丙烯酸和聚丙烯酸钠(PAA , PAA—Na)结构式为:

$$\!-\!\!\left[CH_2 \!-\!\! CH \right]_{\!n} \qquad\qquad \!-\!\!\left[CH_2 \!-\!\! CH \right]_{\!n}$$
$$\qquad\quad | \qquad\qquad\qquad\qquad\qquad | $$
$$\qquad\quad COOH \qquad\qquad\qquad\quad COONa$$

聚丙烯酸和聚丙烯酸钠都是硬而脆的白色固体,吸湿性强,能溶于水及极性溶剂。

聚丙烯酸和聚丙烯酸钠可作霜剂、搽剂、软膏剂等外用药剂及化妆品中的基质、增稠剂、增黏剂和分散剂。在面粉发酵食品中用作保鲜剂、黏合剂。交联聚丙烯酸钠大量用作医用尿布、吸血巾、妇女卫生巾等一次性复合卫生材料的主要填充剂或添加剂。

7.1.5.9 硅橡胶

硅橡胶实际就是高分子的线型聚有机硅氧烷经交联而成的一种体型高聚物,结构式为:

$$\begin{array}{ccccc} & CH_3 & & CH_3 & & CH_3 \\ & | & & | & & | \\ HO\!-\!Si\!-\!O\!\!&\!\!-\!\!&\!\!Si\!-\!O\!\!&\!\!-\!\!&\!\!Si\!-\!OH \\ & | & & | &_n & | \\ & CH_3 & & CH_3 & & CH_3 \end{array}$$

硅橡胶具有优良的耐热性、耐寒性、弹性、介电性、耐油、防水、耐老化等性能,硅橡胶突出的性能是使用温度宽广,但硅橡胶的拉伸强度和撕裂强度等机械性能较差,在常温下其物理机械性能不及大多数合成橡胶。

硅橡胶是医用高分子材料中特别重要的一类,它具有优异的生理惰性,无毒、无味、无腐蚀、抗凝血、与机体的相容性好,能经受苛刻的消毒条件。可用做医疗器械、人工脏器等。如硅橡胶防噪声耳塞,硅橡胶鼓膜修补片,还有硅橡胶人造血管、人造气管、人造肺、人造骨、人造关节、硅橡胶十二指肠管等,功效都十分理想。

7.1.5.10　甲壳素

甲壳素又名甲壳质、几丁质。存在于虾、蟹等的外壳、昆虫的甲壳、软体动物的壳和骨骼中,是一种来源于动物的大量存在的天然碱性多糖。将甲壳素在碱性条件下脱去乙酰基,就得到壳聚糖。

甲壳素　　　　　　　　　　壳聚糖

壳聚糖的化学结构与纤维素相似,又具有纤维素所没有的特性。壳聚糖无毒,具有生物相容性、生物活性和生物降解性,且具有抗菌、消炎、止血、免疫等作用。壳聚糖在医疗上用作创伤被覆材料,用于烧伤、植皮部位的创面。以壳聚糖制成的棍棒形,可用作皮下和骨内埋植,有助于骨折后的愈合。还可制作吸收手术缝合线。

7.1.5.11　丙烯酸树脂

通常把丙烯酸酯、甲基丙烯酸酯、甲基丙烯酸等单体的共聚物作为药物制剂中薄膜包衣材料,统称为丙烯酸树脂,实际上是一大类的树脂。

$$\begin{array}{ccccc} & CH_3 & & & R' \\ & | & & & | \\ +C-CH_2\frac{}{}_{n_1} & \cdots\cdots & +C-CH_2\frac{}{}_{n_2} \\ & | & & & | \\ & COOH & & & COOR'' \end{array}$$

丙烯酸树脂易溶于有机溶剂中,但在水中的溶解度取决于侧链基团的性质和水溶液的 pH 值。

丙烯酸树脂是一类无毒、安全的药用高分子材料,对药品起到防潮、避光、掩色、掩味的作用。它主要用作片剂、微丸、硬胶囊等的薄膜包衣,近年来丙烯酸树脂亦用于制备微胶囊、固体分散剂,并用作控释、缓释药物剂型的包衣材料。

7.1.6　生物传感器原理及其性质

在我国,国家标准"传感器通用术语"中传感器被定义为:"传感器是能感受规定的被测量并按一定规律将其转换为有用信号的器件或装置,通常由敏感器件、转换器件和电子线路组成"。由于常见的信号绝大部分是温度、压力等非电量信号,而电信号是最适宜放大、处理和传输的信号形式,因此,传感器通常是用于检测这些非电量信号并将其转变成便于计算机或电子仪器所接收和处理的电信号。

从传感器的作用来看,实质上就是代替人的五种感觉(视听、触、嗅、味)器官的装置。人们通过五官把外界信息收集起来,再传递给大脑,在大脑中处理信息,得出一个"结果";传感器同样是收集外界各种环境信息,这些信息通过放大处理后,由计算机代替人的大脑对信息进行处理和判断。近年来,随着科学技术的迅速发展,特别是微电子加工技术计算机芯片及外围扩展电路技术新型材料技术的发展,使得传感器技术的开发和应用进入了一个崭新的阶段。

生物医学传感器(Biomedical Sensors)是获取人体生理和病理信息的工具,是生物医学工程学中的重要分支,对于化验、诊断、监护、控制、治疗和保健等都有重要作用。它是近年来生物医学和电子学、工程学相互渗透而发展起来的一种新型信息技术。

7.1.6.1　生物传感器的原理和器件

生物传感器的原理可按两种类型说明。

（1）利用生物物质的生物传感器。生物体内具有多种分子识别功能的生物物质。将这些物质固定化在识别部分就可以制成各种生物传感器。这类生物传感器的基本原理是将生物物质的化学变化转换成电信号，它又可分为下列几种。

①化学变化转换成电信号的方式。固定化酶能识别特定分子(底物)，催化该分子发生生化反应，从而使特定的物质有增减。能把这种物质增减转换为电信号的器件，就是生物传感器。这类传感器有克拉克型氧电极、过氧化氢电极、氢电极、氢离子电极、离子电板、氨电极及离子选择性FET电极等。酶电极是把固定化酶和上述器件装配在一起做成检测酶的底物用的生物传感器。

②热变化转换成电信号的方式。固定化生物物质进行分子识别时常伴随有热量变化。例如，将酶或微生物固定化后，与能把热量变化转换为电信号的器件——热敏电阻，可组成酶热敏电厦、微生物热敏电阻等生物传感器。

③光变化转换成电信号方式。近来发现有很多种能催化产生发光的酶，利用这些酶，可以在分子识别时导致发光，再与转换发光量为电信号的器件结合，则构成生物传感器。把分子识别部分固定在光导纤维的前端，光经光导纤维传到光子计数器或光电二极管则转变为电信号；也有的不用光导纤维，把分子识别部分直接和光电二极管相结含来进行信号变换。

④直接诱导电信号的方式。分子识别处的变化如果是电的变化则不需信号转换器件，但是一定得有导出信号的电极。

（2）以生物系统为模型的生物传感器。在生物中有视觉、听觉、触觉，痛觉、冷热觉、味觉、嗅觉等多种感觉器官。生物传感器研究中的一个重要内容是研究代替这些感觉器官的测量装置。感觉器官中，响应化学物质的味觉和嗅觉器官，叫做化学感受器。

7.1.6.2　微生物传感器的原理

微生物大致可分为好气微生物和厌气微生物，好气微生物的繁殖必须有氧，可根据呼吸活性来了解微生物的活动状态。而厌气微生物，氧的存在不适于其繁殖，可以用其代谢产物或二氧化碳为指标来追踪其活动状态。所以从原理上微生物传感器可分为两类：一类以微生物的呼吸活性作为测定指标的呼吸活性型传感器(呼吸活性测定型)，它适用于好气性微生物；另一类以微生物代谢产物中的电极活性物质作为测定指标的电极活性型传感器(电极活性物质测定型)，它适用于厌气性微生物。

7.1.6.3 生物医学传感器的特殊性

具体讲，应注意生物医学传感器以下几方面的特殊性。

（1）一般工业测量中，为准确检测待测量并减少干扰，总是尽量使传感器接近被测点。但在对生物体内某部位进行就近直接测量时，由于生物体具有自身体内平衡(Homeostasis)机能，一旦有外界扰乱因素出现，为补偿扰乱因素带来的影响，整个生物体将产生各种应急反应，从而改变被测部位的状态，影响被测量的真实性，还可能给被测者带来不适感和痛苦，例如开胸测心脏的状态等。因此，在对人体进行测量时，应尽量避免传感器干扰人的正常生理、生化状态，尽量避免给人的正常活动带来负担或痛苦。较自然的想法是使传感器探头远离被测部位，但这样一来，由于远离被测点，干扰因素增加，可能使测得的信号质量变坏，故应根据实际情况综合考虑。

（2）为了减轻对被测生物体的侵扰，以非接触与无损伤或低损伤的传感器进行间接测量是生物医学传感器的重要发展方向。由于此类传感器多利用间接测量方法来获得体内有关信号，故通常信号中干扰成分较多，往往需要借助信号处理等技术加以改善。

（3）为了既能准确检测到生物体内某个局部信息，又能使对生物体的侵扰减小到足够低程度，发展了体内(植入式或部分插入式)传感器。对体内传感器应考虑装置的微型化、能量及信息传输方式、植入或插入材料的生物相容性及植入装置的安全性等诸多特殊要求。

（4）生物信号的特点是信号微弱、频率很低、背景噪声及干扰大、随机性强、个体差异大，而且生物体内多种生理、生化过程同时进行，这都增加了检测特定生物信号的难度。除了通过后续电路进行处理之外，重要的是优化传感器设计，防止噪声和干扰混入，使传感器具有较高的灵敏度和较大的动态范围，使其在有大的干扰和被测对象发生较大变化情况下，仍能工作并不产生失真。

例如，通过测量胸壁的微小振动来间接了解心脏的运动状况。心脏运动传递到体表的振幅为微米量级，所用的传感器应具有相应的灵敏度；但由于呼吸以及人的体动或发声等造成的干扰，可使胸壁产生高达毫米量级的起伏。

为了正确检出有用信号,要求传感器及后续电路应有高达 100dB 以上的动态范围,必须对传感器进行精心设计。

(5)生物医学传感器的设计与应用,应充分考虑生物体的特性。仍以通过胸壁测量心脏运动为例,传感器与人体构成了等效电路。因此在设计传感器时必须了解人体内振动源如 1s 及人体等效阻抗 2s 的特性,并根据增益和频率特性要求正确确定传感器的等效输入阻抗 Z τ。

又例如,在采用压电、应变及差动变压器或传感器等对人体进行接触测量时,由于人体被测部分通常比传感材料柔软,即传感器和人体间材料特性不相匹配,影响传感器的灵敏度和频率特性,为此,应在两者间加入匹配材料,以改善测量系统特性。

(6)生物医学传感器的使用对象极为广泛,有医生、护士、患者,也可以是社会其他各界人士。使用环境亦是多种多样,体内、体外、医院、家庭、野外,甚至太空等。这就要求生物医学传感器的设计应能分别适应各种对象和环境。

7.2　有机生物功能材料的制备

7.2.1　微胶囊技术及高分子药物送达体系

7.2.1.1　微胶囊技术

使用微胶囊技术制备长效制剂是另一种较为先进的延长药效的方法,使用半透性聚合物作为微囊膜,可利用其控制透过性从而控制药物的释放速度。可用作微胶囊膜的材料很多,但在实际应用中应考虑芯材的物理、化学性质,如亲水性、溶解性等。作为微胶囊的材料一般应具备的条件为:无毒;不致癌;不与药物发生化学反应而改变药物的性质;能在人体中溶解或水解,从而使药物渗透释放。目前已实际应用的高分子材料中有天然的骨胶、明胶、阿拉伯树胶、琼脂、鹿角菜胶、葡聚糖硫酸盐等;半合成的高聚物有乙基纤维素、硝基纤维素、羟甲基纤维素、醋酸纤维素等；合成的高聚物有聚乳酸、甲基丙烯酸甲酯与甲基丙烯酸－β－羟乙酯的共聚物等。

药物微胶囊化是低分子药物通过物理方法与高分子化合物结合的一种方式，其制备方法有以下几种。

（1）物理方法：主要指采用静电干燥法、空气悬浮涂层法、真空喷涂法．多孔离心法以及静电气溶胶法。

（2）物理化学方法：包括水溶液中相分离法、有机溶剂中相分离法、溶液中干燥法、粉末床法等。

（3）化学方法：主要有界面聚合及乳液聚合法、原位聚合法以及聚合物快速不溶解法等。

以上方法中物理法设备复杂、投资较大，化学法则较为简单。主要应用于实际生产的方法有：

（1）凝聚法：通过电荷的变化或控制 pH，加入盐类或非溶剂，使高分子在药物表面凝聚，形成微胶囊。

（2）溶剂提取及蒸发：根据包裹材料的性质制成油包水或水包油的乳液体系，包裹材料和芯材处于分散相中，稳定剂对液滴的形成非常重要．通过在液滴表面形成一层保护层，减少了彼此间的凝聚。

（3）界面聚合及乳液聚合法：将两种带不同活性基团的单体分别溶于两种互不相溶的溶剂中，当一种溶液分散到另一种溶液中时，在两种溶液的界面上会形成一种聚合物膜，这就称为界面聚合。常用的活性单体有多元醇、多元胺、多元酰氯等。多用于生产聚酰胺、聚酯、聚脲或聚氨酯。如果要包裹亲油性药物，可将药物与油溶性单体溶于有机溶剂，将形成的溶液在水中分散为细小的液滴后不断搅拌，并在水相中加入含有水溶性单体的溶液，于是在液滴表面形成一层聚合物膜，经沉淀、过滤、干燥后形成聚合物微胶囊。界面聚合所得的微胶囊的壁很薄，药物渗透性好。颗粒直径可经过搅拌强度来调节，搅拌速度越高，颗粒直径越小而且分布窄，加入适量的表面活性剂也有同样效果。

（4）界面沉积法：将 PVA 溶于丙酮，药物溶于油相，将该体系注入含有表面活性剂的水中，丙酮迅速穿透界面可显著地降低界面能力，自发形成纳米级的液滴，使得不溶的高分子向界面迁移，最终形成药物微胶囊。

（5）原位聚合：将单体、引发剂或催化剂以及药物溶解于同一介质中，然后加入单体的非溶剂，使得单体沉积在药物表面并引发聚合、形成微胶囊的方法称为原位聚合法。也可将上述溶液分散在另一不溶性介质中使其聚合，聚合时，生成的聚合物不溶于溶液，从药物液滴内向液滴表面沉积成膜。原位聚合法要求单体可溶解于介质中，而聚合物则不溶解于该介质。其适用性非常好,适用于气态、液态、水溶性和油溶性单体以及低分子量的齐聚物等。介质中还常常加入表面活性剂以及纤维素衍生物、聚乙烯醇、二氧化硅胶体以及阿拉伯树胶等保护体系。

药物微胶囊的研究是在 20 世纪 70 年代开始的,利用特种高分子材料将低分子药物包埋,使得低分子药物能够缓慢地释放,同时这些表面包埋用材料在体内缓慢分解,产物被排出体外。微胶囊化的高分子药物具有缓释作用,除掩盖药物的刺激性味道之外,还可以增加药物稳定作用、降低毒性以及通过渗透、逐渐破裂等作用以达到指定部位释放等功能。采用溶剂蒸发法研制的以乙基纤维素、羟丙基甲基纤维素苯二甲酸酯等为壁膜材料的维生素 C 微胶囊,达到了延缓维生素 C 氧化变黄的效果。维生素 C 分子中含有相邻的二烯醇结构,易在空气中氧化变黄,特别是在与多种维生素或微量元素复合时就更为明显。将这种微胶囊与普通维生素 C 同时放置在空气中一个月,普通药物吸湿黏结、色泽棕黄,而微胶囊药物则保持干燥。同时这种微胶囊维生素 C 在体内两小时即可完全溶解。微胶囊技术在固定化酶制备中有明显的优越性。过去酶固定化的技术是将酶包裹于胶冻中或通过活性基团以共价键的形式与载体连接。这些方法将导致酶的活性降低,而采用微胶囊技术后,酶被包埋在微胶囊中,不会引起活性的变化,使效力提高。

7.2.1.2　高分子药物送达体系

高分子药物送达体系是指将药物活性物质与天然或合成高分子载体结合或复合投施后在不降低原来药效并抑制原药物副作用的前提下,以适当的浓度导向集中到患病的部位,并持续一定的时间,以充分发挥原来药物疗效的体系。将作用分子有选择性地、有效地集中到目标部位,以适当的速度和方式控制释放的原理,都可以广泛地拓宽应用,如农药中的杀虫剂、害虫引诱剂、生长剂以及肥料、香料、洗涤剂等,因而是药剂学的一场革命。

药物释放体系大体可以分为时间控制和部位控制两种类型。

时间控制释放体系有两种形式,即零级释放和脉冲释放。零级释放是单位时间的恒量释放;脉冲释放是对环境的响应而导致的释放,不是恒量的。对零级释放的高分子,用胶囊或微胶囊时,除了要有生物相容性外,药物对高分子膜的渗透性也非常重要。聚丙交酯、聚乙交酯或其共聚物膜的透过性不是很理想,多用聚己内酰胺共聚或嵌段来改性。对崩解型释放体系,即用降解性高分子与药物共混时,基体高分子的溶解或降解速度决定了药物的释放速度,所以,对于非酶促降解聚合物的亲水性是控制药物释放速度的主要因素,通常芳香族聚酯比脂肪族聚酯的降解速度慢数千倍。聚酸酐比聚酯的亲水性好,将羧基引入聚羧基酸时,可以增加聚乳酸的亲水性,也引入了可进一步修饰的活性功能基团,因此可以通过开发亲水性单体,调节它们在共聚物中的含量,从而调节水解速度。对于脉冲性释放体系,近年来研究得较多的有聚 N- 烷基代丙烯酰胺。根据这类聚合物相变温度的依赖性,可以在病人体温偏高时,按照需要释放药物。另外,还有利用化学物质的敏感性引致聚合物相变或构象的改变来释放药物的物质响应型释放体系。

部位释放型送达体系一般由药物、载体、特定部位识别分子(即制导部位)所构成,要求抗原性低、生物相容性好,同时还要求药物活性部分在发挥药理活性前不分解,能够高效地在目标部位浓缩,最好能被细胞所吞噬,然后通过溶菌体被分解释放。这类释放体系又称为亲和药物,适合于癌症患者的化学疗法。在这一体系中,载体分子制导基团、药理活性基团等固定化设计较为关键,多采用生物降解吸收性高分子作为载体。

目前还有将部位控制释放功能和时间控制释放功能结合起来,使得药物在指定部位、指定时间、以指定的剂量释放,这样的体系称为智能型药物释放体系。智能释放体系主要有糖尿病患者使用的胰岛素的智能释放药物。它是利用含有叔氨基的高分子膜包埋人工胰岛素而制成的。当病人发病时,血糖浓度升高致使葡萄糖氧化酶氧化葡萄糖所生成的葡萄糖酸或过氧化物 H_2O_2 浓度上升,高分子膜被质子化而溶胀,包埋于高分子膜内的胰岛素就按照需要释放出来。近年来对多肽药物的研究也较有成果。多肽药物对许多疾病都有疗效,而多肽药物的活性易受到光、热、试剂等作用而失活。因此研究多肽体系的释放和控制多肽药物释放的体系已日益成为备受瞩目的课题。

7.2.2　生物吸收性合成高分子材料

7.2.2.1　脂肪族聚酯的合成

聚酯及其共聚物可由二元醇和二元酸(或二元酸衍生物)、羟基酸的逐步聚合来获得,也可由内酯的开环聚合来制备。缩聚反应因受反应程度和反应过程中产生的水或其他小分子的影响,很难得到高分子量的产物。

开环聚合只受催化剂活性和外界条件的影响,可得到高分子量的聚酯,相对分子质量高达 10^6,单体完全转化聚合。因此,开环聚合目前已成为内酯、乙交酯、丙交酯的均聚和共聚合成生物相容性和生物吸收性高分子材料的理想方法。

7.2.2.2 聚 α- 羟基酸酯及其改性产物

聚酯主链上的酯键在酸性或者碱性条件下均容易水解,产物为相应的单体或短链段,可参与生物组织的代谢。聚酯键的降解速度可通过聚合单体的选择调节。例如,随着单体中碳 / 氧比增加,聚酯的疏水性增大,酯键的水解性降低。

7.3 有机生物功能材料的应用

7.3.1 医用高分子材料的应用

按照功能分类,医用高分子材料主要应用于人造器官和治疗用材料。第一类能长期植人体内、完全或部分替代组织或脏器的功能,如人工食道、人工关节、人工血管等。第二类是整容修复材料,这些材料不具备特殊的生理功能,但能修复人体的残缺部分,如假肢等。第三类是功能比较单一、部分替代人体功能的人工脏器,如人造肝脏,这些材料的功能尚有待进一步多样化。第四类是体外使用的较大型的人工脏器,可以在手术过程中部分替代人体脏器的功能。另外还有一些性能极为复杂的脏器的研究,这些研究一旦成功将引起现代医学的重大飞跃。

7.3.1.1 高分子人造器官

高分子人造器官主要包括人造心脏、人造肺、人造肾脏等内脏器官,人造血管、人造骨骼等体内器官、人造假肢等。由于这些人造器官需要长时间与人体细胞、体液和血液接触,因此要求该类材料除了具备特殊的功能外,还要求材料安全、无毒、稳定性良好,具备良好的生物相容性。大多数的高分子本身对生物体并无毒副作用,不产生不良影响,毒副作用往往来自高分子生产时加入的添加剂(如抗氧剂、增塑剂、催化剂)以及聚合不完全产生的低分子聚合物。因此对材料的添加剂需要仔细选择,对高分子人造器官应进行生物体测定。人造器官在使用前的灭菌也是重要的一个环节。另外,人造器官在使用条件下材料不能发生水解、降解和氧化反应等。优良的生物相容性对于人造器官非常重要,特别是用于人造内脏和人造代血浆等与生理活性关系密切的材料的相容性更为重要。

(1)人工心脏以及与心脏相关的材料。人工心脏的研究有体内埋藏式人工心脏、完全人工心脏以及辅助人工心脏。对于人工心脏来说,优良的抗血栓性是十分重要的。改进材料的抗凝血性能常常采用的方法如下:

①增加材料表面的光洁度,减少血小板等血液成分在材料表面的凝聚,以防止血栓的形成。

②在材料中引入带负电的基团,利用静电排斥,防止带有负电荷的血小板的凝聚。聚离子络合物(Polyion Complex)是由带有相反电荷的两种水溶性聚电解质制成的。例如,美国的 Amoco 公司研制的离子型水凝胶 Ioplex 是由聚乙烯苄三甲基铵氯化物与聚苯乙烯磺酸钠通过离子键结合得到的。这种聚合物水凝胶的含水量与正常血管一致,通过调节这两种聚电解质的比例,可制得中性的正离子型的或负离子型的产品。其中负离子型的材料可以排斥带负电的血小板,有利于抗凝血,是一类优良的人工心脏、人工血管的材料。

③适当引入亲水基团。改善材料的亲水性,可以提高材料的血液相容性。

④在材料中引入肝素结构可以防止血液凝聚。

⑤使用微相分离的高分子材料,促使人造器官内表面生成具有抗凝血能力伪内膜。例如,在聚苯乙烯、聚甲基丙烯酸甲酯的结构中接枝上亲水性的甲基丙烯酸 - β - 羟乙酯,当接枝共聚物的微区尺寸为 20～30nm 时,具有良好的抗凝血性能。

在微相分离高分子材料中,国内外研究得最为活跃的是聚醚型聚氨酯,或称聚醚氨酯。聚醚氨酯嵌段共聚热塑性弹性体具有优良的生物相容性和力学性能,因而引起人们广泛的重视。作为医用高分子材料的嵌段聚醚氨酯 SPEU、Biomer、Pellethane、Tecoflex 和 Cardiothane 基本上都属于这一类聚合物。微相分离的高分子材料的微相分离程度、微区大小,分散性的形态与聚合物化学组成、软硬段的长度、相对含量、聚合方法及成膜条件等关系密切。这些材料中聚醚为软段形成连续相,而由聚氨酯.聚脲组成的硬段聚集成分散相微区,因此材料具有良好的弹性。

　　为了进一步提高聚醚氨酯的抗血栓性,人们还对其进行了不少改性工作。例如,将一些亲水性单体,如丙烯酰胺、甲基丙烯酸 –β– 羟乙酯接枝共聚到聚醚氨酯的表面,制备出了抗血栓性优良的 SPEU 水凝胶。冯新德等在聚醚氨酯薄膜上通过过氧化氢光氧化反应引入过氧化基团,然后在还原剂亚铁盐或 N, N– 二甲苯胺作用下引发丙烯酰胺接枝共聚。此接枝反应主要发生在聚醚软段上,接枝点在醚键旁的 α– 碳原子上。经这样处理的聚醚氨酯,抗血栓性进一步提高。相反,在聚醚氨酯中引入疏水性基团,同样有助于提高抗血栓性。例如,用含氟二异氧酸酯和聚四亚甲基醚二醇先制成预聚物,然后用乙二胺作扩链剂,得到嵌段的含氟聚醚氨酯。它具有由聚醚构成的亲水性链段和由含氟的疏水性链段两相构成的微相分离结构。这种聚合物不仅有很高的抗血栓性,而且抗张强度达 70MPa,弹性、耐疲劳性都极为优异,因此可用作人工心脏的泵、阀材料。此外,线型聚芳醚砜 – 聚醚氨酯嵌段共聚物、线型聚砜 – 聚硅氧醚氨酯嵌段共聚物均可较大程度提高材料的抗血栓性。

　　人工心脏植入体内在世界上成功的病例不多,而人工心脏瓣膜置换的应用却十分广泛,人工心脏瓣膜的种类在临床上已得到应用的主要有生物瓣膜和机械瓣膜两种。生物瓣膜是动物的心脏瓣膜经化学处理后,再与覆盖有聚四氟乙烯织物的金属轮圈配合组成的。机械瓣膜的活门材料可以使用聚四氟乙烯、聚乙烯硅橡胶等。硅橡胶内部常常加入涤纶或聚四氟乙烯等网状金属织物以提高强度,而机械瓣膜的支架材料和底部轮座一般使用金属,之后用涤纶、聚四氟乙烯等纤维织物覆盖以改善其抗凝血性。与生物体连接的瓣环,常常采用涤纶长丝织物,织物的孔腺度要适宜组织生长,随着瓣环植入人体时间的增长,逐渐被组织包埋后牢固地固定在体内。另外,心脏起搏器中的起搏电极必须用高分子材料来作包覆层,内藏电池式起搏器的电池、电线也应用硅橡胶或环氧树脂包覆。

　　②人工肺、人工肾以及选择透过膜材料。

　　人工肺需要使用氧气富化技术,使人体保持氧气供应。空气中氧气的富化包括吸附 – 解吸法和膜富集法,在人造肺中主要采用膜富集法。血液通过薄膜与血液进行氧气和二氧化碳气体的交换。人工肺根据其形状可分为层积式、螺管式和中空式三类。人工肺用的分离膜要求氧气透过系数要大,血液相容性要好,机械强度要高。

　　目前已作为人工富氧膜面市的高分子材料很多,其中较重要的有硅橡胶、聚烷基砜、硅酮 – 聚碳酸酯等。硅橡胶、聚烷基砜、硅酮和硅酮 – 聚碳酸酯富氧膜使用得最多,其中硅橡胶可用聚酯、无纺布等来增强其机械性能。硅橡胶具有较好的氧气与二氧化碳的透过性以及良好的抗血栓性,在硅橡胶中加入二氧化硅后再硫化制成的含硅橡胶 SSR 具有较高的机械强度,但血液相容性降低。聚烷基砜的氧气与二氧化碳的透过系数都较大,抗血栓性良好。将微孔聚丙烯膜与聚烷基砜膜复合,可制得厚度为 25μm 的膜,聚烷基砜的膜层厚度减小,它的氧气透过系数为硅橡胶膜的 8 倍,二氧化碳透过系数为硅橡胶膜的 6 倍。聚(硅氧烷 – 碳酸酯)是硅氧烷、碳酸酯的共聚物,该膜能够将氧气富集为含氧量为 40%(质量分数)的空气。此外,聚丙烯膜聚四氟乙烯膜利用其微孔性使得空气富氧化,都可以用来作为人工肺的膜材料。

(2)人工骨、关节材料。人工骨骼是高分子材料在医学领域中的最早应用。第一例医用高分子是用聚甲基丙烯酸甲酯作为头盖骨。现在,尼龙、聚酯、聚乙烯、聚四氟乙烯都已成功地用作人工骨骼材料。[1]

人工关节有很多种类,如股关节股关节、膝关节、肘关节、肩关节、手关节、指关节等,其中以股关节和膝关节承受的力最大。20 世纪 60 年代之前使用的人工关节都是金属骨—金属臼关节,患者在使用中有痛苦感。1963 年出现了第一例金属骨—聚四氟乙烯宽骨臼的人工关节,开始了高分子人工关节的时代。[2]

骨水泥是一类传统的骨用黏合剂,1940 年就已用于脑外科手术中,几十年来,一直受到医学界和化学界的重视。

骨水泥是由单体、聚合物微粒(150～200μm)、阻聚剂,促进剂等组成。为了便于 X 射线造影,有时还加入造影剂 $BaSO_4$。表 7-1、表 7-2 是常用骨水泥的基本组成和配方。骨水泥的固化过程是一个放热反应,当各组分混合后 7～10min,温度可高达 80～100℃。此外,甲基丙烯酸甲酯具有一定的细胞毒性,呈现较强的异物反应,手术中使用骨水泥时,可能引起血压下降、脂肪栓塞等不良后果。因此,在骨水泥研究中,对于骨水泥引起的组织反应、聚合热的排除、致癌性和单体毒性等问题,一直是研究者最关心的问题。表 7-3 是常用骨水泥的基本性能。

---

① 刘兵.磷酸钙骨水泥生物材料制备与性能研究 [D]. 中南大学,2005.

② 盖学周,饶平根,赵光岩,吴建青.人工关节材料的研究进展 [J]. 材料导报,2006(01):46–49.

表 7-1 骨水泥组成

组分	MTBC 骨水泥	CMW 骨水泥
单体组分	甲基丙烯酸甲酯、对苯二酚	甲基丙烯酸甲酯、对苯二酚、二甲基甲苯胺
聚合物组分	甲基丙烯酸甲酯 - 甲基丙烯酸乙酯共聚物	甲基丙烯酸甲酯
引发剂组分	三正丁基硼、过氧化氢	过氧化二苯甲酰、二甲基甲苯胺

表 7-2 临床应用骨水泥的一般配方

组分	原料名称	用量 /g
A 组分	聚甲基丙烯酸甲酯 过氧化氢	38.8 1.2
B 组分	聚甲基丙烯酸甲酯 对苯二酚 N，N- 二甲基对苯甲胺 抗坏血酸	21.8 15×10^{-6} 0.18 0.004

表 7-3 骨水泥的基本性能

项目	MTBC 骨水泥	CMW 骨水泥
发热温度 /℃	66	85
压缩强度 /MPa	63.6	96.2
弯曲强度 /MPa	67.4	70.3
拉伸强度 /MPa	3.04	0.56
$BaSO_4$ 溶出量 /10^{-6}	<1	<1
20d 内吸水量 /（mg/cm³）	1.42	1.92

　　为了提高骨水泥与骨骼表面的亲和力,增加材料的强度,现已提出了一种新的骨水泥——BC 骨水泥。BC 骨水泥以聚丙烯酸与磷酸盐为基本原料,压缩强度高,无毒,并有促进骨骼生长的生物活性,因而受到人们的广泛注目。表 7-4 为 BC 骨水泥的基本配方与性能。

表 7-4　BC 骨水泥配方及性能

原料名称			含量	用量 /g	固化时间 /min	压缩强度 /MPa
A 型	粉剂	磷酸三钙	100%	100	10	156
	液剂	聚丙烯酸	40%	50		
		水	60%			
B 型	粉剂	磷酸三钙	70%	100	3.5	85
		氢氧化磷灰石	30%			
	液剂	聚丙烯酸	50%	50		
		水	50%			

（3）其他人造器官。模拟肝脏的功能是将肝代谢功能障碍患者的血液进行透析,除去异常代谢物以达到解毒的目的。所用的透析膜一般采用高分子材料,所用的过滤介质一般以多孔的聚苯乙烯离子交换树脂来取代活性炭。日本东京大学和旭化成公司以一个醋酸纤维素制成的中空纤维过滤器,使血液细胞和血浆分离,然后把血浆抽送到活性炭圆柱中过滤,重新形成新的血液送回人体。人工肝脏是一个具有解毒功能的辅助型急救装置,只能在体外应用。人工胰脏是以移植异体的胰岛为基础而展开的。将活体胰岛覆盖一层高分子膜可以控制排异反应,这层膜可以防范淋巴及抗体的排异伤害,还要能透过胰岛分泌物。制造人工胰脏的材料通常有氯乙烯、丙烯腈、甲氧基丙二醇的共聚体、聚乙烯醇以及嵌段聚酯型聚氨酯。此外,用硅橡胶做的人工喉发音膜已经在临床上使用,能达到发音、吃饭、呼吸通畅的正常功能。人工气管、人工食道、人工血管等都得到了广泛的应用。人工脏器的研究目前已经涉及人体脏器的绝大部分领域,研制的方向正向着体内化、小型化和与人体长期适应的方面发展,功能高分子正日益广泛地应用于人工脏器的研究与应用。

7.3.1.2　高分子治疗材料

用于治疗用的功能高分子材料主要包括牙科材料、眼科材料以及美容用材料和外用治疗用材料。对这种材料的基本要求也是稳定性和相容性好,无毒副作用,其次才是机械性能和使用性能要好。

此外,高分子材料还被广泛地应用于医疗用品以及护理用品。一次性注射器以及输液用品的广泛使用避免了交叉感染,且免去了消毒,使用简便,价格低廉且易于加工,常常采用聚乙烯、聚丙烯、聚氯乙烯等材料制成。

目前,可降解吸收的手术缝合线也日益得到广泛应用。如商品名为 Dexon 的材料反应小,抗张强度大,对胃肠,泌尿、眼科手术都十分适用。乙交酯和 L – 丙交酯共聚物的缝合线具有强度大、异体反应小等特点。甲壳素缝合线手感柔软,在溶菌酶的作用下可以分解为二氧化碳排出体外,生成的糖蛋白易于被组织吸收。高分子降解型医用缝合线应能够进行彻底的消毒处理,具有恰当的力学性能和伸长率,临床应用方便,具有良好的组织适应性,在体内应无毒副作用,最终完全被人体吸收。

此外,还有护理用高分子材料,如以吸湿性高分子材料聚丙烯酸、改性纤维素、改性聚丙烯腈等制备的尿不湿,以 PVA、丙烯酸等聚合物或共聚物等水溶性高分子材料制备的弹性冰等。

7.3.2　药用高分子材料的应用

7.3.2.1　聚合型药理活性高分子药物

聚合型药物是指某些在体内可以发挥药效的聚合物,主要包括葡萄糖维生素衍生物和离子交换树脂类,主要应用于人造血液、人造血浆、抗癌症高分子药物以及用于心血管疾病的高分子药物如抗血栓、抗凝血药物,另外还有抗病毒、抗菌高分子药物。聚合型药理活性高分子药物是真正意义上的高分子药物,它本身具有与人体生理组织作用的物理、化学性质,可以克服肌体的生物障碍促使人体康复。药理活性高分子药物的应用已经有很长的历史,激素、酶制剂、阿胶、葡萄糖等都是天然的高分子药理活性的高分子药物,但人工合成的高分子药物开发时间并不长,其主要工作目前集中在:对于已经用于临床的高分子药物的作用机理的研究;新型药理活性的聚合物的开发;根据已有低分子药物的功能,设计保留其药理作用,而又克服其副作用的药理活性高分子药物。近年来,合成药理活性的高分子药物的研究进展很快,已有相当数量的产品进入了临床应用。

（1）人造血浆以及人造血液。葡萄糖类聚合物在医疗方面主要作为重要的血容量扩充剂,是人造血浆的主要成分。其中较为重要的是右旋糖酐,它能在体内缓慢水解后生成葡萄糖被人体所吸收。右旋糖酐是以蔗糖为原料,采用肠膜状明串珠菌经静置发酵制备的,因其分子量太大,黏度增加,与水不易混合,对红细胞有凝结作用;分子量太小,在体内保留时间短。右旋糖酐的硫酸酯可用于抗动脉硬化,也可当作抗癌症药物的增效剂使用。

人造血浆要求所用材料化学稳定性好,与人体血液的渗透压相近,黏度相同,体内可以降解,无毒副作用。

人造血液经过生物医学工作者的不懈努力,已经进入临床实用阶段。日本开发的以全氟碳化合物为基料的物质,有 20% 全氟三甲基胺、表面活性剂、羟乙基淀粉等,经乳化后制得,可以比人体血液多载 2.5 倍的氧,且可以长期储存不变性,输血时也不必考虑血型以及其他病变因素。

(2)抗癌高分子药物。以离子交换树脂为主体制备的高分子药物已经获得临床应用。其中比较典型的有降胆酶,属于强碱性阴离子交换树脂。降胆酶能吸附肠内胆酸,阻断胆酸的肠道循环,降低血液的胆固醇含量。目前阳离子高分子抗癌症药物有多胺类、聚氨基酸类、聚乙撑亚胺、聚丙撑亚胺、聚乙烯基胺、聚乙烯基 –N– 羟基吡啶等。

类似的高分子药物还有降胆宁,是二乙烯三胺与 1– 氯 – 2,3 环氧丙烷的共聚物,是阴离子交换树脂。合成的阴离子聚合物能产生免疫活性,诱导产生干扰素,具有改进网状内皮系统功能。其中比较有代表性的是二乙烯基醚与顺丁烯二酸酐共聚得到的吡喃共聚物能抑制多种病毒的繁殖,有持续的抗肿瘤活性,用于治疗白血病、脑炎和泡状口腔炎症。除了诱发干扰素的作用外,阴离子高分子还可以和低分子抗癌剂形成络合物,或者与低分子的生物活性物质如体液、细胞性蛋白质、激素肽等相互作用,成为新的抗癌药物。

高价结构对多糖类的抗癌性具有重要作用,以 p（1–3）貳键为主链、β（1–6）貳键为支链的多糖衍生物,如多糖的螺旋霉素具有抗癌功能。另外还有一些活性杆菌如 BCG（Calmette-gurin）或 Corynrbacterium Parvum 的细胞壁是由以糖酯类为中心的生物高分子构成的,可用于肿瘤以及癌症的免疫。

(3)用于心血管病的高分子药物。聚丙烯酰胺或其同类物质可以大大改善动脉和血液的流动情况,在血液中注入这些物质,可以缓解动脉硬化的病情,另外口服聚丙烯酰胺类药物无毒副作用,有一定的疗效。葡萄糖酸钠是一种成熟的抗凝血高分子药物,对高脂血症以及动脉硬化有很好的疗效。高分子改性的肝素可以大大延长肝素的作用时间,以聚氯乙烯、聚乙烯、聚乙酸乙烯酯为主链进行接枝与肝素连接在一起,使肝素具有有效的缓慢释放,可用于长时间的抗凝血作用。另外,抗凝血药物还有外用的,如用于肿胀、浮肿等,起到软化和促进吸收作用的高分子药物,如聚乙烯硫酸钠与尼古丁酸戊酯配合使用的外用软膏。

(4)抗菌、抗病毒高分子药物。抗菌高分子药物目前的研究主要集中在将抗生素接枝到高分子载体上,以降低毒副作用并获得持久的药效。青霉素中含有羧基、氨基,很容易接到高分子载体上,青霉素接枝到高分子载体上,不但药效持久,而且毒性也小许多,避免了毒性和过敏反应。将青霉素与丙烯酸、乙烯胺、乙烯基吡咯酮共聚成盐将大大提高药物的稳定性和长效性。青霉素通过酰胺键与乙烯醇乙烯胺共聚物相结合的物质的药效比青霉素长 30~40 倍。将四环素与聚丙烯酸络合,使用的效果也很好。近年来将阿司匹林和一些水杨酸衍生物与聚乙烯醇或纤维素进行熔融酯化,使之高分子化,可以获得较为长久的药效。

抗病毒高分子药物主要是一些高分子电解质经水解后具有抗病毒的效应,如顺丁烯二酸酐的共聚物、聚乙酸乙烯酯等。这些物质可以刺激体内细胞产生干扰素。一些半合成的核酸以及蛋白质也能诱发干扰素的产生,具有抗病毒作用。另外乙烯基吡咯酮和丁烯酸的共聚物也具有良好的抗病毒作用。

其他聚合物药物如聚 2- 乙烯吡啶氧化物是一种用于治疗硅沉着病的药物,也称为克矽平。其合成方法为以 2- 甲基吡啶为原料,经甲醛羟甲基化得到 2- 羟乙基吡啶,再经碱性消去反应脱水,在分子内引入可聚合基团——乙烯基,在明胶水溶液中以偶氮二异丁腈(AIBN)引发聚合得到聚 2- 乙烯吡啶,经双氧水氧化即得。

7.3.2.2 以高分子为载体的药物

多数药物的药效是以小分子的形式发挥作用,将具有药理活性的小分子聚合在高分子的骨架上,从而控制药物缓慢释放,药效持久,可制备长效制剂,延长药物在体内的作用时间,保持药物在体内的浓度。通过适宜的方法延缓药物在体内的吸收、分解、代谢和排出的过程,从而达到延长药物作用时间的目的的制剂称为长效制剂。长效制剂的研究目前集中在以下两个方面。

(1)减小药物有效成分的溶出速度。其方法有:①与高分子反应生成难溶性复合物,高分子化合物可以是天然的也可以是合成的。比如用天然的高分子鞣酸与碱性药物反应,可以生成难溶盐,如 N- 甲基阿托品鞣酸盐,B_{12} 鞣酸复合物等。聚丙烯酸、多糖醛酸衍生物等可以和链霉素等合成难溶盐。②用高分子胶体包裹药物,胶体可以用亲水性聚合物制备,由于高分子胶体的存在,减缓了药物的溶出速度。通常采用的亲水性胶体有甲基纤维素、羟甲基纤维素、羟丙基甲基纤维素等。③将药物制成溶解度小的盐或酯,如青霉素 G 和普鲁卡因成盐后,作用时间延长。

（2）减小药物的释放速度。使用半透性或难溶性高分子材料将小分子药物包裹起来,由半透膜或难溶膜控制释放速度的研究日益广泛。将药物与可溶胀聚合物混合,制成高分子骨架片剂,其释放速度受到骨架片中微型孔道构型的限制。前者可以对片剂、颗粒进行包衣,制成胶囊或微胶囊。

药用高分子的研究工作是从高分子载体药物的研究开始的。至今已研制成功许多品种,目前在临床中实际应用的药用高分子大多属于此类。

阿司匹林(乙酰基水杨酸)是一种传统的消炎药和解热镇痛药。近年来发现它还具有抗血小板凝聚的作用,于是重新引起了人们极大的兴趣。① 将阿司匹林以及其他水杨酸衍生物与聚乙烯醇、醋酸纤维素等含羟基聚合物进行熔融酯化,可使之高分子化。所得产物的抗炎性和解热镇痛性,比游离的阿司匹林更为长效。也用活性酰胺 1-（乙酰基水杨酸）苯并三氮唑与聚乙烯醇反应,用三乙胺作催化剂,也可得到与上述结构相同的高分子阿司匹林。

类似的抗结核菌药物对氨基水杨酸（PAS）和抗癌剂草酚酮也可通过与聚乙烯醇结合得到高分子药物,这种高分子 PAS 克服了 PAS 排泄快的缺点,用药量从原来的每天 3～4 次减为每天 1 次。可口服,亦可皮下注射。

对不同主链结构的高分子阿司匹林的水解反应研究表明,主链结构对水解结果有显著影响。例如,用聚甲基丙烯酸 – 片羟乙酯作载体的高分子阿司匹林在二氧六环 / 水（9：1,体积比）作溶剂、60℃、碱性条件下水解,产物中不仅有阿司匹林,还有基本等量的水杨酸。而以甲基丙烯酸甲基丙烯酸 –β– 羟乙酯共聚物为载体,所得高分子阿司匹林在上述同样条件下水解,产物中的阿司匹林量约为水杨酸量的 6 倍。

维生素是人体生长和代谢所必需的微量有机物,所需量很小。按理说,人们每天食用的蔬菜、水果、谷物中的维生素已足够维持肌体活动的需要了。但实际上,维生素并不易被人体吸收,其中大部分在进入人体后又被排泄掉了,浪费很大。已经研制了多种维生素与高分子化合物结合的产物,药效大大提高。

---

① 万福贤,姜林,尹洪宗,等 . 冬青油的提取与乙酰水杨酸的合成 [J]. 实验室科学,2015,18(06)：36–38.

对严重贫血的患者,临床上常用补血药来治疗。补血药的主要成分是亚铁盐。服用过量的亚铁盐会引起中毒,因此常用具有羟肟酸结构

$$\begin{matrix} N-C \\ | \quad \| \\ (OHO) \end{matrix}$$

的 DFA（deferoxamine）来解毒。但 DFA 只能用于因铁盐少量过量引起的轻微中毒的情况,而对因大量铁离子过量而造成的急性。

中毒不适用,因大量 DFA 与铁离子形成的螯合物同样是有毒的。因此,合成了一系列可溶性的高分子羟肟酸 P-3,P-9,P-11,P-13,P-15 等,P 后面的数字表示两个相邻的羟脂酸基团之间间隔的原子个数。这些高分子羟脂酸能与铁离子形成稳定的螯合物(图 7-3),因此对人体无毒。

长期以来,痛症对人类健康威胁极大。为此,人们与其进行了不懈的斗争,促进了抗癌药物的发展。高分子抗癌药物的研究与低分子抗癌药一样,极为活跃。

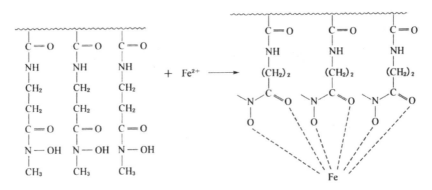

图 7-3　高分子羟柄酸与铁离子的螯合的反应

在低分子抗癌药中,有很大部分是核酸碱类化合物。现已将核酸碱类抗癌药大分子化。这些核酸碱类聚合物具有 DNA 或 RNA 的某些性质,可以被肿瘤细胞所吸收,制止肿瘤细胞的复制起到抗癌作用。

用以制备核酸碱类聚合物的单体主要是尿嘧啶、腺嘌呤的乙烯基衍生物,如烷硫基嘌呤的烯烃衍生物,5- 氟尿嘧啶的乙烯基衍生物等。

乙烯基尿嘧啶是最简单的尿嘧啶单体,能在引发作用下聚合形成水溶性聚合物,它能像天然核酸那样彼此间通过氢键缔合形成高分子络合物,有良好的抗肿瘤作用。

用甲基富马酰氯与 5- 氟尿嘧啶(5-Fu)反应得到单体,均聚物和共聚物都具有抗肿瘤活性,据研究,这可能是由于它们能够缓慢释放出 5-Fu 之故。

除了已经研制出大量侧基型尿嘧啶类聚合物外,主链型的尿嘧啶聚合物也有不少报道。例如,1,3-（N-羟甲基）5-氟尿嘧啶是一种水溶性抗肿瘤药物,经小白鼠试验,对肺癌和网织细胞瘤的抑制率达80%～92%。对大量主链型含 5-Fu 聚酯、聚硅氧烷的研究表明,这类高分子药物大部分有良好的抗肿瘤活性,而且毒性小,能长效缓释。

　　氨甲嘌呤是一种治疗多种癌症的有效药。它的作用是与人体内的叶酸还原酶和二氢叶酸还原酶结合,抑制叶酸向四氢叶酸转换,而四氢叶酸是 DNA 和 RNA 合成的催化剂,因此,DNA 和 RNA 都受到抑制,从而控制了肿瘤细胞的增殖。但大量服用氨甲嘌呤,虽然肿瘤细胞受到抑制,正常细胞也同时被抑制,使人体机能的正常代谢被紊乱。为了改变这种状况,人们将氨甲嘌呤通过酰胺键、酯键等与聚赖氨酸、聚烯亚胺、聚乙烯醇、羧甲基纤维素、蛋白质等高分子连接,得到能在体内长期停留、能有效抑制肿瘤细胞增殖,而且副作用较小的高分子药物(图 7-4)。

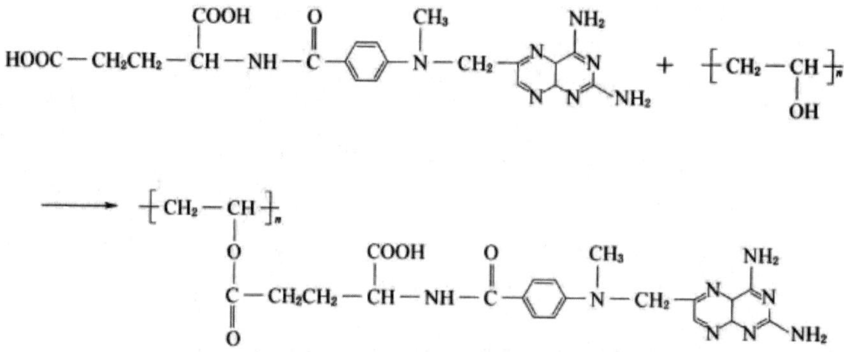

图 7-4　氨甲嘌呤的高分子化

　　激素、酶等生物活性物质在现代医学中有着十分重要的作用。但这些物质的活性寿命较短。大量服用激素对人体的副反应较大。如果将它们固定在高分子上,能延长它们的贮存寿命,在体内释放缓慢,而且生理活性不变。

　　例如,将睾丸激素(testosterone)接枝在季胺盐型高分子载体上(图 7-5),所得聚合物在不同 pH 值条件下有不同的释放睾丸激素速率。

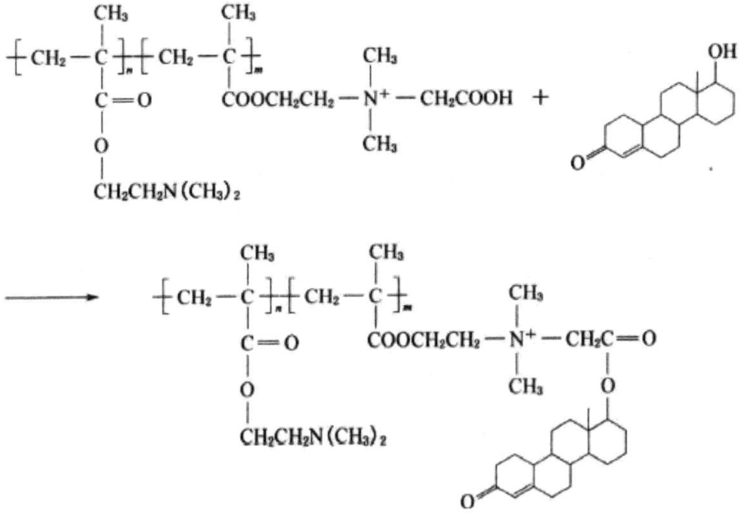

图 7-5　睾丸激素的高分子化

7.3.3　生体功能复合材料的应用

生体功能复合材料自问世以来,由于它在医疗上的巨大作用,使它具有强大的生命力,能不断地向前迅速发展。已经应用的生体功能复合材料包括无机纤维与高分子材料复合、无机纤维与陶瓷材料复合、陶瓷微粒与高分子材料复合、生物陶瓷涂层材料等,下面介绍几种复合材料在医学中的应用。

7.3.3.1　复合材料假肢

现代假肢技术,是以符合生理解剖原理的吸着式接受腔和以先进工业技术生产的组件式下肢假肢等为代表的假肢技术,明显区别于以小手工业作坊式生产的以插入式接受腔和皮腿、木腿及铝腿为代表的传统假肢技术。

假肢是作为失去了手、脚的代行器具而被广泛使用的。最近,由于小型发动机的开发以及使用轻量的纤维增强塑料,其应用范围也在不断扩大。

现在,假肢和切断部位的安装有两种方式。一种是负压吸附式,即在臂套部位设置密封部分,用泵抽出其中的空气;另一种方式是以往用过的插入式。由于吸附式结构简单,可以做得更轻,所以正得到广泛使用。这种接合一般要求管套部位具有相当的强度,像纤维增强塑料那样成型性优异的高强度材料特别有希望。选择假肢材料的必要条件之一是要能容易修改。现在假肢的耐用年限是 5 年,目前还没制成可以长期使用的假肢。因此,有关这种成型技术的研究极其重要。ChasABlatchford 与 Sons 有限公司已研制出一种假腿的标准组件系统,包括一系列的碳纤维/环氧构件,具有一般人使用的标准尺寸,可以连接的病人适宜的膝关节处。如此使用的结构管材(因为它提供了内骨骼,而通称 Endalite 系统),连同起外观修饰作用的外部软包覆件一起,已证明在压缩强度与弯曲强度以及抗扭转方面都是突出的。疲劳试验表面,周期应力的各个使用寿命都超过了。在质量上有相当大的节省,因而有助于老年的与体弱的截肢者。

7.3.3.2 颅骨修补用生体功能复合材料

单纯的高分子材料,例如聚甲基丙烯酸甲酯,虽然克服了金属材料热导率高、成型加工困难等缺点,但其强度低、脆性大,特别是作为颅骨修补材料钻引流孔时,产生微裂纹造成应力集中,手术后病人头部创伤部位再次承受外力时的强度明显降低。有时为了提高这种修复材料的强度,一方面通过增加厚度,另一方面对材料进行改性,例如与苯乙烯共聚等。

上述材料的耐冲击性能不理想,且手术后,手术部位多有异物感,在手术中材料的再加工成型也存在着许多困难,延长了手术时间。

1983 年以来,为了克服现有技术和材料中存在的问题,减轻病人痛苦,缩短手术时间,为病人提供一种更安全、适用的修补材料,研制出了新型颅骨缺损修补高分子医用纤维增强材料。这种修补材料热导率低,具有高于颅骨的强度和刚度。制造方法是玻璃纤维与碳,然后与聚甲基丙烯酸甲酯,或者是直接用碳纤维(纤维制成毡状物或织物)与聚甲基丙烯酸甲酯复合。用玻璃纤维毡和无内脱模剂的聚甲基丙烯酸甲酯复合而成的修补材料,其配方质量分数为:玻璃纤维毡 30%～50%;聚甲基丙烯酸甲酯 40%～70%。其中若混杂 5%～20% 的碳纤维束,可进一步提高修补材料的力学性能。还可根据病人的需要,调整碳纤维的含量及排列形式,以达到医疗希望的目的。如果采用碳纤维增强聚甲基丙烯酸甲酯,力学性能明显提高,但其成本也很高。这种生体功能复合材料具有良好的生物相容性,通过动物试验表明,是一种理想的体内埋植材料,于临床进行几百例患者的修补获得成功。该材料还具有加工容易、使用方便、可缩短手术时间、植入后无异物感和压迫感等优点。

7.3.3.3　牙科用生体功能复合材料

由于生物陶瓷制造的人工牙齿在咀嚼过程中的抗冲击性能较差。因此以粉状生物陶瓷和其他无机材料填充聚合物构成的复合材料作为牙科材料的发展非常迅速。尤其是硬质树脂研制成功之后(主要是聚甲基丙烯酸甲酯的各种改性产品),这种生物复合材料已经用于牙科的各个方面。例如采用粉状生物陶瓷或生物玻璃填充改性聚甲基丙烯酸甲酯,以其制成的假牙具有较好的机械强度、耐磨性、可耐咀嚼,并与齿有相近的色调,而采用这种材料制成的人造牙根在拔去齿根的孔内种植,未发现牙组织的过敏、红肿和不适反应,牙床对它的黏附性良好,有利于人工牙的固定和生长。从牙科医疗立场出发,根据使用目的,牙科材料大致可分为:①齿冠修复材料;②黏合材料;③人工齿冠材料;④人工齿材料;⑤义齿床材料;⑥印模材料;⑦托架;⑧其他材料。本节将从龋齿填补、修牙镶补及新型牙科材料等方面加以叙述。

（1）龋齿填补材料。

①龋齿填补用树脂。填充于龋齿空洞部分所采用的高分子复合材料必须在填补之后在常温下几分钟内硬化,补好空洞,抑制龋斑,保护牙组织的正常生理功能,最早应用的是聚甲基丙烯酸甲酯(PMMA),其重点是研究常温引发固化体系。1941 年德国学者 Schnebel 在聚甲基丙烯酸甲酯树脂中,加入过氧化苯甲酰和叔胺类物质,将单体和树脂调成树脂膏糊。但叔胺在空气中会发生氧化变色,色彩较差。1948 年, Hagger 用亚磺酸盐作常温聚合物引发剂,所得的聚合物无色透明且不变色,可制成与人齿相适应的色调,但对人齿的黏合力减弱。1962 年,日本学者用三丁基硼作常温聚合引发剂,改进了上述缺点。

②树脂的增强与复合。为了改进 PMMA 树脂表面硬度差、耐磨性不佳等缺点,可在 PMMA 单体中加入百分之几的交联剂。如加入少量二甲基丙烯酸乙二醇酯,配成可共聚的单体,或者在 PMMA 树脂颗粒中加入玻璃粉、玻璃纤维短丝等组成复合材料,但它们不能解决耐磨、耐水问题。1962 年, Bogen 用双酚 A 和甲基丙烯酸缩水甘油酯的复合物(Bis-GMA)为基础材料,在其中加入三缩乙二醇酯,加入 70% 的石英粉等制成填补用复合材料,用过氧化物和叔胺类氧化还原体系,常温下 3 ～ 5min 即可固化,其表面硬度、耐压强度、耐磨损性能都有所提高。固化时收缩小,固

化物热膨胀系数小,但使用时质地较脆,与齿组织粘接性较差。Lee Henry 合成了一种新的填补用混合树脂,认为效果较好。其制法如下,将甲基丙烯酸羟乙酯加入环乙烷、邻苯二甲酸酐中,先制得下式结构的产物:

$$\text{COO—CH}_2\text{—O—}\overset{\overset{\displaystyle O}{\|}}{C}\text{—C—CH}_2$$
$$\text{COOH} \qquad\qquad \overset{|}{CH_3}$$

然后将它与甲基丙烯酸缩水甘油酯用三乙基膦催化而制得下式结构的产物:

$$\text{COOCH}_2\text{—CH}_2\text{—O—}\overset{\overset{\displaystyle O}{\|}}{C}\text{—CH}_3$$
$$\text{COOCH}_2\text{—CH—CH}_2\text{—O—}\underset{\underset{\displaystyle O}{\|}}{C}\text{—C—CH}_2$$
$$\overset{|}{OH} \qquad\qquad\qquad \overset{|}{CH_3}$$

将此产物 80 份,经硅烷表面处理的二氧化硅和 BPO 混合物 20 份充分混合均匀。把上述混合物 50 份与 30 份 Bis-GMA、10 份二甲基丙烯酸三缩乙二醇酯、10 份聚二甲基丙烯酸乙二醇酯混合,即成为一种新型复合填补用树脂,可增加固化物的韧性及与齿组成的粘接性。

(2)假牙与人工牙根。假牙必须具有较好的机械强度和耐磨性。1965 年开始引入多官能团的甲基丙烯酸酯单体,以形成高度交联的热固性树脂。商品牌号为 Thermo-JEI 的假牙材料是 75% 的甲基丙烯酸二缩乙二醇酯与 25% 二甲基丙烯酸组成的共聚体,与 PMMA 配合制成。商品牌号为 DiamonD 的假牙材料是用 50% 二甲基丙烯酸乙二醇酯,50% 甲基丙烯酸甲酯组成的共聚体与 PMMA 配成的。其中都加入少量无机填料,以增加耐磨性。该产品存在的问题是脆性,而且高交联度聚合物与颗粒状聚合物,以及与无机填料混合部分有微观分离状态,形成多相结构,造成假牙的不美观。

中国学者选用 PMMA 和苯乙烯的共聚物作为基体材料,通过系列实验,对增强填料二氧化硅、电熔刚玉、牙科瓷粉等填料进行了筛选,发现细度为 600 目的二氧化硅和瓷粉作为硬质假牙的填料较为合适。其抗压强度分别为 119.8MPa 和 112.1MPa。方法是首先对填料进行酸处理和高温处理,然后使用有机硅烷处理硬质无机填料,使之活化。但不同的硅烷处理剂效果存在差别。最后将填料与基体材料均匀混合,成为制造假牙的材料。这种假牙经动物刺激性试验证明,对皮肤、皮肉、角膜以及口腔黏膜等均无刺激,对活性组织细胞无刺激和破坏,Ames 试验为阴性。临床应用认为上述假牙材料成型工艺简单、变形小、硬度高、耐磨,与牙组织的粘接性好,对后牙的修复效果良好。

1978 年,日本学者在聚砜中加入等量的磷酸钙、磷灰石、氢氧化钙、钨、葡萄糖、牛乳糖等组成复合材料,制成人工牙根,在动物中进行种植试验,得出了与生物组织有良好适应性的报告,目前已进入临床试验。这种材料与填充改性 PM-MA 相比,具有更高的抗冲击强度,这对人造牙根是很重要的。

国内有学者用爆炸喷涂法与等离子喷涂两种工艺复合制备羟基磷灰石生物活性梯度涂层人造齿根。基体为 Ti-6Al-4V,具有优良的综合力学性能及生物相容性;涂层厚度为 $100 \sim 500 \mu m$,主要成分为羟基磷灰石。涂层的底层和中间层采用爆炸喷涂工艺制备,结合强度高,结构紧密,孔隙率小于 2%,无连通孔隙,可防止生物液体沿连通孔隙渗透至基体界面,造成截面腐蚀及涂层脱落。涂层的表面层采用等离子喷涂工艺制备,可在致密中间层的基础上获得孔隙率为 $20\% \sim 30\%$、厚度为 $40\mu m$ 左右的多孔结构表面层,具有极好的生物活性,有利于生物组织的长人及材料与生体组织的生物结合。经 X 射线物相分析,证实涂层的主晶相为羟基磷灰石;对喷涂后的涂层材料进行适当后处理可使喷涂过程中失掉的羟基恢复。对涂层横截面进行 SEM 显微结构形貌观察,发现涂层具有从基体处的致密结构至涂层表面疏松结构的梯度分布。这种结构有利于涂层与基体结合强度的提高及涂层与基体组织的生物结合。该材料涂层结合强度可达 $50 \sim 60MPa$,高于国内外同类材料性能指标。

(3)新型牙科复合材料。①高性能聚合物牙科材料。作为修补用的材料,其树脂复合物用 Bis-GMAT 和硅酸盐玻璃粉末制成。由于无机填料与聚合物基体结合力弱,即使将填料表明处理,其界面结合强度仍不大理想,填料露出基体易脱落,因此表面粗糙,失去光泽。最近用 SiO_2 凝胶与各种双甲基丙烯酸酯混合聚合的微细粉末(有机质复合填料)的制品,大大改进了填料与基体的结合力,提高了抗压强度、弯曲强度,以及耐磨耗性和表面光滑性等。现在不断开发的品种有用特殊空心玻璃的超细填料和球状 SiO_2 凝胶等。

②光聚合型聚合物材料。可见光型照射树脂的主要成分是氨基甲酸乙酯、甲基丙烯酸酯及其共聚单体,并添加一些催化剂,它的作用是在波长 $450 \sim 500nm$ 的特定可见光照射下,基体树脂才会聚合。采用的填料是被覆着钡的小玻璃球($10\mu m$),在可见光照射下,1min 即可实现固化。现在使用的牙科材料有修复用的树脂复合物和硬质牙冠用树脂。前者是将膏料在避光情况下装入灌注器,注射到齿面。后者硬质牙冠用材料的

化学组成与上面基体相同,但用新技术改进了它的脆性,代表性的制品是 Kulzer 公司的产品。

7.3.3.4 人工皮肤

人体皮肤的功能是保持机能分泌、排泄、调节体温、感觉等,是抵御病菌侵入和辐射的屏障,是人体的第一道防线。当皮肤烧伤受损时它的功能就受损。因此,需要一种既能达到治疗皮肤烧伤而又具有一定的皮肤功能的材料,通常称为人工皮肤材料。它是从早期用于治疗皮肤烧伤的医用敷料发展起来的。

目前人工皮肤所使用的材料为两大类:一类是天然生物高分子材料;另一类是合成高分子材料。而作为人工皮肤制品,则还有以上两种材料的复合品。常用的天然生物材料包括植物性的和动物性的两种,例如纱布类;羊膜、胎膜、胶原蛋白、甲壳素等。合成高分子材料方面一种是合成纤维织物,如尼龙、聚酯、聚丙烯等,织物基底涂布硅橡胶或聚氨基酸。另一种是高分子聚合物薄膜如聚乙烯醇、聚氨酯、硅橡胶、聚乙烯、聚四氟乙烯等。天然材料和合成材料复合型的如聚氨酯胶原纤维、硅橡胶 – 胶原纤维、牛皮骨胶原与聚乙烯醇复合成膜,甲壳素与有机硅聚合物乳液复合等复合材料均可成膜。已在临床应用的和正在开发这类人工皮肤。

下面举例介绍一下临床应用的人工皮肤材料。

① PHE–MA 和 PEG 合成敷料。该合成敷料是由聚甲基丙烯酸羟乙酯(PHE–MA)和聚乙二醇(PEA)400 两部分组成,在创面上结合形成保护膜。方法是创面清洗后,在无菌下将 PEG 涂于创面,再将相对分子质量为 100 万,密度为 0.73g/cm³,200 目的 PHEMA 粉末均匀撒于其上,数分钟后即形成薄膜,半小时后即干燥成膜。此合成敷料与创面紧贴、柔软、能透气透湿,可防止膜外细菌侵入。它可用于人体烧伤。

② Biobrane 人工皮。外层由极薄的多孔硅橡胶与针织尼龙纤维黏合而成。其弹性好,伸展性大,透气、透湿性也优良。

③硅橡胶 – 多孔胶原软骨素硫酸盐原纤维人工皮。外层为硅橡胶,内层由牛皮胶原与鲨鱼软骨的硫酸软骨素组成。经黏合、固化、定型、保存于无菌聚乙烯塑料袋内密封备用。内层能生物降解,人工的细胞、血管能长人其内,长出新真皮。

④ Opsite 人工皮。由弹性聚氨酯膜制成。创面能在膜下愈合,贴合性能好,柔软,无过敏反应。

⑤尼龙硅橡胶复合人工皮。由硅橡胶与尼龙纤维复合制成。将超细

尼龙纤维无纺绒片贴于定温硫化硅橡胶膜上加压而成。该人工皮无毒性、无免疫性，与创面贴附好，可防止细菌侵入。使用泡沫硅橡胶作外层，其弹性柔软性、透气透湿性更好。

有人用聚乙酸乙烯酯（PVAC）和壳聚糖复合，使复合膜在干态或湿态的物理机械性能比壳聚糖膜大为改善而又保持壳聚糖生物相容性好的优点。

7.3.4　微生物传感器的应用

微生物传感器用的是活的微生物，在膜中还有部分微生物繁殖，元件寿命比用酶的情况，要长，所以微生物传感器可以长时间稳定的应用于工业生产过程、环境监测以及微量生物监测。现举例如下：

7.3.4.1　葡萄糖传感器

葡萄糖的测量在医疗、食品和发酵过程等领域都是需要的。如选用有选择的同化葡萄糖中的微生物，则可构成测量葡萄糖的微生物传感器。把活的荧光假单胞菌（*Pseudomonas Flurescens*）用包埋法固定在胶原膜中，再把它装在氧电极上，则制成葡萄糖传感器。把这种传感器插入含有葡萄糖的试样液内，葡萄糖扩散入微生物膜内被微生物同化，微生物的呼吸活性逐渐增高，向电极扩散的氧则减少，电流值下降，最后达到某稳定值，此稳定电流值可认为是微生物呼吸的氧量和从溶液（溶解氧保持饱和）扩散入微生物膜的氧量达到平衡所致。此稳定电流值经 10 分钟即可得到。

如把此传感器再插入不含葡萄糖的试样液中，电流值则逐渐增加而回到原来值。在这里所得到的稳定电流值和微糖浓度（20mg/L 以下）之间有线性关系，所以从电流催可以测知葡萄糖含量。这种传感器的测量界限是 2mg/L，电流值在相对误差 ±6% 以内有重复性。比较了用这种传感器和酶法对蜂蜜中的葡萄糖的测量值，结果表明相对误差在 10% 范围内两者一致。用这种传感器测葡萄糖可以使用 150 次以上。

7.3.4.2 醋酸传感器

在食品工业生产过程和发酵过程中,都需要测量醋酸。如果想在线测量,则必需有传感器。例如,醋酸用作发酵原料(碳源)时,在线的测量值,对控制发酵过程是极其重要的。芸苔丝孢酵母(*Trichosporon Brassicae*)可同化醋酸,所以利用它可制作醋酸传感器。即把芸苔丝孢酵母吸附固定在多孔性醋酸纤维素膜上,再装在氧电极上,用透气膜包覆起来则构成传感器。醋酸传感器系统是由插有微生物传感器的恒温槽、磁搅拌器、蠕动泵、自动取样器和记录器构成的。预先向传感器系统送入弱酸性溶液(pH 3.4)和空气,再注入醋酸,则得到最小电流值,此最小电流值和醋酸浓度(72mg/L 以下)之间有线性关系。利用这种关系就可以简单地测量出醋酸浓度。这种醋酸传感器可用于谷氨酸的发酵液。用这种传感器和气相色谱两种方法测定醋酸浓度表明,测得值很一致(26 次实验的回归系数是 1.04)。这种传感器在 3 周内可作 1500 次以上的醋酸测量。

7.3.4.3 **BOD 传感器**

BOD(Biochemical Oxygen Demand,生化需氧量)是河流或工厂废水污浊度的指标之一,即存在于废水中的微生物同化有机物的量用 BOD 值来测量。但测定它时需 5 天时间,操作也麻烦。所以迫切希望有新的测BOD 值的快速方法。有人首先把微生物传感器原理应用于 BOD 的测量。培养废水处理设施最常用的丝孢酵母(*Trichosporon Cutaneum*),把它吸附固定在多孔性醋酸纤维素膜上。把此微生物膜装在氧电极的透气膜上,即构成微生物传感器。把这种微生物传感器插入含有有机物质(葡萄糖和谷氨酸等当量混合液)的试样液中,则得到稳定的电流值。插入不含有机物的试样中得到另一电流值。此两电流值之差和废水的 BOD 值(60mg/L以下)成比例。用这种传感器能测量的最低 BOD 值是 3mg/L,电流值在相对误差 ±6% 以内有重复性。于是用这种 BOD 传感器测定了发酵工厂的废水的 BOD 值,和 JIS 法(分月法)测定值很一致。17 次的实验结果回归系数是 1.02。可见,用这种微生物传感器可迅速且连续监测工业废水的BOD 值。根据这种原理制成的微生物传感器已实用化,实际上正用于工厂废水的 BOD 监测。

7.3.4.4　其他类型的生物传感器

（1）细胞和组织传感器。用细胞、细胞器、器官、组织等做识别元件可构成各种生物传感器。生物组织是一种多酶系统，有高度的生化活性，故这类传感器亦可认为是酶传感器的衍生型。例如利用线粒体传递氢和电子的功能米检测 NADH 的细胞器传感器，其检测原理是利用它们氧化待检物质的复合酶，其制作方法将细胞器固定后，密封在氧电极的适气膜上制成的。谷氨酰胺传感器是用动物肾脏组织切片作成固相膜密封在氨电极上形成的组织传感器，可应用于脑膜炎及肝昏迷患者脑脊液中谷氨酰胺的铡定，它比目前临床检测的方法简便、快速、灵敏度高、成本低。该传感器的寿命可达 29 日，连续测定 150 次，性能与响应值无明显退化。也有人利用蛙表皮对 Na^+ 选择性应答，制备检测 Na^+ 的组织传感器以及玉米、黄瓜组织切片传感器等等。

（2）生物亲和性传感器。在蛋白质中有的也能识别特定物质，如熟知的结合蛋白质。结合蛋白质对特定的物质具有非常强的亲和性，不过对类似的物质多少也有亲和性。抗生物素蛋白是一种结合蛋白质，它能与生物素（维生素 H）形成牢固的复合体。复合体解离常数是 10^{-15}mol/L，但是抗生物素蛋白也能和多种生物素的类似物形成解离常数为 $10^{-5} \sim 10^{-4}$mol/L 的复合体。可见，利用亲和性的差异可以制成生物亲和性传感器。

生物亲和性传感器，首先在抗生物素蛋白上形成结合力较弱的硫辛酸或 2-C4'- 羟基偶氮苯] 苯甲酸（2-[4-hydroxybenzeneazo] benzoic acid, HABA）共价结合的膜，做成和酶（常用过氧化物酶）标记抗生物素蛋白的复合体。把这种复合膜装在氧电极上则构成该传感器，如把它浸于生物素溶液中，靠着亲和性的差异，胰的复合体发生解离，在溶液中形成抗生物素蛋白 – 生物素复合体。残存在膜上的标记酶的量和前述的酶免疫传感器一样，从测定酶活性可以求得生物素的含量。此外还有测定甲状腺素和胰岛素等的生物亲和性传感器。

参考文献

[1] 李璐,胡荣,陈善勇,等.有机光电功能材料与器件 [M].北京:科学出版社,2018.

[2] 黄维扬.金属有机光电磁功能材料与器件 [M].北京:科学出版社,2020.

[3] 李文连.有机/无机光电功能材料及其应用 [M].北京:科学出版社,2005.

[4] 于洪全.功能材料 [M].北京:北京交通大学出版社,2014.

[5] 姚建年.有机光功能材料与激光器件 [M].北京:科学出版社,2020.

[6] 汪济奎,郭卫红,李秋影.新型功能材料导论 [M].上海:华东理工大学出版社,2014.

[7] 李垚,赵九蓬.新型功能材料制备原理与工艺 [M].哈尔滨:哈尔滨工业大学出版社,2017.

[8] 杨柳涛,关蒙恩.高分子材料 [M].成都:电子科技大学出版社,2016.

[9] 何领好,王明花.功能高分子材料 [M].武汉:华中科技大学出版社,2016.

[10] 焦剑,姚军燕.功能高分子材料 [M].第 2 版.北京:化学工业出版社,2016.

[11] 陈卫星,田威等.功能高分子材料 [M].北京:化学工业出版社,2014.

[12] 赵文元,王亦军.功能高分子材料 [M].第 2 版.北京:化学工业出版社,2013.

[13] 马建标.功能高分子材料 [M].北京:化学工业出版社,2010.

[14] 殷景华,王雅珍,鞠刚.功能材料概论 [M].哈尔滨:哈尔滨工业大学出版社,2017.

[15] 李贺军,齐乐华,张守阳.先进复合材料学 [M].西安:西北工业大学出版社,2016.

[16] 李远勋,季甲.功能材料的制备与性能表征 [M].成都:西南交通

大学出版社,2018.

[17] 蒋亚东.敏感材料与传感器 [M].北京:科学出版社,2016.

[18] 刘锦淮,黄行九.纳米敏感材料与传感技术 [M].北京:科学出版社,2015.

[19] 赵勇,王琦.传感器敏感材料与器件 [M].北京:机械工业出版社,2012.

[20] 王国建.功能高分子材料 [M] 第 2 版.上海:同济大学出版社,2014.

[21] 陈光,崔崇,徐锋,等.新材料概论 [M].北京:国防工业出版社,2013.

[22] 益小苏,李岩.生物质树脂、纤维及生物复合材料 [M].北京:中国建材工业出版社,2017.

[23] 屠海令,赵鸿滨,魏峰,等.新型传感材料与器件研究进展 [J].稀有金属,2019,43（1）:1-24.

[24] 覃翔,董焕丽,胡文平.太阳光照下酞菁类有机半导体光催化 C-H 活化合成联芳基功能材料 [J].科学通报,2020,65（5）:417-424.

[25] 孙赛,张斌,汪露馨,等.新型二维功能材料及衍生物的设计和制备 [J].功能高分子学报,2018,31（5）:413-441.

[26] 白蕾,王艳凤,霍淑慧,等.金属 - 有机骨架及其功能材料在食品和水有害物质预处理中的应用 [J].化学进展,2019,31（1）:191-200.

[27] 黎晶雪,陈善帅,马帅帅,等.纤维素基先进功能材料的制备及其应用 [J].功能材料,2020,51（8）:8039-8047.

[28] 刘晓星,谢书宇,陈冬梅,等.磁性功能材料应用于食品中有毒有害物质检测的研究进展 [J].食品科学,2017,38（3）:284-291.

[29] 王靖宜,王丽,张文龙,等.生物炭基复合材料制备及其对水体特征污染物的吸附性能 [J].化工进展,2019,38（8）:3838-3851.

[30] 崔元靖,钱国栋.光子功能金属 - 有机框架材料研究进展 [J].硅酸盐学报,2021,49（2）:285-295.

[31] 冯子健,曾鸣,刘程,等.苯并噁嗪功能材料的研究进展 [J].高分子材料科学与工程,2018,34（1）:184-190.